普通高等教育基础课系列教材

计算方法

主　编　陈丽娟　张　蕾
副主编　王丽莎　李明珠
参　编　周永涛　徐　伟

机械工业出版社

计算机的高速发展为用数值计算方法解决科学技术中的各种数学问题提供了简便而有力的条件.数值计算方法已成为当代大学生必须掌握的基础知识.本书讲述数值计算的基本理论与方法,内容包括:计算方法简介、多项式插值、函数逼近和拟合、数值积分与数值微分、方程的近似解法、线性方程组的直接解法、线性方程组的迭代法、常微分方程的数值解法、矩阵的特征值和特征向量计算.每章附有习题并在书末给出部分答案.

本书可作为理工科大学生的计算方法课程的教材,也可供相关人员参考.

图书在版编目(CIP)数据

计算方法 / 陈丽娟, 张蕾主编. -- 北京 : 机械工业出版社, 2024. 10. -- (普通高等教育基础课系列教材). -- ISBN 978-7-111-76456-4

Ⅰ. O24

中国国家版本馆 CIP 数据核字第 20248013YK 号

机械工业出版社(北京市百万庄大街 22 号　邮政编码 100037)
策划编辑:汤　嘉　　　　责任编辑:汤　嘉　李　乐
责任校对:张　征　王　延　　封面设计:张　静
责任印制:单爱军
北京虎彩文化传播有限公司印刷
2024 年 10 月第 1 版第 1 次印刷
184mm×260mm · 14.5 印张 · 366 千字
标准书号:ISBN 978-7-111-76456-4
定价:49.80 元

电话服务
客服电话:010-88361066
010-88379833
010-68326294

网络服务
机　工　官　网:www.cmpbook.com
机　工　官　博:weibo.com/cmp1952
金　　书　　网:www.golden-book.com
机工教育服务网:www.cmpedu.com

前　言

随着科学技术的飞速发展和计算机技术的广泛应用,数值计算已成为继理论方法、实验方法后的第三种基本研究手段.数值计算方法也已成为当代大学生必备的基础知识和技能.本书是根据编者多年“计算方法”课程教学实践的经验,在教学内容不断充实与更新的基础上编写的.

本书讲述数值计算的理论与基本方法,内容分为 9 章.第 1 章为计算方法简介,第 2 章为多项式插值,第 3 章为函数逼近和拟合,第 4 章为数值积分与数值微分,第 5 章为方程的近似解法,第 6 章为线性方程组的直接解法,第 7 章为线性方程组的迭代法,第 8 章为常微分方程的数值解法,第 9 章为矩阵的特征值和特征向量计算.

编者团队负责的“计算方法”课程于 2019 年上线山东省在线开放平台,2021 年获山东省线上、线下混合式一流课程.本书具有以下特色:

1. 简单易学,体现创新教学理念,有利于学生自主学习,有利于提高学生的综合素质和创新能力.

2. 每章均有工程案例,以便更好地适合教学的需要.

3. 融入课程思政内容,每章均有一些数学家的介绍,体现数学家的爱国情怀、学术贡献及人格魅力.

本书的编写参考了部分国内外有关专家编写的相关经典教材,在此对这些教材的作者表示感谢.本书的选材和内容的叙述可能会有不当或者错误之处,恳请读者批评指正.读者的反馈意见请发至信箱 chenlijuan@ qut.edu.cn.

编　者

目　录

第1章 计算方法简介

1.1 引　　言

计算方法属于计算数学的范畴,是研究各种数学问题的数值方法设计、分析以及有关的数学理论和具体实现的一门学科.由于近几十年来计算机技术的迅速发展,数值计算方法的应用已经深入各个科学领域,很多复杂的和大规模的计算问题都可以在计算机上进行求解,新的、有效的数值方法不断出现.现在,数值计算已经成为自然科学和工程技术领域的一种重要手段,是与实验和理论并列的一个不可缺少的环节.所以,计算方法既是一个基础性的,同时也是一个应用性的数学学科,与其他学科的联系十分紧密.计算方法把微积分、线性代数等课程中的相关数学理论与计算机应用紧密结合起来,它既有纯数学的高度抽象性与严密科学性的特点,又有应用广泛性与高度技术性的特点.

用计算机解决科学计算问题时需经历的过程主要有如下三个阶段:

1) 由实际问题建立数学模型;

2) 设计数值计算方法,进行程序设计,然后上机运行,展示计算结果;

3) 分析结果并对实际问题进行解释说明或给出模型的修正方案.

由于大量的问题要在计算机上求解,所以本书要对各种计算方法进行分析,内容包括:误差、稳定性、收敛性、计算工作量、存储量和自适应性、准确性、效率和使用的方便性,以及这些基本的概念用于刻画数值方法的适用范围、可靠性等.此外,本书还涉及科学和工程计算中常见的数学问题,如函数的插值、离散数据的拟合、微分与积分、线性和非线性方程、矩阵特征值问题、微分方程等.

要用数值计算方法求解数学问题,就必须把所求解的数学问题转化为按照一定规则进行的一系列四则运算.计算机只能机械地执行人们所给定的指令,交给计算机的每一步解题方法,都必须加以准确地规定.同一个问题可能有多种数值计算方法,但不一定有效.

用计算机求数学问题不是简单的构造算法，它涉及多方面的理论问题，例如算法的收敛性和稳定性等.除需理论推导外，还需要数值实验来检验.

计算方法所处理的问题都是科学与工程计算中最基本的内容，首先学习时要注意掌握方法的原理和思想；其次，要上机练习，学习使用各种数值方法解决实际计算问题，熟悉方法的计算过程.

1.2 误差

1.2.1 误差的来源与种类

在工程和科学计算中需要建立数学模型、测量数据，以便用计算机来解决问题.根据误差的来源，可将误差分为以下 4 种.

1. 模型误差

应用数学工具解决实际问题，首先要对被描述的实际问题进行抽象、简化，以得到实际问题的数学模型.实际问题的解与数学模型的解之间的误差称为模型误差.

2. 观测误差

数学模型中包含的一些初始数据(例如时间、温度、长度等)大多都是由观察、测量得到的.受测量工具的限制，这些观测数据只能是近似的，测量值与真值之间的误差称为观测误差.

3. 截断误差

在解决实际问题时，人们可能用容易计算的问题代替不易计算的问题，也可能用有限过程逼近无限过程，这个过程所产生的误差称为截断误差.例如，有

$$e^x = 1+x+\frac{x^3}{3!}+\frac{x^5}{5!}+\frac{x^7}{7!}+\cdots+\frac{x^n}{n!}+\cdots$$

当 $|x|$ 较小时，若用 n 次多项式作为 e^x 的近似值，则截断误差的绝对值不超过$\frac{x^{n+1}}{(n+1)!}e^x$.这个误差就是截断误差.

4. 舍入误差

有了求解数学问题的计算公式以后，用计算机做数值计算时，一般也不能获得数值计算公式的准确解，而需要对原始数据、中间结果和最终结果取有限位数字，即要进行舍入.这种由舍入产生的误差称为舍入误差.

例如，$\frac{1}{3}=0.3333333\cdots$，如果用 0.33 代替$\frac{1}{3}$，那么产生的误差为$\frac{1}{3}-0.33=0.003333\cdots$，这就是舍入误差.

由上述误差来源的分析可知，误差是不可避免的，要求数据结果绝对准确、绝对严格实际上是办不到的.对于实际问题，既然描述问题的办法都是近似的，那么求解近似解就是正常的，而需要研究的问题是如何设法减少误差.上述 4 类误差都会影响计算结果的准确性，但模型误差和观测误差往往是计算工作者不能独立解决的，它们是需要与各有关学科的科学工作者共同研究的问题.因此，在计算方法的课程中，主要研究截断误差和舍入误差对计算结果的影响.

为了对这些误差有一个更清晰的了解，我们来看一个简单的例子.

假如我们希望知道一个易拉罐的表面积 D，那么首先需将易拉罐近似地看作圆柱体，从而可得计算公式 $D=2\pi r^2+2\pi rh$，其中 r 为底面半径，h 为高.显然，即使由这个公式可以精确地计算，所得到的值也与易拉罐的真实表面积有一定的误差，这一步的误差就是模型误差.假如在计算中取易拉罐的底面半径和高分别是 $r=9.33\text{cm}$，$h=12.41\text{cm}$，这些值是通过观察或测量得到的，具有一定的误差，这就是观测误差.公式中的 π 是圆周率，它是一个无理数，我们取它的有限位，可以用 3.142 代替 π，这样就产生了截断误差.最后将计算结果

$$D=2\pi r^2+2\pi rh=2\times3.142\times9.33^2+2\times3.142\times9.33\times12.41$$

进行四舍五入得 $D=1274.61$，这一步就产生了舍入误差.

1.2.2 误差与有效数字

定义 1.1　设数 x 的近似值为 x^*，记 $e(x^*)=x^*-x$ 为近似值 x^* 的绝对误差，简称误差.

这样定义的误差 $e(x^*)$ 可正可负，所以绝对误差不是指误差绝对值.一般地，准确值 x 是未知的，因而也就不可能算出绝对误差的准确值.这个值虽然是客观存在的，但在实际计算中是很难得到的，我们往往可以估计出绝对误差的一个上界，即 $|e(x^*)|=|x^*-x|\leqslant\varepsilon$，称 ε 为 x^* 的绝对误差限，即 $x^*-\varepsilon\leqslant x\leqslant x^*+\varepsilon$，常记为 $x=x^*\pm\varepsilon$.

绝对误差还不足以刻画近似数的精确程度，例如 $x=1.234\pm0.001$，$y=0.002\pm0.001$，虽然两个近似数绝对误差限都是 0.001，但 x 的近似效果要比 y 的好.所以为了更好地反映近似值的精确程度，必须考虑绝对误差与真值之比.

定义 1.2　$e_r(x^*)=\dfrac{e(x^*)}{x}=\dfrac{x^*-x}{x}$称为近似值 x^* 的相对误差.

在实际中，由于真值 x 总是未知的，常取$\overline{e_r}(x^*)=\dfrac{e(x^*)}{x^*}=$

$\frac{x^*-x}{x^*}$.计算相对误差与计算绝对误差同样困难,因此我们通常也只能考虑相对误差限.即若相对误差绝对值的上界 $|e_r(x^*)|=\left|\frac{e(x^*)}{x^*}\right|=\left|\frac{x^*-x}{x^*}\right|\leqslant\varepsilon_r$,则称 ε_r 为该近似值的相对误差限.

例如,已知 $\frac{1}{3}=0.33333\cdots$,若近似值 $\left(\frac{1}{3}\right)^*=0.33$,则 $e\left(\left(\frac{1}{3}\right)^*\right)=\left(\frac{1}{3}\right)^*-\frac{1}{3}=-0.003333\cdots$. $\left|e\left(\left(\frac{1}{3}\right)^*\right)\right|=\left|\left(\frac{1}{3}\right)^*-\frac{1}{3}\right|\leqslant 0.004$,即绝对误差限为 0.004.

$\left|e_r\left(\left(\frac{1}{3}\right)^*\right)\right|=\left|\frac{e\left(\left(\frac{1}{3}\right)^*\right)}{\left(\frac{1}{3}\right)^*}\right|=\left|\frac{\left(\frac{1}{3}\right)^*-\frac{1}{3}}{\left(\frac{1}{3}\right)^*}\right|\leqslant 0.0121$,即相对误差限为 0.0121.

在实际应用中,用 $x=x^*\pm\varepsilon$ 进行数值计算比较麻烦,我们引入有效数字的概念来反映一个近似值的准确程度.

误差与有效数字

定义 1.3 设数 x 的近似值为 x^*,则

$$x^*=\pm 10^m\times 0.a_1a_2\cdots a_i\cdots \tag{1-1}$$

其中,a_1 是 1~9 中的一个数字,$a_i(i\geqslant 2)$ 是 0~9 中的一个数字,m 为整数.若 $|x^*-x|\leqslant\frac{1}{2}\times 10^{m-n}$,则称 x^* 有 n 位有效数字.

通常在 x 准确值已知的情况下,若要取有限位数的数字作为近似值,则可采用四舍五入的原则.不难验证,采用四舍五入得到的近似值,其绝对误差限可以取为被保留的最后位数上的半个单位.例如,$x=\pi=3.1415926535\cdots$,按四舍五入的原则得到数 $x_1^*=3.14$,$x_2^*=3.1416$,$|x_1^*-\pi|\approx 0.002<0.005=\frac{1}{2}\times 10^{1-3}$,$|x_2^*-\pi|\approx 0.000008<0.00005=\frac{1}{2}\times 10^{1-5}$,则 x_1^* 具有 3 位有效数字,x_2^* 具有 5 位有效数字.

因此,近似数的有效数字不但给出了近似值的大小,而且还指出了它的绝对误差限.显然,近似值的有效数字位数越多,相对误差就越小,反之也对.下面,我们给出相对误差限与有效数字的关系.

定理 1.1 设 x 的近似值 x^* 有式(1-1)所示的形式,则:

1) 若 x^* 有 n 位有效数字,则其相对误差限为 $\varepsilon_r(x^*)\leqslant\frac{1}{2a_1}\times 10^{1-n}$;

2) 若 x^* 的相对误差限为 $\varepsilon_r(x^*)\leqslant\frac{1}{2(a_1+1)}\times 10^{1-n}$,则 x^* 至少

有 n 位有效数字.

证明　1）由式(1-1)可得 $a_1\times10^{m-1}\leqslant|x^*|\leqslant(a_1+1)\times10^{m-1}$，所以，得

$$\varepsilon_r(x^*)=\frac{|x^*-x|}{|x^*|}\leqslant\frac{\frac{1}{2}\times10^{m-n}}{a_1\times10^{m-1}}=\frac{1}{2a_1}\times10^{1-n}$$

误差与有效数字的关系

2）由 $|x^*-x|\leqslant|x^*||\varepsilon_r|\leqslant(a_1+1)\times10^{m-1}\times\frac{1}{2(a_1+1)}\times10^{1-n}=\frac{1}{2}\times10^{m-n}$，可知 x^* 有 n 位有效数字.

人物介绍

冯康(1920—1993)，应用数学和计算数学家，是世界数学史上具有重要地位的数学家.他是中国现代计算数学研究的开拓者，他独立于西方创造了有限元方法，提出了自然边界元方法，开辟了辛几何和辛格式研究新领域.美国著名科学家彼得・拉克斯(Peter Lax)院士指出："冯康先生对中国科学事业发展所做出的贡献是无法估量的，他通过自身的努力钻研并带领学生刻苦攻坚，将中国置身于应用数学及计算数学的世界版图上."

1.2.3 数值运算的误差估计

两个近似数 x_1^*，x_2^*，其误差限分别为 $\varepsilon(x_1^*)$，$\varepsilon(x_2^*)$，它们进行加、减、乘、除运算得到的误差限分别为

$$\varepsilon(x_1^*\pm x_2^*)=\varepsilon(x_1^*)+\varepsilon(x_2^*)$$

$$\varepsilon(x_1^*x_2^*)\approx|x_1^*|\varepsilon(x_2^*)+|x_2^*|\varepsilon(x_1^*)$$

$$\varepsilon\left(\frac{x_1^*}{x_2^*}\right)\approx\frac{|x_1^*|\varepsilon(x_2^*)+|x_2^*|\varepsilon(x_1^*)}{|x_2^*|^2}(x_2^*\neq0)$$

对于一元函数 $y=f(x)$ 的误差问题.设 x^* 是 x 的近似值，则 y 的近似值 $y^*=f(x^*)$.函数值 y^* 的绝对误差为

$$e(f(x^*))=f(x^*)-f(x)\approx f'(x^*)(x^*-x)=f'(x^*)e(x^*)$$

函数值 y^* 的绝对误差限为

$$\varepsilon(y^*)\approx|f'(x^*)|\varepsilon(x^*)$$

相对误差为

$$e_r f(x^*)=\frac{ef(x^*)}{f(x^*)}\approx f'(x^*)\frac{e(x^*)}{f(x^*)}=\frac{x^*f'(x^*)}{f(x^*)}e_r(x^*)$$

下面，我们讨论计算 $y=f(x_1,x_2,\cdots,x_n)$ 的误差问题.设 $x_1^*,x_2^*,\cdots,x_n^*$ 依次是 $x_1,x_2,\cdots,x_n$ 的近似值，则 y 的近似值 $y^*=f(x_1^*,x_2^*,\cdots,x_n^*)$.函数值 y^* 的绝对误差可利用泰勒展开式来得到，即

$$e(f(x_1^*,\cdots,x_n^*))=f(x_1^*,x_2^*,\cdots,x_n^*)-f(x_1,x_2,\cdots,x_n)$$
$$\approx\sum_{i=1}^{n}\frac{\partial f(x_1^*,\cdots,x_n^*)}{\partial x_i}(x_i^*-x_i)$$
$$=\sum_{i=1}^{n}\frac{\partial f(x_1^*,\cdots,x_n^*)}{\partial x_i}e(x_i^*)$$

于是绝对误差限为

$$\varepsilon(y^*)\approx\sum_{i=1}^{n}\left|\frac{\partial f(x_1^*,\cdots,x_n^*)}{\partial x_i}\right|\varepsilon(x_i^*) \tag{1-2}$$

相对误差限为

$$\varepsilon_r(y^*)\approx\sum_{i=1}^{n}\left|\frac{\partial f(x_1^*,\cdots,x_n^*)}{\partial x_i}\right|\frac{\varepsilon(x_i^*)}{|f(x_1^*,\cdots,x_n^*)|}$$

例 1.1 设 $x>0$，x 的相对误差为 δ，求 $\ln x$ 的误差和相对误差.

解 已知 $\frac{x^*-x}{x^*}=\delta$，则误差为

$$\ln x^*-\ln x\approx\frac{x^*-x}{x^*}=\delta$$

相对误差为

$$\frac{\ln x^*-\ln x}{\ln x^*}=\frac{1}{\ln x^*}\frac{x^*-x}{x^*}=\frac{\delta}{\ln x^*}$$

例 1.2 测得某圆柱体高度 h 的值为 $h^*=20\text{cm}$，底面半径 r 的值为 $r^*=5\text{cm}$，已知 $|h-h^*|\leqslant0.2\text{cm}$，$|r-r^*|\leqslant0.1\text{cm}$，求圆柱体的体积 $V=\pi r^2h$ 的绝对误差限与相对误差限.

数值运算的误差估计

解 由式(1-2)知，

$$|V(h,r)-V(h^*,r^*)|\leqslant|2\pi r^*h^*||r-r^*|+|\pi r^{*2}||h-h^*|$$

绝对误差限为

$$|V(h,r)-V(20,5)|\leqslant|2\times\pi\times5\times20|\times0.1+|\pi\times5^2|\times0.2=25\pi,$$

相对误差限为

$$\frac{|V(h,r)-V(20,5)|}{V(20,5)}\leqslant\frac{25\pi}{\pi\times5^2\times20}=\frac{1}{20}=5\%.$$

1.3 数值计算中应该注意的一些原则

由上述讨论可知，误差分析在数值计算中是一个很重要又很复杂的问题.因为在数值计算中每一步运算都可能产生误差，而一个科学计算问题的解决，往往要经过成千上万次运算，如果每一步运算都分析误差，显然是不可能的，其实也是不必要的.人们经常通过对误差的某些传播规律的分析，进而指出在数值计算中应该注意的一些原则，有助于鉴别计算结果的可靠性并防止误差危害现象的产生，下面介绍在数值计算中应该注意的一些原则.

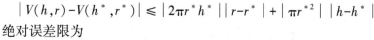

1. 避免两个相近数相减

在数值计算中,两个相近的数做减法时有效数字会损失.例如,求 $y=\sqrt{x+1}-\sqrt{x}$ 的值,其中 x 是比较大的数,例如取 $x=2000$,取 4 位有效数字计算,若两者直接相减,即 $y=\sqrt{2001}-\sqrt{2000}\approx 44.73-44.72=0.01$.这个结果只有 1 位有效数字,损失了 3 位有效数字,从而相对误差变得很大,严重影响计算结果的精度.若处理成 $y=\sqrt{x+1}-\sqrt{x}=\dfrac{1}{\sqrt{x+1}+\sqrt{x}}$,按此公式可求得 $y=0.01118$,则 y 仍有 4 位有效数字,可见改变计算公式,可以避免两相近数相减引起有效数字的损失,而得到较精确的结果.

类似地,有 $1-\cos x=2\sin^2\dfrac{x}{2}$;当 x_1 和 x_2 比较相近时,$\ln x_1-\ln x_2=\ln\dfrac{x_1}{x_2}$.

2. 避免绝对值太小的数作除数

在机器上若用绝对值很小的数当作除数,则会溢出,而且当很小的数稍有一点误差时,对计算结果影响很大.

例如,有 $\dfrac{3.5427}{0.002}=1771.35$,如分母变为 0.0021,即分母只有 0.0001的变化时,则$\dfrac{3.5427}{0.0021}=1687$.此时,在分母变化很小的情况下,商却发生了很大变化.因此,在计算过程中既要避免两个相近数相减,也要避免再用这两个相近数相减的差当作除数.

3. 避免大数吃小数

例如,$a=2\times10^8$,$b=6$,设想在 8 位浮点数系中相加,即

$$\begin{aligned}a+b&=0.20000000\times10^9+0.60000000\times10^1\\&=0.20000000\times10^9+0.000000006\times10^9\\&=0.20000000\times10^9\end{aligned}$$

由于只保留 8 位有效数字,6 被舍去.

例 1.3　计算 0.5223+1000+0.0007000+0.3020,并保留 4 位有效数字.

解　$0.5223+1000\approx1000,1000+0.0007000\approx1000,$

$$1000+0.3020\approx1000$$

改变顺序后,有

$$0.5223+0.0007000\approx0.5230,0.5230+0.3020\approx0.8250,$$

$$1000+0.8250\approx1001$$

即正确的计算结果应为 1001.

4. 数值算法要稳定

所谓算法,就是给定一些数据,按着某种规定的次序进行计算的一个运算序列.算法是一个近似的计算过程,选择一个算法,主要

要求它的计算结果能达到给定的精度.一般而言,在计算过程中初始数据的误差和计算中产生的舍入误差总是存在的,而数值解是逐步求出的,前一步数值解的误差必然要影响到后一步数值解的精度.人们把运算过程中舍入误差增长可以控制的计算公式称为稳定的数值算法,否则称为不稳定的数值算法.只有稳定的数值算法才可能给出可靠的计算结果,不稳定的数值算法毫无实用价值.

例 1.4 求 $I_n=\int_0^1 \frac{x^n}{x+5}\mathrm{d}x$ 的值,其中,$n=0,1,2,\cdots,8$.

解 由于

$$I_n+5I_{n-1}=\int_0^1 \frac{x^n+5x^{n-1}}{x+5}\mathrm{d}x=\int_0^1 x^{n-1}\mathrm{d}x=\frac{1}{n},$$

初值

$$I_0=\int_0^1 \frac{1}{x+5}\mathrm{d}x=\ln 6-\ln 5=\ln 1.2,$$

于是可建立递推公式

$$\begin{cases} I_0=\ln 1.2, \\ I_n=\dfrac{1}{n}-5I_{n-1}; \quad (n=1,2,\cdots,8) \end{cases} \tag{1-3}$$

若取 $I_0=\ln 1.2\approx 0.182$,按式(1-3)就可以逐步算得

$$I_1=1-5I_0\approx 0.09,$$

$$I_2=\frac{1}{2}-5I_1\approx 0.05,$$

$$I_3=\frac{1}{3}-5I_2\approx 0.083,$$

$$I_4=\frac{1}{4}-5I_3\approx -0.165,$$

因为在$[0,1]$上被积函数$\frac{x^n}{x+5}\geqslant 0$(仅当 $x=0$ 时为零),且当 $m>n$ 时,$\frac{x^n}{x+5}\geqslant\frac{x^m}{x+5}$(仅当 $x=0$ 时,等号成立),所以 $I_n(n=0,1,2,\cdots,8)$是恒正的,并有 $I_0>I_1>I_2>\cdots>I_8>0$.

在上述计算结果中,I_4 的近似值是负的,这个结果显然是错的.为什么会这样呢?这就是误差传播所引起的危害.由递推公式(1-3)可以看出,I_{n-1}的误差扩大了 5 倍后传给 I_n,因而初值 I_0 的误差对以后各步计算结果的影响随着 n 的增大越来越严重.这就造成 I_4 的计算结果严重失真.

如果改变计算公式,先取一个 I_n 的近似值,用下面的公式反向计算 $I_{n-1},I_{n-2},\cdots,I_0$,即

$$I_{k-1}=\frac{1}{5k}-\frac{1}{5}I_k \quad (k=n,n-1,\cdots,1) \tag{1-4}$$

这时,可发现 I_k 的误差减小到$\frac{1}{5}$后传给 I_{k-1},因而初值的误差对以后各步的计算结果的影响是随着 n 的增大而越来越小.

由于误差是逐步衰减的,初值 I_n 可以这样确定,不妨设 $I_9 \approx I_{10}$,于是由

$$I_9 = \frac{1}{50} - \frac{1}{5} I_{10}$$

可求得 $I_9 \approx 0.017$,按式(1-4)可逐次求得

$$I_8 \approx 0.019, I_7 \approx 0.021,$$
$$I_6 \approx 0.024, I_5 \approx 0.028,$$
$$I_4 \approx 0.034, I_3 \approx 0.043,$$
$$I_2 \approx 0.058, I_1 \approx 0.088,$$
$$I_0 \approx 0.182,$$

显然,这样算出的 I_0 与 ln1.2 的值比较符合.虽然初值 I_9 很粗糙,但因为用式(1-4)计算时,误差是逐步衰减的,所以计算结果相当可靠.

比较以上两个计算方案,显然,前者是一个不稳定的数值算法,后者是一个稳定的数值算法.对于一个稳定的计算过程,由于舍入误差不会增大,因而不具体估计舍入误差也是可用的;而对于一个不稳定的计算过程,如计算步骤太多,就可能出现错误结果.因此,在实际应用中应选用数值稳定的算法,尽量避免使用数值不稳定的算法.

5. 数值算法的快速性

对于一个问题,一般先化简再计算,从而可以减少步骤,避免误差积累,提高运算的快速性.例如,对于给定的 x,求下列 n 次多项式的值.多项式为

$$P(x) = a_0 + a_1 x + a_2 x^2 + \cdots + a_n x^n,$$

上式用一般算法求值,即直接求和法求值,可知乘法的次数为 $1+2+3+\cdots+n = \frac{n(n+1)}{2}$,加法次数为 n.

若用秦九韶算法求值,则首先将多项式改写为

$$\begin{aligned}
P(x) &= a_n x^n + a_{n-1} x^{n-1} + \cdots + a_1 x + a_0 \\
&= (a_n x^{n-1} + a_{n-1} x^{n-2} + \cdots + a_1) x + a_0 \\
&= [(a_0 x^{n-2} + a_{n-1} x^{n-3} + \cdots + a_2) x + a_1] x + a_0 \\
&= \cdots \\
&= \{[(a_n x + a_{n-1}) x + a_{n-2}] x + \cdots + a_1\} x + a_0
\end{aligned}$$

令 $v_k = \{[(a_n x + a_{n-1}) x + \cdots + a_{n-(k-2)}] x + a_{n-(k-1)}\} x + a_{n-k}$,则递推公式为

$$\begin{cases} v_k = v_{k-1} x + a_{n-k}, \\ v_0 = a_n, \end{cases} \quad (k = 1, 2, \cdots, n)$$

秦九韶算法是多项式求值中常用的方法，其计算量为：乘法 n 次，加法 n 次. 同一般算法相比，秦九韶算法的计算量小，且逻辑结构简单.

人物介绍

秦九韶（1208—1268），南宋著名数学家，与李冶、杨辉、朱世杰并称宋元数学四大家. 他精研星象、音律、算术、诗词、弓、剑、营造之学，历任琼州知府、司农丞，后遭贬，卒于梅州任所. 1247 年完成著作《数书九章》，其中的大衍求一术（一次同余方程组问题的解法，也就是现在所称的中国剩余定理）、三斜求积术和秦九韶算法（高次方程正根的数值求法）是有世界意义的重要贡献，表述了一种求解一元高次多项式方程的数值解的算法.

1.4 案例及 MATLAB 程序

例 1.5 求 $6^{19}\times(\sqrt{1+10^{-22}}-1)$ 的近似值，验证两个相近的数相减会损失有效数字个数.

解 1）MATLAB 命令为

```
x=(6^19)*(sqrt(1+10^(-22))-1)
输出结果为
x=0
```

2）如果化为 $x=6^{19}\times(\sqrt{1+10^{-22}}-1)=\dfrac{6^{19}\times10^{-22}}{\sqrt{1+10^{-22}}+1}$，则 MATLAB 命令为

```
x=(6^19)*(10^(-22))/(sqrt(1+10^(-22)+1))
输出结果为:
x=4.3088e-08
```

例 1.6 验证秦九韶算法可节省运行时间.

```
clc;                  % 清屏
clear all;            % 释放所有内存变量
format long;          % 按双精度显示浮点数
A=[6,4,3,-8,6,6,-4,2,1,3,2,-2,4,3,55,-2,4,3,-6,5,
6,7,-60,12,35,7,-6,40,3,6,43,84,75,78,60,30,-50,
60,70];
A(10001)=0;           % 扩展到 10001 项,后面的都是分量 0
                      % A 为多项式系数,从高次项到低次项
x=1.00037;
```

```
n=9000;                        % n 为多项式次数
begintime=clock;               % 开始执行的时间
p=0;
for i=n:-1:0
  t=1;
  for k=1:i
    t=t*x;                     % 求 x 的 i 次幂
   end
   p=p+A(n-i+1)*t;             % 累加多项式的 i 次项
end
endtime=clock;                 % 结束执行的时间
time1=etime(endtime,begintime);     % 运行时间
disp('直接计算');
disp(['p(',num2str(x),')=',num2str(p)]);
disp(['      运行时间:',num2str(time1),'秒'])
% 秦九韶算法计算
begintime=clock;               % 开始执行的时间
p=0;
for i=0:n
  p=x*p+A(i+1);
end                            % 累加秦九韶算法中的一项
endtime=clock;                 % 结束执行的时间
time2=etime(endtime,begintime);     % 运行时间
disp('');
disp('秦九韶算法计算');
disp(['p(',num2str(x),')=',num2str(p)]);
disp(['      运行时间:',num2str(time2),'秒'])

MATLAB 运行结果为
直接计算
p(1.0004)=16154.6911
      运行时间:0.112 秒

秦九韶算法计算
p(1.0004)=16154.6911
      运行时间:0.008 秒
```

例 1.7　门格海绵(Menger sponge)的转动惯量分析.

门格海绵是分形的一种,也是康托尔集和谢尔宾斯基地毯在三维空间的推广.它首先由奥地利数学家卡尔·门格在 1926 年描述.

门格海绵的结构可以用以下方法形象化：①从一个正方体开始；②把正方体的每一个面分成 9 个正方形，这将把正方体分成 27 个小正方体，像魔方一样；③把每一面的中间的正方体去掉，把最中心的正方体也去掉，留下 20 个正方体；④把每一个留下的小正方体都重复步骤①～③.把以上步骤重复无穷多次以后，得到的图形就是门格海绵，如图 1-1 所示.

图 1-1 门格海绵图形

解 基于原始数学模型，获得转动惯量递推关系如下：

$$I_0=\frac{1}{6},\text{且 } I_n=\frac{20}{27\times9}I_{n-1}+\frac{32}{27\times9}\left(\frac{20}{27}\right)^{n-1} \tag{1-5}$$

按式(1-5)就可以逐步算得

$$I_1\approx0.14540466, I_2\approx0.10951357, I_3\approx0.08126984,$$
$$I_4\approx0.06021212, \cdots, I_{20}=0.00049471$$

事实上，由于递推时的系数$\frac{20}{27\times9}<1$，在每一步递推的过程中，误差在传播过程中被极大地缩小.相反地，如果递推公式写成

$$I_{n-1}=\frac{27\times9}{20}I_n-\frac{32}{20}\left(\frac{20}{27}\right)^{n-1} \tag{1-6}$$

则每一步的误差都会被放大，每次递推都将误差的数量级放大，从 I_{20} 开始逆推至 I_0 时转动惯量为-33.084004.

MATLAB 程序如下：

```
n=20;
I=zeros(n+1,5);%第 1、2 列由递推法(1-5)得到结果和误差,第 3、4 列由递推算法(1-6)得到结果和误差.
I(1,1:2:5)=1/6;
j=1;
for i=2:n+1
I(i,5)=(20^(i-1)/(27*9)^(i-1)*I(1,1)+(2^2)*(1-9^(-i+1))*20^(i-1)/27^(i-1))/5;
    I(i,1)=20*I(i-1,1)/(27*9)+32*j*2^2/(27*9);%递推法(1-5)
    j=j*20/27;
end
I(n+1,3)=I(n+1,5);
for i=n+1:-1:2
    j=j*27/20;
    I(i-1,3)=27*9/20*I(i,3)-32*j*2^2/20;%递推法(1-6)
end
I(:,2)=I(:,5)-I(:,1);
I(:,4)=I(:,5)-I(:,3);
```

```
format long;
I(21,1)
I(1,3)

调用后结果为
ans=0.001978857936728
ans=-1.323360161775525e+02
```

习题 1

1. 取 3.14,3.141,$\frac{22}{7}$,$\frac{355}{113}$作为 π 的近似值,求它们各自的绝对误差,相对误差和有效数字的位数.

2. 设 x 的相对误差限为 $\alpha\%$,求 x^n 的相对误差限.

3. 下列各数都是对准确数进行四舍五入后得到的近似数,试分别指出它们的绝对误差限、相对误差限和有效数字的位数.

$$x_1=0.0315,x_2=0.3015,x_3=31.50,x_4=5000$$

4. 已知 $a=1.2031,b=0.978$ 是经过四舍五入后得到的近似值,问 $a+b,a\times b$ 有几位有效数字?

5. 计算 $f=(\sqrt{2}-1)^6$,取$\sqrt{2}\approx1.4$,利用下列等式计算,哪一个得到的结果最好?

$$\frac{1}{(\sqrt{2}+1)^6},(3-2\sqrt{2})^3,\frac{1}{(3+2\sqrt{2})^3},99-70\sqrt{2}$$

6. 试给出一种计算积分

$$I_n=\mathrm{e}^{-1}\int_0^1 x^n\mathrm{e}^x\mathrm{d}x\quad(n=0,1,2,3,\cdots)$$

近似值的稳定算法.

7. $f(x)=\ln(x-\sqrt{x^2-1})$,求 $f(30)$ 的值.若开平方用六位函数表,问求对数时误差有多大?若改用另一等价公式

$$\ln(x-\sqrt{x^2-1})=-\ln(x+\sqrt{x^2-1})$$

计算求对数时误差有多大?

8. 程序设计:求数 $y=\ln(40-\sqrt{40^2-1})$ 的近似值,分别采用直接计算法和倒数变换法来计算.

第2章 多项式插值

2.1 引　　言

在许多工程以及科学研究的实际问题中,都需要用函数来表示某种内在联系或规律.而很多工程实际应用中用来描述客观现象的函数往往是很复杂的,不少函数关系都只能通过实验和观测来确定.当通过试验得到的一系列离散点 x_i 及其相应的函数值 $y_i(i=1,2,\cdots,n)$时,x_i 和 y_i 之间有时却很难表示为一个适宜的数学关系式.在这种情况下,一般用表格来反映 x_i 和 y_i 之间的关系.但表格法一般不便于分析问题的性质和变化规律,不能连续地表达自变量和函数变量之间的关系,特别是不能直接得到表中数据点之间的数据.而实际应用中常常需要知道任意给定点处的函数值,或者利用已知的测试值来推算非测试点上的函数值,这就需要通过函数插值法来解决.

定义 2.1　设 $y=f(x)$是区间$[a,b]$上的函数,若存在一简单函数 $P(x)$,使得在点 $a\leqslant x_0<x_1<\cdots<x_n=b$ 上的函数值等于函数 $f(x)$在各节点的值,也就是

$$P(x_i)=y_i\quad(i=0,1,\cdots,n)\tag{2-1}$$

则称 $P(x)$为$f(x)$的插值函数,$f(x)$为被插值函数,点 $x_0,x_1,\cdots,x_n$ 为插值节点,区间$[a,b]$称为插值区间,求插值函数 $P(x)$的方法叫作插值法,如图 2-1 所示.用 $P(x)$近似$f(x)$引起的误差函数 $R(x)=f(x)-P(x)$称为插值余项.

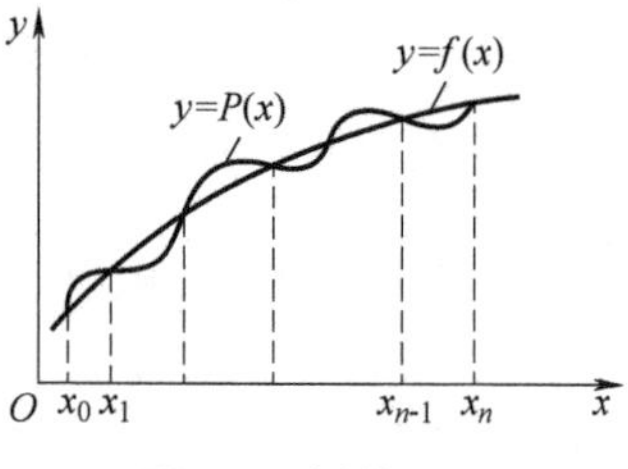

图 2-1　插值图形

插值法应用广泛,在航空、造船、精密机械加工等实际问题中显得更为重要.满足插值条件的插值函数有多种多样,若 $P(x)$是多项式,则称 $P(x)$为插值多项式,相对应的插值法称为多项式插值;若 $P(x)$为分段多项式,就称之为分段多项式插值;若 $P(x)$为三角多项式,就称之为三角插值.

定理 2.1　(插值多项式的存在唯一性定理)在次数不超过 n 的多项式中,满足插值条件(2-1)的插值多项式 $P_n(x)$是存在的,并且是唯一的.

证明 设插值多项式 $P_n(x)=a_0+a_1x+\cdots+a_nx^n$,代入式(2-1)得

$$\begin{cases}a_0+a_1x_0+a_2x_0^2+\cdots+a_nx_0^n=y_0,\\a_0+a_1x_1+a_2x_1^2+\cdots+a_nx_1^n=y_1,\\\qquad\vdots\\a_0+a_1x_n+a_2x_n^2+\cdots+a_nx_n^n=y_n.\end{cases}\tag{2-2}$$

这是关于 $a_0,a_1,\cdots,a_n$ 的 $n+1$ 元线性方程组,其系数行列式为

$$V(x_0,x_1,\cdots,x_n)=\begin{vmatrix}1&x_0&\cdots&x_0^n\\1&x_1&\cdots&x_1^n\\\vdots&\vdots&&\vdots\\1&x_n&\cdots&x_n^n\end{vmatrix}$$

是范德蒙德(Vandermonde)行列式,故

$$V(x_0,x_1,\cdots,x_n)=\begin{vmatrix}1&x_0&\cdots&x_0^n\\1&x_1&\cdots&x_1^n\\\vdots&\vdots&&\vdots\\1&x_n&\cdots&x_n^n\end{vmatrix}=\prod_{0\leqslant j<i\leqslant n}(x_i-x_j).$$

由于 $x_0,x_1,\cdots,x_n$ 互异,于是 $V(x_0,x_1,\cdots,x_n)\neq0$.再由克拉默法则,方程组(2-2)存在唯一的一组解 $a_0,a_1,\cdots,a_n$,即满足条件(2-1)的插值多项式 $P_n(x)$ 存在且唯一.

定理中要求"次数不超过 n",我们举两个例子进行说明.一是如果给定的三点共线,那么我们无法构造二次多项式插值,只能构造一次的;二是构造

$$\overline{P_n}(x)=P_n(x)+(x-x_0)\cdots(x-x_n)Q(x),$$

其中 $Q(x)$ 是任意的多项式,则$\overline{P_n}(x)$满足插值条件且次数大于 n.

上面的定理使用待定系数法来求解多项式的系数,但此方法计算量大,且当 n 很大时,数值求解不稳定.因此本章我们用构造的方法来给出 $P_n(x)$ 的插值多项式.本章介绍几种常用的一维插值方法,有拉格朗日(Lagrange)插值、牛顿(Newton)插值、分段低次插值、埃尔米特(Hermite)插值、样条插值.

2.2 拉格朗日插值

下面我们利用构造的方法给出 $P_n(x)$ 的拉格朗日表示,拉格朗日(Lagrange)插值法是一种多项式插值方法.为了求出便于使用的简单的插值多项式 $P(x)$,先讨论 $n=1$ 的情形.

2.2.1 线性插值

在给定区间$[x_0,x_1]$上,满足端点函数值 $y_0=f(x_0)$,$y_1=f(x_1)$,

拉格朗日插值多项式

要求找到线性插值多项式 $L_1(x)$，使得 $L_1(x)$ 满足下列插值条件：

$$L_1(x_0)=y_0,L_1(x_1)=y_1.$$

该插值函数 $L_1(x)$ 是通过 (x_0,y_0) 与 (x_1,y_1) 两点的一条直线，用这条直线来近似地表示函数 $f(x)$，此直线的方程为

$$L_1(x)=y_0+\frac{y_1-y_0}{x_1-x_0}(x-x_0),\quad（点斜式）$$

还可以将上述点斜式改写成

$$L_1(x)=\frac{x-x_1}{x_0-x_1}y_0+\frac{x-x_0}{x_1-x_0}y_1,\quad（两点式）\tag{2-3}$$

令 $l_0(x)=\frac{x-x_1}{x_0-x_1},l_1(x)=\frac{x-x_0}{x_1-x_0}$，则 $L_1(x)=l_0(x)y_0+l_1(x)y_1$.函数 $l_0(x),l_1(x)$ 分别称为节点 x_0,x_1 上的拉格朗日插值基函数.显然，插值基函数 $l_0(x),l_1(x)$ 都是线性函数，并且有如下性质：

$$l_0(x_0)=1,l_0(x_1)=0;l_1(x_0)=0,l_1(x_1)=1,$$

也就是 $l_i(x)$ 在对应的插值点 x_i 处的取值为 1，在其他点处取值为 0.

不难验证，以对应点处的函数值为系数对它们作线性组合所得的函数不仅仍是线性的，并且还会满足插值条件.根据这个思路，当节点增多到 $n+1$ 个时，可以先构造 n 次多项式 $l_i(x)(i=0,1,\cdots,n)$，它们满足

$$l_i(x_j)=\begin{cases}0,j\neq i,\\1,j=i.\end{cases}$$

然后用对应点处的函数值为系数来作一个线性组合，则得到的多项式函数即为所要求的插值多项式.

2.2.2 抛物线插值

下面讨论 $n=2$ 的情形.假定插值节点为 x_0,x_1,x_2，目标是求一个二次插值多项式 $L_2(x)$，满足

$$L_2(x_j)=y_j\quad(j=0,1,2)$$

从几何上看，$y=L_2(x)$ 是通过三点 $(x_0,y_0),(x_1,y_1),(x_2,y_2)$ 的抛物线.为了求出 $L_2(x)$ 的表达式，根据式(2-3)的结构，令

$$L_2(x)=l_0(x)y_0+l_1(x)y_1+l_2(x)y_2,\tag{2-4}$$

我们要找一组基函数 $l_0(x),l_1(x)$ 及 $l_2(x)$，这三个函数是二次函数，且在节点处满足插值条件

$$l_0(x_0)=1,l_0(x_1)=0,l_0(x_2)=0;$$
$$l_1(x_0)=0,l_1(x_1)=1,l_1(x_2)=0;$$
$$l_2(x_0)=0,l_2(x_1)=0,l_2(x_2)=1.$$

满足插值条件的插值基函数是很容易求出的，以 $l_0(x)$ 为例，$l_0(x)$ 有 x_1,x_2 两个根，可以设

$$l_0(x)=A(x-x_1)(x-x_2)$$

其中 A 为待定系数.又因为还需要满足 $l_0(x_0)=1$，可得

$$A=\frac{1}{(x_0-x_1)(x_0-x_2)}.$$

因此，$l_0(x)=\dfrac{(x-x_1)(x-x_2)}{(x_0-x_1)(x_0-x_2)}$.

同理可得

$$l_1(x)=\frac{(x-x_0)(x-x_2)}{(x_1-x_0)(x_1-x_2)},$$

$$l_2(x)=\frac{(x-x_0)(x-x_1)}{(x_2-x_0)(x_2-x_1)},$$

函数 $l_0(x)$，$l_1(x)$ 及 $l_2(x)$ 称为抛物线插值基函数或二次插值基函数，可以验证

$$L_2(x)=l_0(x)y_0+l_1(x)y_1+l_2(x)y_2,$$

满足 $L_2(x_j)=y_j(j=0,1,2)$.将上面求得的基函数 $l_0(x)$，$l_1(x)$，$l_2(x)$ 代入式(2-4)得抛物线插值函数为

$$L_2(x)=\frac{(x-x_1)(x-x_2)}{(x_0-x_1)(x_0-x_2)}y_0+\frac{(x-x_0)(x-x_2)}{(x_1-x_0)(x_1-x_2)}y_1+\frac{(x-x_0)(x-x_1)}{(x_2-x_0)(x_2-x_1)}y_2. \tag{2-5}$$

2.2.3　n 次拉格朗日插值多项式

已知函数 $f(x)$ 是区间 $[a,b]$ 上 $n+1$ 个互异节点 $x_i(i=0,1,2,\cdots,n)$ 处的函数值为 $y_i=f(x_i)$.我们可以先构造 $n+1$ 个拉格朗日插值基函数 $l_i(x)(i=0,1,2,\cdots,n)$ 满足

$$l_i(x_j)=\begin{cases}0, j\neq i,\\1, j=i.\end{cases}$$

考虑的插值基函数 $l_i(x)$ 有 n 个根 $x_j(j=0,1,\cdots,n,j\neq i)$，且 $l_i(x_i)=1$，它必定是以下形式：

$$\begin{aligned}l_i(x)&=\frac{(x-x_0)\cdots(x-x_{i-1})(x-x_{i+1})\cdots(x-x_n)}{(x_i-x_0)\cdots(x_i-x_{i-1})(x_i-x_{i+1})\cdots(x_i-x_n)}\\&=\prod_{\substack{j=0\\j\neq i}}^{n}\frac{x-x_j}{x_i-x_j}\quad(i=0,1,\cdots,n)\end{aligned}$$

这些函数称为拉格朗日插值基函数.利用它们可立即得出插值问题的解

$$L_n(x)=\sum_{i=0}^{n}y_il_i(x)=\sum_{i=0}^{n}y_i\left(\prod_{\substack{j=0\\j\neq i}}^{n}\frac{x-x_j}{x_i-x_j}\right) \tag{2-6}$$

事实上，由于所得到的每个插值基函数 $l_i(x)(i=0,1,\cdots,n)$ 都是 n 次多项式，故 $L_n(x)$ 至多为 n 次多项式.由式(2-6)可得

$$L_n(x_k)=\sum_{i=0}^{n}y_il_i(x_k)=y_k\quad(k=0,1,\cdots,n)$$

即 $L_n(x)$ 满足插值条件(2-1).那么式(2-6)称为 n 次拉格朗日插值

多项式,即 $L_n(x)=\sum_{i=0}^{n} y_i l_i(x)$.式(2-3)和式(2-5)为 $n=1$ 和 $n=2$ 时的特殊情形.

记 $\omega_{n+1}(x)=(x-x_0)(x-x_1)\cdots(x-x_n)$,则

$$\omega'_{n+1}(x_i)=(x_i-x_0)\cdots(x_i-x_{i-1})(x_i-x_{i+1})\cdots(x_i-x_n)$$

那么 $l_i(x)=\dfrac{\omega_{n+1}(x)}{(x-x_i)\omega'_{n+1}(x_i)}$,于是式(2-6)可以改写为

$$L_n(x)=\sum_{i=0}^{n} y_i \frac{\omega_{n+1}(x)}{(x-x_i)\omega'_{n+1}(x_i)}.$$

例 2.1 已知 $f(0)=1, f(1)=2, f(2)=4$,求 $f(x)$ 的拉格朗日插值多项式.

解 三个节点:$x_0=0, x_1=1, x_2=2$.根据公式,可得

$$l_0(x)=\frac{(x-x_1)(x-x_2)}{(x_0-x_1)(x_0-x_2)}=\frac{1}{2}(x^2-3x+2),$$

$$l_1(x)=\frac{(x-x_0)(x-x_2)}{(x_1-x_0)(x_1-x_2)}=-(x^2-2x),$$

$$l_2(x)=\frac{(x-x_0)(x-x_1)}{(x_2-x_0)(x_2-x_1)}=\frac{1}{2}(x^2-x).$$

因此,

$$L_2(x)=l_0(x)+2l_1(x)+4l_2(x)=\frac{1}{2}(x^2+x+2)$$

下面讨论拉格朗日插值余项.若在区间 $[a,b]$ 上用插值多项式 $L_n(x)$ 近似 $f(x)$,截断误差可以表示为 $R_n(x)=f(x)-L_n(x)$,同时,也称为插值多项式的余项.

定理 2.2 设 $f^{(n)}(x)\in C[a,b]$,$f(x)$ 在 (a,b) 内存在 $n+1$ 阶导数,在区间内划分节点 $a\leqslant x_0<x_1<\cdots<x_n\leqslant b$,若 $L_n(x)$ 是满足插值条件的插值多项式,则对 $\forall x\in[a,b]$,插值多项式余项

$$R_n(x)=\frac{f^{(n+1)}(\xi)}{(n+1)!}\omega_{n+1}(x), \tag{2-7}$$

这里 $\xi\in(a,b)$ 且依赖于 x.

证明 由插值条件可知,$R_n(x)=f(x)-L_n(x)$ 在节点 $x_i(i=0,1,\cdots,n)$ 上为零,也就是 $R_n(x_i)=f(x_i)-L_n(x_i)=0, i=0,1,\cdots,n$.考虑到 $R_n(x)$ 有 $n+1$ 个零点,可以设

$$R_n(x)=K(x)(x-x_0)(x-x_1)\cdots(x-x_n)=K(x)\omega_{n+1}(x), \tag{2-8}$$

其中 $K(x)$ 是待定函数.

为了寻找 $K(x)$,现在把 x 看作 $[a,b]$ 上固定的点,作函数 $\varphi(t)=f(t)-L_n(t)-K(x)(t-x_0)(t-x_1)\cdots(t-x_n)$.根据插值条件,可知各节点也是 $\varphi(t)$ 的零点,即 $\varphi(x_i)=0, i=0,1,\cdots,n$,并且 $\varphi(t)$ 在 x 处也为零,那么 $\varphi(t)$ 在 $[a,b]$ 上至少有 $n+2$ 个零点.由罗尔定理,可知 $\varphi'(t)$ 在 (a,b) 上至少有 $n+1$ 个零点.对 $\varphi'(t)$ 再次应用罗尔定理,可得 $\varphi''(t)$ 在 (a,b) 上至少有 n 个零点.以此类推可知,$\varphi^{(n+1)}(t)$

在(a,b)上至少有一个零点，记为$\xi\in(a,b)$，使得

$$\varphi^{(n+1)}(\xi)=f^{(n+1)}(\xi)-(n+1)!K(x)=0,$$

因此

$$K(x)=\frac{f^{(n+1)}(\xi)}{(n+1)!}.$$

从证明中可知，$\xi\in(a,b)$且依赖于x.将$K(x)$代入式(2-8)，就得到了插值余项公式(2-7)，证毕！

当$n=1$时，一次插值余项可以表示为

$$R_1(x)=\frac{1}{2}f''(\xi)\omega_2(x)=\frac{1}{2}f''(\xi)(x-x_0)(x-x_1),\quad \xi\in(x_0,x_1),$$

当$n=2$时，二次插值余项可以表示为

$$\begin{aligned}R_2(x)&=\frac{1}{6}f'''(\eta)\omega_3(x)\\&=\frac{1}{6}f'''(\eta)(x-x_0)(x-x_1)(x-x_2),\quad \eta\in(x_0,x_2).\end{aligned}$$

例 2.2　用余弦函数$\cos x$在$x_0=0,x_1=\frac{\pi}{4},x_2=\frac{\pi}{2}$三个节点处的值，写出二次拉格朗日插值多项式，并近似计算$\cos\frac{\pi}{6}$及其绝对误差与相对误差，且与误差余项估计值比较.

解　由插值条件，二次拉格朗日插值多项式为

$$\begin{aligned}L(x)&=\frac{(x-\pi/4)(x-\pi/2)}{(0-\pi/4)(0-\pi/2)}\times1+\frac{(x-0)(x-\pi/2)}{(\pi/4-0)(\pi/4-\pi/2)}\times\frac{1}{\sqrt{2}}+\\&\quad\frac{(x-0)(x-\pi/4)}{(\pi/2-0)(\pi/2-\pi/4)}\times0\\&=\frac{8(x-\pi/4)(x-\pi/2)}{\pi^2}-\frac{8\sqrt{2}x(x-\pi/2)}{\pi^2},\end{aligned}$$

$$\begin{aligned}L\left(\frac{\pi}{6}\right)&=\frac{8(\pi/6-\pi/4)(\pi/6-\pi/2)}{\pi^2}-\frac{8\sqrt{2}\pi/6(\pi/6-\pi/2)}{\pi^2}\\&=\frac{2+4\sqrt{2}}{9}\approx0.8508,\end{aligned}$$

绝对误差为$\left|\cos\frac{\pi}{6}-L\left(\frac{\pi}{6}\right)\right|=\left|\frac{\sqrt{3}}{2}-\frac{2+4\sqrt{2}}{9}\right|=\frac{9\sqrt{3}-4-8\sqrt{2}}{18}\approx$ 0.0153，相对误差为$\frac{\left|\cos\frac{\pi}{6}-L\left(\frac{\pi}{6}\right)\right|}{L\left(\frac{\pi}{6}\right)}=\frac{9\sqrt{3}-4-8\sqrt{2}}{4+8\sqrt{2}}\approx0.0179.$

余项为$|r(x)|=\left|\frac{\sin\xi}{3!}x(x-\pi/4)(x-\pi/2)\right|$，其中，$0<\xi<\pi/2$.其余项的上界为$|r(x)|\leqslant\frac{1}{6}|x(x-\pi/4)(x-\pi/2)|$，$\left|r\left(\frac{\pi}{6}\right)\right|\leqslant$

$$\frac{1}{6}\left|\frac{\pi}{6}\left(\frac{\pi}{6}-\frac{\pi}{4}\right)\left(\frac{\pi}{6}-\frac{\pi}{2}\right)\right|=\frac{\pi^3}{6^4}\approx 0.0239.$$

比较可知,实际计算所得的绝对误差较余项公式所估计出的值要小一些.

人物介绍

约瑟夫·拉格朗日(Joseph-Louis Lagrange,1736—1813)法国科学家,在数学、力学和天文学三个学科中都有历史性的重大贡献.但他的成就主要是在数学领域,拿破仑曾称赞他是“一座高耸在数学界的金字塔”,他最突出的贡献是在把数学分析的基础脱离几何与力学方面起了决定性的作用,使数学的独立性更为清楚,而不仅是其他学科的工具.同时他在使天文学力学化、力学分析化上也起了历史性作用,促使力学和天文学有了更深入的发展.

2.3 牛顿插值

拉格朗日插值法的公式结构整齐,在理论分析中很方便,但是在计算过程中,当插值点增加或减少一个时,插值基函数就需要全部改变,也就是所对应的插值多项式就需要全部重新计算.这就造成一个节点的改变,之前的计算结果全部都不可用.这时用牛顿(Newton)插值法来代替解决这一问题.

2.3.1 差商

差商

拉格朗日插值公式 $n=1$ 时,可以看作直线方程两点式,我们知道直线方程还可以改写成点斜式,即

$$P_1(x)=f_0+\frac{f_1-f_0}{x_1-x_0}(x-x_0).$$

由此出发,$n+1$ 个节点 $x_0,x_1,\cdots,x_n$ 上的 n 次拉格朗日插值多项式也可以写成下列形式:

$$P_n(x)=a_0+a_1(x-x_0)+\cdots+a_n(x-x_0)(x-x_1)\cdots(x-x_{n-1}),$$

下面,主要的工作是怎样确定上式中的 $a_0,a_1,\cdots,a_n$.考虑插值条件 $P_n(x_j)=f_j(j=0,1,\cdots,n)$.

当 $x=x_0$ 时,$P_n(x_0)=f_0=a_0$;

当 $x=x_1$ 时,$P_n(x_1)=f_1=a_0+a_1(x_1-x_0)$,可以推出 $a_1=\dfrac{f_1-f_0}{x_1-x_0}$;

当 $x=x_2$ 时,$P_n(x_2)=f_2=a_0+a_1(x_2-x_0)+a_2(x_2-x_0)(x_2-x_1)$,推出

$$a_2=\frac{\dfrac{f_2-f_0}{x_2-x_0}-\dfrac{f_1-f_0}{x_1-x_0}}{x_2-x_1},$$

依次递推，使用插值条件可以得到 $a_0, a_1, \cdots, a_n$. 为了写出 a_i 的一般表达式，先引进差商的定义.

定义 2.2　函数 $f(x)$ 关于点 x_0, x_k 的一阶差商定义为 $f[x_0, x_k] = \dfrac{f(x_k)-f(x_0)}{x_k-x_0}$；$f(x)$ 关于点 x_0, x_1, x_k 的二阶差商定义为 $f[x_0, x_1, x_k] = \dfrac{f[x_0, x_k]-f[x_0, x_1]}{x_k-x_1}$. 一般地，称

$$f[x_0, x_1, \cdots, x_k] = \frac{f[x_0, x_1, \cdots, x_{k-2}, x_k]-f[x_0, x_1, \cdots, x_{k-1}]}{x_k-x_{k-1}}$$

为 $f(x)$ 的 k 阶差商.

差商是牛顿插值的基础，有如下基本性质：

1) k 阶差商可以表示成函数值 $f(x_0), f(x_1), \cdots, f(x_k)$ 的线性组合，即

$$f[x_0, x_1, \cdots, x_k] = \sum_{i=0}^{k} \frac{f(x_i)}{(x_i-x_0)\cdots(x_i-x_{i-1})(x_i-x_{i+1})\cdots(x_i-x_k)}$$

这个性质可以用数学归纳法证明，同时表明差商与节点的排列次序无关，即

$$f[x_0, x_1, x_2, \cdots, x_k] = f[x_0, x_2, x_1, \cdots, x_k] = \cdots = f[x_k, x_2, x_1, \cdots, x_0]$$

又称之为差商的对称性.

2) 由性质 1 和差商的定义，可得

$$f[x_0, x_1, \cdots, x_k] = \frac{f[x_1, x_2, \cdots, x_k]-f[x_0, x_1, \cdots, x_{k-1}]}{x_k-x_0}.$$

3) 若 $f(x)$ 在所考虑区间 $[a, b]$ 上存在 n 阶导数，则 n 阶差商与导数的关系为

$$f[x_0, x_1, \cdots, x_n] = \frac{f^{(n)}(\xi)}{n!}, \quad \xi \in [a, b].$$

4) 若 $F(x) = cf(x)$，则

$$F[x_0, x_1, \cdots, x_k] = cf[x_0, x_1, \cdots, x_k]$$

5) 若 $F(x) = f(x)+g(x)$，则

$$F[x_0, x_1, \cdots, x_k] = f[x_0, x_1, \cdots, x_k]+g[x_0, x_1, \cdots, x_k]$$

计算差商可以列差商表，见表 2-1.

表 2-1　差商表

x_k	$f(x_k)$	一阶差商	二阶差商	三阶差商	四阶差商
x_0	$\underline{f(x_0)}$				
x_1	$f(x_1)$	$\underline{f[x_0, x_1]}$			
x_2	$f(x_2)$	$f[x_1, x_2]$	$\underline{f[x_0, x_1, x_2]}$		
x_3	$f(x_3)$	$f[x_2, x_3]$	$f[x_1, x_2, x_3]$	$\underline{f[x_0, x_1, x_2, x_3]}$	
x_4	$f(x_4)$	$f[x_3, x_4]$	$f[x_2, x_3, x_4]$	$f[x_1, x_2, x_3, x_4]$	$\underline{f[x_0, x_1, x_2, x_3, x_4]}$
$\vdots$	$\vdots$	$\vdots$	$\vdots$	$\vdots$	$\vdots$

2.3.2 牛顿插值公式

牛顿插值多项式

下面根据差商的定义，把 x 看成$[a,b]$上一点，可以得到

$$f(x)=f(x_0)+f[x_0,x_1](x-x_0)+f[x_0,x_1,x_2](x-x_0)(x-x_1)+\cdots+$$
$$f[x_0,x_1,\cdots,x_n](x-x_0)\cdots(x-x_{n-1})+f[x,x_0,\cdots,x_n]\omega_{n+1}(x)$$
$$=N_n(x)+R_n(x).$$

其中，

$$N_n(x)=f(x_0)+f[x_0,x_1](x-x_0)+f[x_0,x_1,x_2](x-x_0)(x-x_1)+\cdots+$$
$$f[x_0,x_1,\cdots,x_n](x-x_0)\cdots(x-x_{n-1}),\tag{2-9}$$
$$R_n(x)=f(x)-N_n(x)=f[x,x_0,\cdots,x_n]\omega_{n+1}(x),\tag{2-10}$$

其中 $\omega_{n+1}(x)=(x-x_0)(x-x_1)\cdots(x-x_n)$.

可以很容易验证，式(2-9)所确定的多项式 $N_n(x)$ 显然满足插值条件(2-1)，并且它的次数不会超过 n，这样的多项式就是我们要找的插值多项式，其系数 $a_k=f[x_0,x_1,\cdots,x_k]\ (k=0,1,\cdots,n)$，称多项式 $N_n(x)$ 为牛顿插值多项式.系数 a_k 就是差商表 2-1 中加横线的各阶差商值，与拉格朗日插值相比较，牛顿插值节省计算量，而且便于程序设计.式(2-10)为牛顿插值余项，由插值多项式的唯一性定理可知，它与式(2-7)是等价的.

插值多项式例题

例 2.3　依据表 2-2 分别建立次数不超过 3 的拉格朗日插值多项式和牛顿插值多项式，并验证插值多项式的唯一性.

表 2-2　插值数据点

x_k	1	2	3	4
$f(x_k)$	0	4	6	12

解　1）拉格朗日插值多项式.先计算基函数

$$l_0(x)=-\frac{1}{6}(x-2)(x-3)(x-4),\ l_1(x)=\frac{1}{2}(x-1)(x-3)(x-4),$$

$$l_2(x)=-\frac{1}{2}(x-1)(x-2)(x-4),\ l_3(x)=\frac{1}{6}(x-1)(x-2)(x-3),$$

故　$l_3(x)=2(x-1)(x-3)(x-4)-3(x-1)(x-2)(x-4)+$

$$\frac{12}{6}(x-1)(x-2)(x-3)$$
$$=x^3-7x^2+18x-12.$$

2）牛顿插值多项式.先计算差商表，见表 2-3.

表 2-3　差商表

x_k	$f(x_k)$	一阶差商	二阶差商	三阶差商
1	0			
2	4	4		
3	6	2	-1	
4	12	6	2	1

故

$$\begin{aligned}N_3(x)&=f(x_0)+f[x_0,x_1](x-x_0)+f[x_0,x_1,x_2](x-x_0)(x-x_1)+\\&\quad f[x_0,x_1,x_2,x_3](x-x_0)(x-x_1)(x-x_2)\\&=0+4(x-1)-(x-1)(x-2)+(x-1)(x-2)(x-3)\\&=x^3-7x^2+18x-12.\end{aligned}$$

由以上结果可知 $L_3(x)=N_3(x)$，说明插值多项式存在且唯一.

2.4　差　　分

设函数 $y=f(x)$，$x_k=x_0+kh(k=0,1,\cdots,n)$，在节点处的函数值记为 $f_k=f(x_k)$，$f_{k+\frac{1}{2}}=f(x_k+h/2)$，$f_{k-\frac{1}{2}}=f(x_k-h/2)$，$h$ 为**步长**.

定义 2.3　记

$$\Delta f_k=f_{k+1}-f_k,\nabla f_k=f_k-f_{k-1},\delta f_k=f_{k+\frac{1}{2}}-f_{k-\frac{1}{2}}$$

称为 $f(x)$ 在 x_k 处的一阶向前差分、向后差分和中心差分. Δ,∇,δ 分别叫作向前差分算子、向后差分算子和中心差分算子.

$$\Delta^2 f_k=\Delta f_{k+1}-\Delta f_k=f_{k+2}-2f_{k+1}+f_k$$

称为二阶差分.

类似地，可以定义 m 阶差分为

$$\Delta^m f_k=\Delta^{m-1}f_{k+1}-\Delta^{m-1}f_k,\nabla^m f_k=\nabla^{m-1}f_k-\nabla^{m-1}f_{k-1}.$$

还定义

$$\mathrm{I}f_k=f_k,\mathrm{E}f_k=f_{k+1}$$

为**不变算子 I** 及**移位算子 E**.

应用上面的定义，可以很容易得到 $\Delta f_k=f_{k+1}-f_k=\mathrm{E}f_k-\mathrm{I}f_k=(\mathrm{E}-\mathrm{I})f_k$，即

$$\Delta=\mathrm{E}-\mathrm{I}.$$

同理

$$\nabla=\mathrm{I}-\mathrm{E}^{-1},\delta=\mathrm{E}^{\frac{1}{2}}-\mathrm{E}^{-\frac{1}{2}}.$$

性质 1　$\Delta^m f_k=\sum_{j=0}^{m}(-1)^j\mathrm{C}_m^j f_{m+k-j},\nabla^m f_k=\sum_{j=0}^{m}(-1)^j\mathrm{C}_m^j f_{k-j}.$

证明　根据上面各算子的定义，可以得到

$$\Delta^m f_k=(\mathrm{E}-\mathrm{I})^m f_k=\sum_{j=0}^{m}(-1)^j\mathrm{C}_m^j\mathrm{E}^{m-j}f_k=\sum_{j=0}^{m}(-1)^j\mathrm{C}_m^j f_{m+k-j}$$

$$\nabla^m f_k=(\mathrm{I}-\mathrm{E}^{-1})^m f_k=\sum_{j=0}^{m}(-1)^j\mathrm{C}_m^j\mathrm{E}^{-j}f_k=\sum_{j=0}^{m}(-1)^j\mathrm{C}_m^j f_{k-j}$$

其中 $\mathrm{C}_m^j=\dfrac{m(m-1)\cdots(m-j+1)}{j!}$为二项式展开系数.

反过来讲，还可以用差分来表示函数值，例如，

$$f_{m+k}=E^m f_k=(I+\Delta)^m f_k=\sum_{j=0}^{m} C_m^j \Delta^j f_k$$

性质 2　差商和差分的关系

$$f[x_k,x_{k+1},\cdots,x_{k+m}]=\frac{1}{m!}\frac{1}{h^m}\Delta^m f_k,$$

$$f[x_k,x_{k-1},\cdots,x_{k-m}]=\frac{1}{m!}\frac{1}{h^m}\nabla^m f_k,\quad (m=1,2,\cdots,n)$$

证明　根据 2.3.1 节中差商的定义，还可以得到差商和差分的关系，例如一阶差分

$$f[x_k,x_{k+1}]=\frac{f_{k+1}-f_k}{x_{k+1}-x_k}=\frac{\Delta f_k}{h},$$

二阶差分

$$f[x_k,x_{k+1},x_{k+2}]=\frac{f[x_{k+1},x_{k+2}]-f[x_k,x_{k+1}]}{x_{k+2}-x_k}=\frac{1}{2!h^2}\Delta^2 f_k,$$

由数学归纳法，可得

$$f[x_k,x_{k+1},\cdots,x_{k+m}]=\frac{1}{m!}\frac{1}{h^m}\Delta^m f_k\quad (m=1,2,\cdots,n).$$

同理，可以得到差商和向后差分之间的关系为

$$f[x_k,x_{k-1},\cdots,x_{k-m}]=\frac{1}{m!}\frac{1}{h^m}\nabla^m f_k.$$

表 2-4 为向前差分表，利用差分表可以很方便地计算各阶差分.

表 2-4　向前差分表

x_k	Δ	Δ^2	Δ^3	Δ^4
f_0	Δf_0	$\Delta^2 f_0$	$\Delta^3 f_0$	$\Delta^4 f_0$
f_1	Δf_1	$\Delta^2 f_1$	$\Delta^3 f_1$	$\vdots$
f_2	Δf_2	$\Delta^2 f_2$	$\vdots$	
f_3	Δf_3	$\vdots$		
f_4	$\vdots$			
$\vdots$				

2.5　埃尔米特插值

前面介绍的插值公式都只要求插值多项式在插值节点处取给定的函数值，在实际问题中，有时不仅要求在节点上等于函数值，而且还要求它与函数在节点处有相同的一阶、二阶甚至更高阶的导数值，这就是带导数的插值问题，也叫作埃尔米特(Hermite)插值问题.埃尔米特插值问题的一般提法如下：

讨论节点处函数$f(x)$的函数值与导数值都相等的情况.下面讨论找到一个插值多项式$H(x)$,在节点$a\leqslant x_0<x_1<\cdots<x_n\leqslant b$上,满足条件

$$H(x_i)=f(x_i)=y_i,H'(x_i)=f'(x_i)=y_i'\quad(i=0,1,\cdots,n)\tag{2-11}$$

可以看到,这里有$2n+2$个条件,这些条件可以唯一确定出一个次数不超过$2n+1$次的多项式$H_{2n+1}(x)$,假设多项式的形式为

$$H_{2n+1}(x)=a_0+a_1x+\cdots+a_{2n+1}x^{2n+1},$$

代入条件(2-11),利用这$2n+2$个条件来确定$2n+2$个系数,是一个非常大的方程组,计算复杂.为了避免计算上的麻烦,仍采用前面章节中构造插值基函数的方法来求埃尔米特插值多项式.设有两组函数$h_i(x),H_i(x)(i=0,1,\cdots,n)$,它们满足:

1) $h_i(x),H_i(x)(i=0,1,\cdots,n)$都是至多$2n+1$次多项式;

2)
$$\begin{aligned}&h_i(x_j)=\begin{cases}0,j\neq i\\1,j=i\end{cases},h_i'(x_j)=0\quad(j=0,1,\cdots,n);\\&H_i(x_j)=0,H_i'(x_j)=\begin{cases}0,j\neq i,\\1,j=i,\end{cases}\quad(j=0,1,\cdots,n)\end{aligned}\tag{2-12}$$

则多项式函数

$$H_{2n+1}(x)=\sum_{i=0}^{n}[y_ih_i(x)+y_i'H_i(x)]$$

必然满足式(2-11),且次数不超过$2n+1$次.

下面的任务就是寻找满足式(2-12)的基函数$h_i(x)$及$H_i(x)$.为此,可利用拉格朗日插值基函数$l_i(x)$.$h_i(x)$在$x_j(j\neq i)$处的函数值与导数值均为0,故它们应含因子$(x-x_j)^2(j\neq i)$,可以令

$$h_i(x)=[a+b(x-x_i)]l_i^2(x),$$

其中$l_i(x)$为拉格朗日插值基函数.由条件(2-12),有

$$h_i(x_i)=a\,l_i^2(x_i)=a=1,$$

$$\begin{aligned}h_i'(x_i)&=b\,l_i^2(x_i)+2[a+b(x_i-x_i)]l_i(x_i)l_i'(x_i)\\&=b+2al_i'(x_i)=0\end{aligned}$$

由上式,可以得到$b=-2al_i'(x_i)$.因此

$$h_i(x)=[1-2(x-x_i)l_i'(x_i)]l_i^2(x)\quad(i=0,1,\cdots,n)\tag{2-13}$$

同理,由$H_i(x)$在$x_j(j\neq i)$处的函数值与导数值也都为0,而且$H_i(x_i)=0$,根据上面的方法,可设

$$H_i(x)=c(x-x_i)l_i^2(x),$$

由条件(2-12)可得

$$H_i'(x_i)=c\,l_i^2(x_i)=1.$$

可以推出$c=1$,那么

$$H_i(x)=(x-x_i)l_i^2(x)\quad(i=0,1,\cdots,n)\tag{2-14}$$

从而埃尔米特插值多项式为

$$H(x)=\sum_{i=0}^{n}\left[y_ih_i(x)+y_i'H_i(x)\right]$$
$$=\sum_{i=0}^{n}\{[1-2(x-x_i)l_i'(x_i)]l_i^2(x)y_i+(x-x_i)l_i^2(x)y_i'\} \quad (2\text{-}15)$$

仿照拉格朗日插值余项的证明方法,可导出埃尔米特插值的误差估计.

定理 2.3 设 $a\leqslant x_0<x_1<\cdots<x_n\leqslant b$,$H(x)$ 为 $f(x)$ 的过这组节点的 $2n+1$ 次埃尔米特插值多项式.若 $f(x)$ 在 (a,b) 内 $2n+2$ 阶导数存在,则对任意的 $x\in[a,b]$,插值余项为

$$R(x)=f(x)-H(x)=\frac{f^{(2n+2)}(\xi)}{(2n+2)!}\omega_{n+1}^2(x).$$

特别地,当 $n=1$ 时,可以得到

$$h_0(x)=\left(1+2\frac{x-x_0}{x_1-x_0}\right)\left(\frac{x-x_1}{x_0-x_1}\right)^2,h_1(x)=\left(1+2\frac{x-x_1}{x_0-x_1}\right)\left(\frac{x-x_0}{x_1-x_0}\right)^2,$$

$$H_0(x)=(x-x_0)\left(\frac{x-x_1}{x_0-x_1}\right)^2,H_1(x)=(x-x_1)\left(\frac{x-x_0}{x_1-x_0}\right)^2,$$

得到两节点的三次埃尔米特插值多项式

$$H(x)=\left(1+2\frac{x-x_0}{x_1-x_0}\right)\left(\frac{x-x_1}{x_0-x_1}\right)^2y_0+\left(1+2\frac{x-x_1}{x_0-x_1}\right)\left(\frac{x-x_0}{x_1-x_0}\right)^2y_1+$$
$$(x-x_0)\left(\frac{x-x_1}{x_0-x_1}\right)^2y_0'+(x-x_1)\left(\frac{x-x_0}{x_1-x_0}\right)^2y_1',$$

其插值余项为 $R(x)=f(x)-H(x)=\dfrac{f^{(4)}(\xi)}{4!}(x-x_0)^2(x-x_1)^2$.

人物介绍

埃尔米特,法国数学家,法国科学院院士.他一直致力于椭圆函数论及其应用问题的研究,借用椭圆函数建立了五次方程的解;卓有成效地研究了正交多项式中的一类——埃尔米特多项式、多项式与多变数的相似型和整数用代数表示的问题;证明了数 e 的超越性,引入了特殊双线性形式(埃尔米特式).还有许多数学概念和定理是以埃尔米特命名的,如矩阵、算符、张量、空间、簇等.此外对经典数学分析、复变函数论、微分与积分方程理论、几何学等也有研究.著有《椭圆函数理论》《分析教程》及论文近 200 篇.

2.6 分段低次插值

2.6.1 龙格现象

前面我们讨论了多项式插值,并给出了相应的余项估计式.由

这些公式就可以看出余项的大小既与插值节点的个数 n 有关，也与 $M_{n+1}=\max\limits_{a\leqslant x\leqslant b}|f^{(n+1)}(x)|$ 的高阶导数有关.如果 M_{n+1} 有界，那么插值节点的个数越多，误差就越小.反之，若 M_{n+1} 随着 n 的增大波动很大，则不能保证误差 $|R_n(x)|$ 越来越小.

考虑例子 $f(x)=\dfrac{1}{1+x^2}, x\in[-5,5]$，用 $n+1$ 个等距节点构造插值多项式 $P_n(x)$，使得它在节点处的值与函数 $f(x)=\dfrac{1}{1+x^2}$ 在对应节点处的值相等，考察 $n=10$ 时，10 次拉格朗日插值多项式 $L_{10}(x)$ 和函数 $f(x)=\dfrac{1}{1+x^2}$ 的图像如图 2-2 所示.可以明显地看出，插值多项式 $L_{10}(x)$ 在区间中部能较好地逼近函数 $f(x)$，但 $L_{10}(x)$ 的截断误差 $R_{10}(x)=f(x)-L_{10}(x)$ 在区间两端非常大.这种现象称为龙格(Runge)现象.

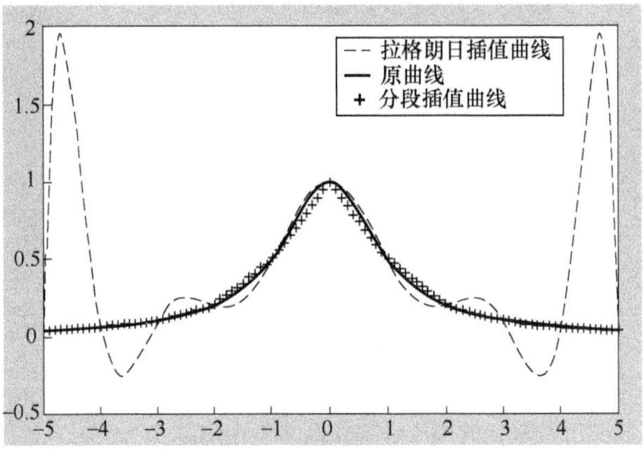

图 2-2　龙格现象

为了避免龙格现象，实践上作插值时一般只用一次、二次最多三次插值多项式.为了再次提高插值精度，往往会采用分段插值.

2.6.2 分段线性插值

分段线性插值就是用通过插值点的折线段来逼近 $f(x)$.设各个节点 $a=x_0<x_1<\cdots<x_n=b$ 上的函数值 $y_0,y_1,\cdots,y_n$，$h_k=x_{k+1}-x_k(k=0,1,\cdots,n-1)$，记 $h=\max\limits_k h_k$，需要求一折线函数 $I_h(x)$ 满足：

1) $I_h(x)$ 是 $[a,b]$ 上的连续函数；

2) 在节点处 $I_h(x_k)=y_k(k=0,1,\cdots,n)$；

3) $I_h(x)$ 在每个小区间 $[x_k,x_{k+1}]$ 上为线性函数，

称 $I_h(x)$ 为分段线性插值函数.

根据定义 $I_h(x)$ 在每个区间 $[x_k,x_{k+1}]$ 上可表示为下列线性函数：

$$I_h(x)=\frac{x-x_{k+1}}{x_k-x_{k+1}}f_k+\frac{x-x_k}{x_{k+1}-x_k}f_{k+1},x_k\leqslant x\leqslant x_{k+1},k=0,1,\cdots,n-1,$$

按照前面几节的方法采用插值基函数，则 $I_h(x)$ 在区间 $[a,b]$ 上可表示成

$$I_h(x)=\sum_{j=0}^{n}y_jl_j(x),$$

基函数 $l_i(x)$ 满足条件 $l_i(x_k)=\delta_{ik}(i,k=0,1,\cdots,n)$，具体形式为

$$l_i(x)=\begin{cases}\dfrac{x-x_{i-1}}{x_i-x_{i-1}}, & x_{i-1}\leqslant x\leqslant x_i \quad (i\neq 0)\\ \dfrac{x-x_{i+1}}{x_i-x_{i+1}}, & x_i\leqslant x\leqslant x_{i+1} \quad (i\neq n)\\ 0, & x\in[a,b]\text{且 }x\notin[x_{i-1},x_{i+1}]\end{cases}$$

分段线性插值基函数 $l_i(x)$ 在 x_i 处以及附近不为零，在区间其余点处均为零，这个性质称为局部非零性质.

定理 2.4 如果 $f\in C^2[a,b]$，记 $M=\max\limits_{a\leqslant x\leqslant b}|f''(x)|$，$h=\max\limits_{0\leqslant k\leqslant n-1}(x_{k+1}-x_k)$，则 $f(x)$ 的分段线性插值余项

$$|R(x)|=|f(x)-I_h(x)|\leqslant\frac{1}{8}Mh^2.$$

证明 在每个区间 $[x_k,x_{k+1}]$ 上，$I_h(x)=\dfrac{x-x_{k+1}}{x_k-x_{k+1}}f_k+\dfrac{x-x_k}{x_{k+1}-x_k}f_{k+1}$，故余项为

$$|R(x)|=|f(x)-I_h(x)|=\left|\frac{f''(\xi_k)}{2}(x-x_k)(x-x_{k+1})\right|$$
$$\leqslant\frac{M}{8}h_k^2\leqslant\frac{M}{8}h^2,\quad \xi_k\in(x_k,x_{k+1}).$$

该定理说明分段线性插值函数 $I_h(x)$ 具有一致收敛性.

2.6.3 分段埃尔米特插值

分段线性插值函数 $I_h(x)$ 在端点处不平滑，光滑性较差.若还需要考虑节点处导数和插值函数的导数也相等，就可以构造出一个光滑的分段插值函数 $I_h(x)$，该函数满足以下条件：

1）记 $I_h(x)$ 为区间 $[a,b]$ 上一阶导数连续的函数；

2）在各节点处 $I_h(x_k)=y_k,I_h'(x_k)=y_k'(k=0,1,\cdots,n)$；

3）$I_h(x)$ 在每个区间 $[x_k,x_{k+1}]$ 上为三次多项式.

根据两点三次埃尔米特插值多项式(2-15)可知，$I_h(x)$ 在区间 $[x_k,x_{k+1}]$ 上可表达为

$$I_h(x)=\left(\frac{x-x_{k+1}}{x_k-x_{k+1}}\right)^2\left(1+2\frac{x-x_k}{x_{k+1}-x_k}\right)f_k+\left(\frac{x-x_k}{x_{k+1}-x_k}\right)^2\left(1+2\frac{x-x_{k+1}}{x_k-x_{k+1}}\right)f_{k+1}+$$
$$\left(\frac{x-x_{k+1}}{x_k-x_{k+1}}\right)^2(x-x_k)f_k'+\left(\frac{x-x_k}{x_{k+1}-x_k}\right)^2(x-x_{k+1})f_{k+1}'$$

若整个区间$[a,b]$上定义一组分段三次插值基函数$h_i(x)$及$H_i(x)(i=0,1,\cdots,n)$,则$I_h(x)$可表示为

$$I_h(x)=\sum_{j=0}^{n}[y_jh_j(x)+y_j'H_j(x)],\qquad(2\text{-}16)$$

其中$h_i(x),H_i(x)$根据式(2-13)、式(2-14)分别表示成

$$h_i(x)=\begin{cases}\left(\dfrac{x-x_{i-1}}{x_i-x_{i-1}}\right)^2\left(1+2\dfrac{x-x_i}{x_{i-1}-x_i}\right), & x_{i-1}\leqslant x\leqslant x_i(i\neq 0),\\ \left(\dfrac{x-x_{i+1}}{x_i-x_{i+1}}\right)^2\left(1+2\dfrac{x-x_i}{x_{i+1}-x_i}\right), & x_i\leqslant x\leqslant x_{i+1}(i\neq n),\\ 0, & \text{其他},\end{cases}$$

$$H_i(x)=\begin{cases}\left(\dfrac{x-x_{i-1}}{x_i-x_{i-1}}\right)^2(x-x_i), & x_{i-1}\leqslant x\leqslant x_i(i\neq 0),\\ \left(\dfrac{x-x_{i+1}}{x_i-x_{i+1}}\right)^2(x-x_i), & x_i\leqslant x\leqslant x_{i+1}(i\neq n),\\ 0, & \text{其他}.\end{cases}$$

根据$h_i(x),H_i(x)$的局部非零性质,当$x\in[x_k,x_{k+1}]$时,只有$h_k(x),h_{k+1}(x)$和$H_k(x),H_{k+1}(x)$不为零,于是式(2-16)的$I_h(x)$可表示为

$$I_h(x)=y_kh_k(x)+y_{k+1}h_{k+1}(x)+y_k'H_k(x)+y_{k+1}'H_{k+1}(x)(x_k\leqslant x\leqslant x_{k+1}).$$

2.7　三次样条插值

由前面的讨论可知,给定$n+1$个节点上的函数值,可以作n次插值多项式,但当n较大时,高次插值不仅计算复杂,而且可能出现不一致收敛现象.如果采用分段插值,虽然计算简单,也具有一致收敛性,但光滑性比较差.而有些实际问题,如船体放样、机翼设计等往往要求具有二阶光滑度,即函数曲线要求有二阶连续导数.过去工程师在制图时,把富有弹性的细长木条(即样条)用压铁固定在样点上,其余地方让它自由弯曲,然后沿木条画下曲线,得到的曲线称为样条曲线.它实际上是由分段三次曲线拼接而成的,在连接点(样点)上要求二阶导数连续,将工程师描绘的样条曲线抽象成数学模型,得出的函数称为样条函数,它实质上是分段多项式的光滑连接.下面我们讨论最常用的三次样条函数.

2.7.1　三次样条插值函数

定义 2.4　在区间$[a,b]$上选取$n+1$个节点$a=x_0<x_1<x_2<\cdots<x_n=b$,$h_i=x_{i+1}-x_i$并且函数$y=f(x)$在各个节点处的函数值表示为$y_i=f(x_i)$,$i=0,1,\cdots,n$,构造函数$S(x)$,若$S(x)$满足以下条件:

1) 在各节点处 $S(x_i)=y_i, i=0,1,\cdots,n$;

2) 在区间$[a,b]$上,函数 $S(x)$具有连续的二阶导数;

3) 在区间$[x_i,x_{i+1}]$$(i=0,1,\cdots,n-1)$上,$S(x)$是三次多项式,

则称函数 $S(x)$是 $y=f(x)$在区间$[a,b]$上的三次样条插值函数.

由定义可以看到,每个子区间上的多项式可以各不相同,只要在相邻子区间的连接处是光滑的.因此,三次样条插值也称为分段光滑插值.从定义可以看出,要找到函数 $S(x)$,在每个区间$[x_i,x_{i+1}]$$(i=0,1,\cdots,n-1)$上需要确定 4 个待定系数,小区间共有 n 个,应确定 $4n$ 个参数.

根据函数 $S(x)$在区间$[a,b]$上的二阶导数连续,在节点 $x_i(i=1,2,\cdots,n-1)$处应满足

$$S(x_i-0)=S(x_i+0);$$
$$S'(x_i-0)=S'(x_i+0);$$
$$S''(x_i-0)=S''(x_i+0).$$

共有 $3n-3$ 个条件,再加上函数 $S(x)$满足插值条件 $S(x_i)=y_i, i=0,1,\cdots,n$,一共有 $4n-2$ 个条件,因此还需要找到 2 个条件才能确定 $S(x)$所有的系数.

一般情况下,可以在区间端点上各加一个边界条件.边界条件可根据实际问题的要求给出,一般情况下,可以分为以下三种情况:

1) 已知端点处的一阶导数值,即

$$S'(x_0)=f'_0, S'(x_n)=f'_n. \tag{2-17}$$

2) 已知端点处的二阶导数值,即

$$S''(x_0)=f''_0, S''(x_n)=f''_n. \tag{2-18}$$

其特殊情况 $S''(x_0)=S''(x_n)=0$,这类边值称为自然边界条件.

3) 当函数 $f(x)$是以 x_n-x_0 为周期的函数时,也要求 $S(x)$也是周期函数.这种情况下边界条件应满足

$$S(x_0+0)=S(x_n-0); \tag{2-19a}$$
$$S'(x_0+0)=S'(x_n-0); \tag{2-19b}$$
$$S''(x_0+0)=S''(x_n-0). \tag{2-19c}$$

此外,$y_0=y_n$.这种方式确定的样条函数 $S(x)$,也叫作周期样条函数.

2.7.2 三次样条插值函数的求法

三次样条插值函数 $S(x)$可以有多种求解方法,有时用二阶导数值 $S''(x_j)=M_j(j=0,1,\cdots,n)$来表示使用起来更方便.$M_i$ 在力学上可以解释为细梁在 x_i 截面处的弯矩,并且在 x_i 处得到的弯矩与相邻的另外两个弯矩有关,故称之为三弯矩方程.

因为在子区间$[x_i,x_{i+1}]$上 $S(x)=S_i(x)$是不高于三次的多项

式，其二阶导数 $S''(x)$ 必是线性函数，可表示为

$$S''(x)=M_i\frac{x_{i+1}-x}{h_i}+M_{i+1}\frac{x-x_i}{h_i},$$

对 $S''(x)$ 积分两次并利用 $S(x_i)=y_i$ 及 $S(x_{i+1})=y_{i+1}$，可定义出积分常数，于是

$$S(x)=M_i\frac{(x_{i+1}-x)^3}{6h_i}+M_{i+1}\frac{(x-x_i)^3}{6h_i}+\left(y_i-\frac{M_ih_i^2}{6}\right)\frac{x_{i+1}-x}{h_i}+\left(y_{i+1}-\frac{M_{i+1}h_i^2}{6}\right)\frac{x-x_i}{h_i}\quad(i=1,2,\cdots,n-1).$$

对 $S(x)$ 求导，得

$$S'(x)=-M_i\frac{(x_{i+1}-x)^2}{2h_i}+M_{i+1}\frac{(x-x_i)^2}{2h_i}+\frac{y_{i+1}-y_i}{h_i}-\frac{M_{i+1}-M_i}{6}h_i,$$

可求得

$$S'(x_i+0)=-\frac{h_i}{3}M_i-\frac{h_i}{6}M_{i+1}+\frac{y_{i+1}-y_i}{h_i},$$

类似地，还可求出 $S(x)$ 在区间 $[x_{i-1},x_i]$ 上的表达式，从而得到

$$S'(x_i-0)=\frac{h_{i-1}}{6}M_{i-1}+\frac{h_{i-1}}{3}M_i+\frac{y_i-y_{i-1}}{h_{i-1}},$$

利用 $S'(x_i+0)=S'(x_i-0)$ 可得

$$-\frac{h_i}{3}M_i-\frac{h_i}{6}M_{i+1}+\frac{y_{i+1}-y_i}{h_i}=\frac{h_{i-1}}{6}M_{i-1}+\frac{h_{i-1}}{3}M_i+\frac{y_i-y_{i-1}}{h_{i-1}},$$

化简得方程组

$$\mu_iM_{i-1}+2M_i+\lambda_iM_{i+1}=d_i\quad(i=1,2,\cdots,n-1).\tag{2-20}$$

其中，

$$\mu_i=\frac{h_{i-1}}{h_{i-1}+h_i},\lambda_i=\frac{h_i}{h_{i-1}+h_i},$$

$$\begin{aligned}d_i&=6\frac{f[x_i,x_{i+1}]-f[x_{i-1},x_i]}{h_{i-1}+h_i}\\&=6f[x_{i-1},x_i,x_{i+1}]\quad(i=1,2,\cdots,n-1)\end{aligned}$$

只要在式(2-20)中加上任一类边界条件就可得到三弯矩方程组，从而求出 M_i.

在边界条件(2-17)下，即 $S'(x_0)=f'_0,S'(x_n)=f'_n$，$S(x)$ 在区间 $[x_0,x_1]$ 上的导数为

$$S'_1(x)=-M_0\frac{(x_1-x)^2}{2h_0}+M_1\frac{(x-x_0)^2}{2h_0}+\frac{y_1-y_0}{h_0}-\frac{h_0}{6}(M_1-M_0),$$

由 $S'(x_0)=f'_0$ 得

$$2M_0+M_1=\frac{6}{h_0}\left(\frac{y_1-y_0}{h_0}-f'_0\right),\tag{2-21}$$

同理由 $S'(x_n)=f'_n$ 得

$$M_{n-1}+2M_n=\frac{6}{h_{n-1}}\left(-\frac{y_n-y_{n-1}}{h_{n-1}}+f'_n\right).\tag{2-22}$$

将式(2-20)~式(2-22)合在一起，可以得到下列关于 $M_0,M_1,\cdots,M_n$ 的线性方程组：

$$\begin{pmatrix}2&1&&&\\\mu_1&2&\lambda_1&&\\&\ddots&\ddots&\ddots&\\&&\mu_{n-1}&2&\lambda_{n-1}\\&&&1&2\end{pmatrix}\begin{pmatrix}M_0\\M_1\\\vdots\\M_{n-1}\\M_n\end{pmatrix}=\begin{pmatrix}d_0\\d_1\\\vdots\\d_{n-1}\\d_n\end{pmatrix}$$

其中，$d_0=\frac{6}{h_0}\left(\frac{y_1-y_0}{h_0}-f'_0\right)$，$d_n=\frac{6}{h_{n-1}}\left(-\frac{y_n-y_{n-1}}{h_{n-1}}+f'_n\right)$.

在边界条件(2-18)下，$S''(x_0)=f''_0=M_0$，$S''(x_n)=f''_n=M_n$，实际上在方程中只包含有 $n-1$ 个未知数 $M_1,M_2,\cdots,M_{n-1}$，方程组可以写成

$$\begin{pmatrix}2&\lambda_1&&&\\\mu_2&2&\lambda_2&&\\&\ddots&\ddots&\ddots&\\&&\mu_{n-2}&2&\lambda_{n-2}\\&&&\mu_{n-1}&2\end{pmatrix}\begin{pmatrix}M_1\\M_2\\\vdots\\M_{n-2}\\M_{n-1}\end{pmatrix}=\begin{pmatrix}d_1-\mu_1f''_0\\d_2\\\vdots\\d_{n-2}\\d_{n-1}-\lambda_{n-1}f''_n\end{pmatrix}$$

在边界条件(2-19)下，$S'(x_0+0)=S'(x_n-0)$，$S''(x_0+0)=S''(x_n-0)$，由 $S''(x_0+0)=S''(x_n-0)$ 可得 $M_0=M_n$，由 $S'(x_0+0)=S'(x_n-0)$ 可得

$$-M_0\frac{h_0}{2}+\frac{y_1-y_0}{h_0}-\frac{h_0}{6}(M_1-M_0)=M_n\frac{h_n}{2}+\frac{y_n-y_{n-1}}{h_{n-1}}-\frac{h_{n-1}}{6}(M_n-M_{n-1}),$$

还需要注意到 $y_0=y_n$，$M_0=M_n$，将上式整理得

$$\frac{h_0}{h_0+h_{n-1}}M_1+2M_n+\frac{h_{n-1}}{h_0+h_{n-1}}M_{n-1}=\frac{6}{h_0+h_{n-1}}\left(\frac{y_1-y_0}{h_0}-\frac{y_n-y_{n-1}}{h_{n-1}}\right).$$

记 $\mu_n=\frac{h_{n-1}}{h_0+h_{n-1}}$，$\lambda_n=\frac{h_0}{h_0+h_{n-1}}=1-\mu_n$，$d_n=\frac{6}{h_0+h_{n-1}}(f[x_0,x_1]-f[x_{n-1},x_n])$，即

$$\lambda_nM_1+\mu_nM_{n-1}+2M_n=d_n.$$

结合以上条件可得 $M_1,M_2,\cdots,M_n$ 的线性方程组为

$$\begin{pmatrix}2&\lambda_1&&&\mu_1\\\mu_2&2&\lambda_2&&\\&\ddots&\ddots&\ddots&\\&&\mu_{n-1}&2&\lambda_{n-1}\\\lambda_n&&&\mu_n&2\end{pmatrix}\begin{pmatrix}M_1\\M_2\\\vdots\\M_{n-1}\\M_n\end{pmatrix}=\begin{pmatrix}d_1\\d_2\\\vdots\\d_{n-1}\\d_n\end{pmatrix}$$

可以看到，三类边值条件下得到的三对角方程组符合主对角占优，方程组有唯一解，一般可应用三对角的“追赶法”求解，这将在第 6 章进行讲解.

2.8　案例及 MATLAB 程序

程序 1　拉格朗日插值

```
%a,b 为节点的横、纵坐标,x 为要求的点(也可为向量)
function [v]=Lagrange(a,b,x)
len=length(a);
s=0;
for i=1:len
m=1;
n=1;
for j=1:len %j=[1:i-1 i+1:len]
if i~=j
m=m.*(x-a(j));
n=n.*(a(i)-a(j));
end;
end;
s=s+b(i)*m/n;
end;
v=s;
```

程序 2　MATLAB 中的插值函数

命令 1　`interp1`

功能:一维数据插值(表格查找).该命令对数据点之间计算内插值.找出一元函数 $f(x)$ 在中间点的数值,其中函数 $f(x)$ 由所给数据决定.

interp1 格式如下:

1) `yi=interp1(x,Y,xi)`

功能:返回插值向量 y_i,每一元素对应于参量 x_i,同时由向量 $\boldsymbol{x}$ 与 $\boldsymbol{Y}$ 的内插值决定.参量 x 指定数据 $\boldsymbol{Y}$ 的点.若 $\boldsymbol{Y}$ 为一矩阵,则按 $\boldsymbol{Y}$ 的每列计算 y_i 是阶数为 length(xi) * size(Y,2)的输出矩阵.

2) `yi=interp1(Y,xi)`

功能:假定 $x=1:N$,其中 N 为向量 $\boldsymbol{Y}$ 的长度,或者为矩阵 $\boldsymbol{Y}$ 的行数.

3) `yi=interp1(x,Y,xi,method)`

功能:用指定的算法计算插值.

其中,method 有如下选项:

'nearest':最近邻点插值,直接完成计算;

'linear':线性插值(缺省方式),直接完成计算;

'spline':三次样条函数插值,对于该方法,命令 interp1 调用函数 spline、ppval、mkpp、umkpp.这些命令生成一系列用于分段多项式操作的函数.命令 spline 用它们执行三次样条函数插值；

'pchip'：分段三次埃尔米特插值，对于该方法，命令 interp1 调用函数 pchip，用于对向量 x 与 Y 执行分段三次内插值，该方法保留单调性与数据的外形；

'cubic'：与'pchip'操作相同.

4) `yi=interp1(x,Y,xi,method,'extrap')`

功能：对于超出 x 范围的 x_i 中的分量将执行特殊的外插值法 extrap.

5) `yi=interp1(x,Y,xi,method,extrapval)`

功能：确定超出 x 范围的 x_i 中的分量的外插值 extrapval，其值通常取 NaN 或 0.

命令 2　`spline`

功能：三次样条数据插值.

spline 的格式如下：

`yy=spline(x,y)`

功能：返回由向量 x 与 y 确定的分段样条多项式的系数矩阵 yy，它可用于命令 ppval、unmkpp 的计算.

例 2.4　对离散地分布在 $y=e^x\sin x$ 函数曲线上的数据点进行样条插值计算.

解　其程序如下：

```
x=[0 2 4 5 8 12 12.8 17.2 19.9 20];y=exp(x).*sin(x);
xx=0:.25:20;
yy=spline(x,y,xx);
plot(x,y,'o',xx,yy)
```

结果如图 2-3 所示.

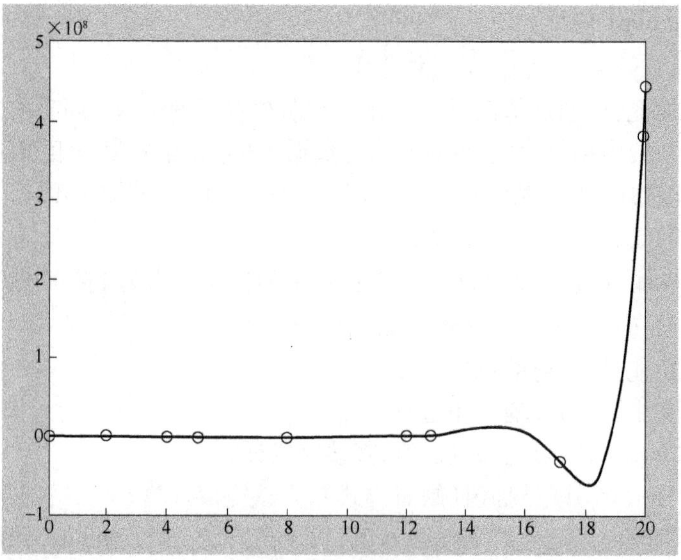

图 2-3　样条插值

例 2.5　在区间 [-5,5] 上取节点数 11,等距间隔 $h=1$ 的节点为插值节点,对函数 $f(x)=\frac{1}{1+x^2}$ 进行拉格朗日插值,并绘图.

解　在命令窗口输入如下命令:

```
x=-5:5;
y=1./(1+x.^2);
x0=-5:0.1:5;
y0=lagrange(x,y,x0);
y1=1./(1+x0.^2);
plot(x0,y1,'-b')
hold on
plot(x0,y0,'--r')
```

产生的图形如图 2-4 所示,其中虚线即为 10 次拉格朗日插值曲线.

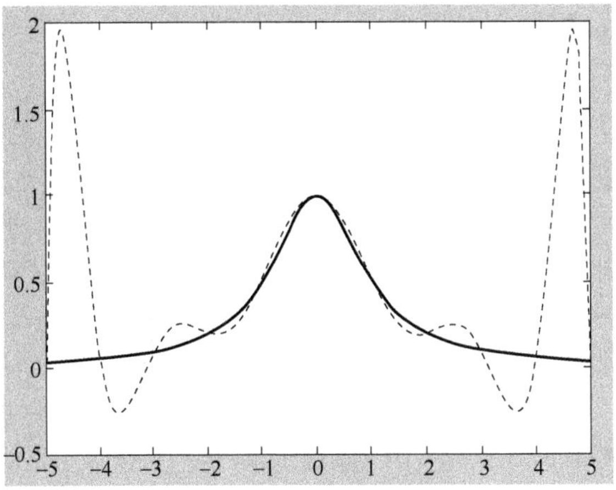

图 2-4　拉格朗日插值曲线

程序 3　埃尔米特插值

```
function h=hermite(x0,y0,y1,x)
%x0,y0 分别为已知节点及其函数值向量
%y1 为节点上的导数值
%x 为插值点(可以是多个),h 为插值
n=length(x0);m=length(x);
for k=1:m
  s=0;
  for i=1:n
    h=1.0;a=0.0;
    for j=1:n
      if j~=i
        h=h*((x(k)-x0(j))/(x0(i)-x0(j)))^2;
```

```
        a=a+1/(x0(i)-x0(j));
      end
    end
     s=s+h*((x0(i)-x(k))*(2*a*y0(i)-y1(i))+y0(i));
end
h(k)=s;
end
```

例 2.6 设$f(x)=\ln x$,给定$f(1)=0$,$f(2)=0.693147$,$f'(1)=1$,$f'(2)=0.5$.试用三次埃尔米特插值多项式$H_3(x)$计算$f(1.8)$的近似值.

解 程序如下:

```
format long
x=[1,2];y=[0,0.693147];
m=[1,0.5];
h=hermite(x,y,m,1.8)
   结果:h=0.589059712
```

例 2.7 某居民区的自来水由一个圆柱形的水塔提供.水塔高12.2m,直径17.4m.水塔由水泵根据塔中水位高低自动加水,一般每天水泵工作两次.按照设计,当水塔内的水位降至约8.2m时,水泵自动起动加水;当水位升至约10.8m时,水泵停止工作.现在需要了解该居民区用水规律,这可以通过用水率(单位时间的用水量)来反映.通过间隔一段时间测量水塔中的水位来估算用水率.表2-5是某一天的测量记录数据,测量了28个时刻(单位:h)的水位(单位:m),但由于其中有3个时刻正遇到水泵向水塔供水,而无水位记录(表中用符号//表示).

表 2-5 水塔水位测量记录数据

时刻	0	0.921	1.843	2.949	3.871	4.978	5.900
水位	9.677	9.479	9.308	9.125	8.982	8.814	8.686
时刻	7.006	7.982	8.967	9.981	10.925	10.954	12.032
水位	8.525	8.388	8.220	//	//	10.820	10.500
时刻	12.954	13.875	14.982	15.903	16.826	17.931	19.037
水位	10.210	9.936	9.653	9.409	9.180	8.921	8.662
时刻	19.959	20.839	22.015	22.958	23.880	24.986	25.908
水位	8.433	8.220	//	10.820	10.591	10.354	10.180

解 先通过体积公式$V=\frac{\pi}{4}d^2h$,利用表2-5中的水位高h,得到不同时刻t_i水塔中水的体积V_i.为提高精度,采用二阶差商来估算t_i时刻的水流速度,即用水率$f(t)$在t_i处的值可用V_i的二阶差商计算.

具体地,因为所有数据被水泵两次工作分割成三组数据,对每组数据的中间数据采用中心差商,前后两个数据不能够采用中心差商,改用向前或向后差商.

$$中心差商公式为\frac{-V_{i+2}+8V_{i+1}-8V_{i-1}+V_{i-2}}{12(t_{i+1}-t_i)},$$

$$向前差商公式为\frac{-V_{i+2}+4V_{i+1}-3V_i}{2(t_{i+1}-t_i)},$$

$$向后差商公式为\frac{3V_i-4V_{i-1}+V_{i-2}}{2(t_i-t_{i-1})},$$

估算出水塔中水的流速(单位:m^3/h)(见表 2-6).

表 2-6　水塔中水的流速数据

时刻	0	0.921	1.843	2.949	3.871	4.978	5.900
流速	54.516	42.320	38.085	41.679	33.297	37.814	30.748
时刻	7.006	7.982	8.967	9.981	10.925	10.954	12.032
流速	38.455	32.122	41.718	//	//	73.686	76.434
时刻	12.954	13.875	14.982	15.903	16.826	17.931	19.037
流速	71.686	60.190	68.333	59.217	52.011	56.626	63.023
时刻	19.959	20.839	22.015	22.958	23.880	24.986	25.908
流速	54.859	55.439	//	57.602	57.766	51.891	36.464

先用 MATLAB 画出水的流速散点图(见图 2-5).

```
t=[0 0.921 1.843 2.949 3.871 4.978 5.9 7.006 7.982 8.967 10.954 12.032 12.954 13.875
14.982 15.903 16.826 17.931 19.037 19.959 20.839 22.958 23.88 24.986 25.908];
r=[54.516 42.320 38.085 41.679 33.297 37.814 30.748 38.455 32.122 41.718 73.686
76.434 71.686 60.19 68.333 59.217 52.011 56.626 63.023 54.859 55.439 57.602
57.766 51.891 36.464];
plot(t,r,'b+');     %(t,r)表示时间和流速
title('流速散点图');xlabel('时间(小时)');ylabel('流速(立方米/小时)')
```

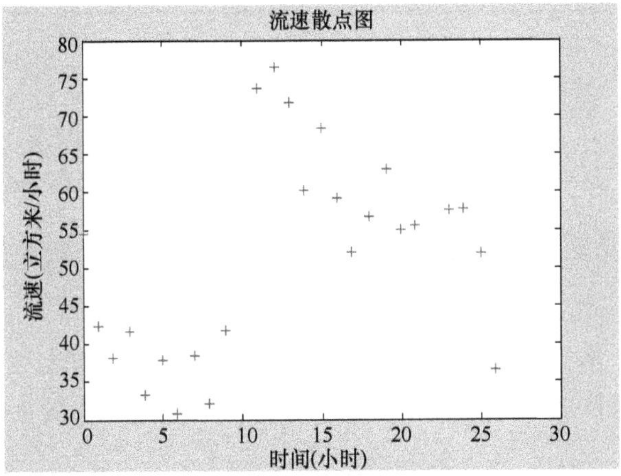

图 2-5　水流速散点图

使用 MATLAB 软件中的三次样条插值命令得到用水率函数 $f(t)$,如图 2-6 所示.

```
x0=t;y0=r;
[l,n]=size(x0);dl=x0(n)-x0(1);
x=x0(1):1/3600:x0(n);                %被插值点
ys=interp1(x0,y0,x,'spline');        %样条插值输出
plot(x,ys);
title('样条插值下的流速图');xlabel('时间(小时)');
ylabel('流速(立方米/小时)')
```

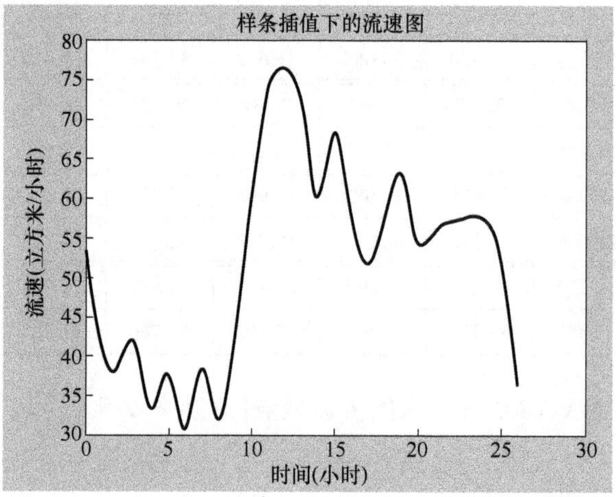

图 2-6 用水率函数图

习题 2

1. 当 $x=-1,1,2$ 时,函数 $f(x)=2,1,1$,求 $f(x)$ 的拉格朗日插值多项式.

2. 若 $x_j(j=0,1,\cdots,n)$ 是互异节点,并且满足

$$l_j(x)=\frac{(x-x_0)(x-x_1)\cdots(x-x_{j-1})(x-x_{j+1})\cdots(x-x_n)}{(x_j-x_0)(x_j-x_1)\cdots(x_j-x_{j-1})(x_j-x_{j+1})\cdots(x_j-x_n)},$$

试证:$\sum_{j=0}^{n} x_j^k l_j(x) \equiv x^k(k=0,1,\cdots,n)$.

3. 已知 $\sin 0.32=0.314567$, $\sin 0.34=0.333487$, $\sin 0.36=0.352274$,用抛物线插值计算 $\sin 0.3367$ 的值并估计截断误差.

4. 根据表 2-7 给出的函数值表,建立不超过三次的牛顿插值多项式.

表 2-7　函数值表

x	0	1	2	4
$f(x)$	1	9	23	3

5. 求一个次数不高于三次的多项式 $P(x)$，使它满足 $P(0)=1, P(1)=0, P'(1)=1, P(2)=1$.

6. 程序设计：已知 $x=(0.1,0.8,1.3,1.9,2.5,3.1)$，$y=(1.2,1.6,2.7,2.0,1.3,0.5)$，利用其中的部分数据，分别用线性插值、三次样条插值，求 $x=2.0$ 处的值.

第3章 函数逼近和拟合

3.1 引 言

3.1.1 问题的提出

通俗地讲，函数逼近或者曲线拟合就是找一个简单的函数 $p(x)$ 去近似一个复杂的函数 $f(x)$，其中后者已知或者仅以表格的形式给出.因此，我们希望得到便于计算的函数来近似逼近已知函数 $f(x)$.例如，泰勒展开式的部分和

$$P_n(x)=f(x_0)+\frac{f'(x_0)}{1!}(x-x_0)+\cdots+\frac{f^{(n)}(x_n)}{n!}(x-x_0)^n.$$

例如，$f(x)=e^x$ 在 $[-1,1]$ 上用

$$P_4(x)=1+x+\frac{1}{2}x^2+\frac{1}{6}x^3+\frac{1}{24}x^4$$

近似 e^x，其误差

$$R_4(x)=e^x-P_4(x)=\frac{1}{120}x^5e^\varepsilon,\quad \varepsilon\in(-1,1),$$

于是 $|R_4(x)|\leqslant\frac{e}{120}|x^5|$，$\max\limits_{-1\leqslant x\leqslant 1}|R_4(x)|\leqslant\frac{e}{120}\approx 0.022652.$

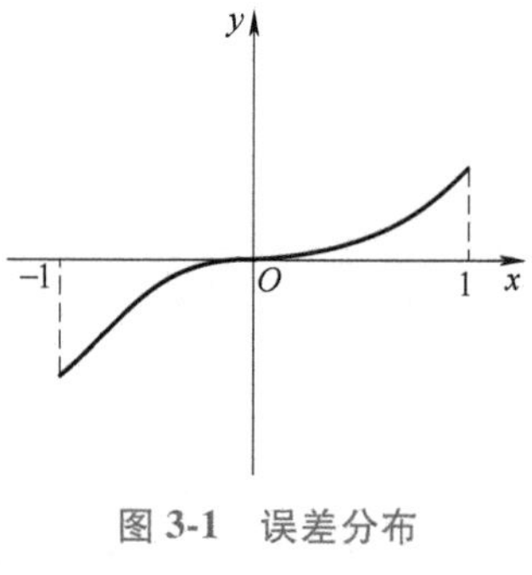

图 3-1 误差分布

误差分布如图 3-1 所示，泰勒展开式仅对 0 附近的点效果较好，为了使得远离 0 附近的点的误差也小于 ε，只好将项数 n 取得相当大，这样就大大增加了计算量.我们需要找一个计算量小、计算出来的函数值又跟实际函数值的误差非常小的简单函数来解决这个问题.因此，我们要解决的这个问题可描述为："对于函数类 A 中给定的函数 $f(x)$，要求在另一类较简单的便于计算的函数类 B 中，求函数 $P(x)\in B$，使 $P(x)$ 与 $f(x)$ 的差在某种度量意义下最小."当采用的度量不同时，就会得到不同的逼近类型，统称函数逼近.下面给出两种最常用的度量标准.一种是无穷范数

$$\|f(x)-p(x)\|_\infty=\max_{a\leqslant x\leqslant b}|f(x)-p(x)| \tag{3-1}$$

最小，在这种度量意义下的函数逼近称为一致逼近；另外一种是欧氏范数

$$\|f(x)-P(x)\|_2=\sqrt{\int_a^b[f(x)-P(x)]^2\mathrm{d}x} \tag{3-2}$$

最小，在这种度量意义下的函数逼近称为平方逼近或者均方逼近. 本章主要研究在这两种度量标准下，用最佳一致逼近多项式(3-1)与最佳平方逼近多项式(3-2)逼近 $f(x)\in C[a,b]$.

3.1.2 魏尔斯特拉斯定理

在实变函数中，连续函数是最重要的函数类. 代数多项式函数是最简单的一类连续函数. 下面我们解决存在性问题，即对于 $f(x)\in[a,b]$，是否存在多项式 $P_n(x)$ 一致收敛于 $f(x)$？现在叙述魏尔斯特拉斯(Weierstrass)存在性定理.

定理 3.1(魏尔斯特拉斯定理)　设 $f(x)\in C[a,b]$，则对于任意给定的 $\varepsilon>0$，都存在代数多项式 $P(x)$，使

$$\|f(x)-P(x)\|_\infty<\varepsilon.$$

该定理证明略.

伯恩斯坦(Bernstein)在 1912 年给出一个多项式，即

$$B_n(f,x)=\sum_{k=0}^{n}f\left(\frac{k}{n}\right)\mathrm{C}_n^k x^k(1-x)^{n-k} \tag{3-3}$$

式(3-3)称为伯恩斯坦多项式. 他证明了 $\lim\limits_{n\to\infty}B_n(f,x)=f(x)\,(0\leqslant x\leqslant 1)$ 一致成立，并且如果 $f(x)$ 在 $[0,1]$ 上 m 阶导数连续，则

$$\lim_{n\to\infty}B_n^{(m)}(f,x)=f^{(m)}(x).$$

伯恩斯坦多项式形式上非常好，但是它收敛很慢，如果要提高精度，必须增加多项式的次数，这样计算量就会大大增加，因此实际中很少使用.

人物介绍

威廉·魏尔斯特拉斯(Karl Theodor Wilhelm Weierstrass, 1815—1897)，德国数学家. 魏尔斯特拉斯在数学分析领域中的最大贡献是在柯西、阿贝尔等开创的数学分析的严格化潮流中，以 ε-δ 语言，系统建立了实分析和复分析的基础，基本上完成了分析的算术化. 他引进了一致收敛的概念，并由此阐明了连续函数项级数的逐项积分和微分的定理. 在建立分析基础过程中，引进了实数轴和 n 维欧氏空间中一系列拓扑概念，并将黎曼积分推广到在一个可数集上不连续的函数上. 1872 年，魏尔斯特拉斯给出了第一个处处连续但处处不可微函数的例子，使人们意识到连续性与可微性的差异，由此引出了一系列诸如佩亚诺曲线等反常性态的函数的研究. 魏尔斯特拉斯以其解析函数理论与柯西、黎曼同为复变函数论的奠基人.

3.2 最佳一致逼近多项式

3.2.1 切比雪夫定理

切比雪夫(Chebyshev)从这样的观点去研究一致逼近问题：不让多项式的次数 n 趋于无穷，而是先把 n 固定. 对于 $f(x) \in C[a,b]$，他提出在 n 次多项式集合中，寻找一个多项式 $P_n(x) \in H_n$，$H_n = \text{span}\{1, x, \cdots, x^n\}$，使 $P_n(x)$ 在 $[a,b]$ 上"最佳地逼近" $f(x)$. 其中 $1, x, \cdots, x^n \in C[a,b]$ 是一组构成 H_n 的线性无关的函数组. $P_n(x)$ 可表示为

$$P_n(x) = a_0 + a_1 x + \cdots + a_n x^n,$$

其中 $a_0, a_1, \cdots, a_n$ 为任意实数.我们的目的是在 H_n 中求 $P_n^*(x)$ 使

$$\max_{x \in [a,b]} |f(x) - P_n^*(x)| = \min_{P_n \in H_n} \max_{x \in [a,b]} |f(x) - P_n(x)| \tag{3-4}$$

式(3-4)即为最佳一致逼近或切比雪夫逼近.首先给出以下定义：

定义 3.1 对于函数 $f(x) \in C[a,b]$，$P_n(x) \in H_n$，称

$$\Delta(f, P_n) = \|f - P_n\|_\infty = \max_{x \in [a,b]} |f(x) - P_n(x)|$$

为 $f(x)$ 与 $P_n(x)$ 在 $[a,b]$ 上的偏差.

最佳一致逼近多项式

显然，偏差 $\Delta(f, P_n) \geq 0$，$\{\Delta(f, P_n)\}$ 是一个集合，它有下界 0. 若记集合的下确界为

$$E_n = \inf_{P_n \in H_n} \{\Delta(f, P_n)\} = \inf_{P_n \in H_n} \max_{x \in [a,b]} |f(x) - P_n(x)|,$$

则称 E_n 为 $f(x)$ 在 $[a,b]$ 上的最小偏差.

定义 3.2 假定 $f(x) \in C[a,b]$，若存在 $P_n^*(x) \in H_n$，使得

$$\Delta(f, P_n^*) = E_n,$$

则称 $P_n^*(x)$ 是 $f(x)$ 在 $[a,b]$ 上的最佳一致逼近多项式或最小偏差逼近多项式，简称最佳逼近多项式.

现在的问题是：最佳逼近多项式 $P_n^*(x)$ 是否一定存在？如果存在是否唯一？如何构造？

显然，$\max\limits_{x \in [a,b]} |f(x) - P_n(x)|$ 的值应与 $P_n(x)$ 的系数 $a_0, a_1, \cdots, a_n$ 有关.记

$$\varphi(a_0, a_1, \cdots, a_n) = \max_{x \in [a,b]} |f(x) - P_n(x)|,$$

则 φ 应是关于 $a_0, a_1, \cdots, a_n$ 的正值连续函数.

多元函数 $\varphi(a_0, a_1, \cdots, a_n)$ 的最小值

$$\min_{a_k} \varphi(a_0, a_1, \cdots, a_n) = \inf_{P_n \in H_n} \{\Delta(f, P_n)\} = \inf_{P_n \in H_n} \max_{x \in [a,b]} |f(x) - P_n(x)|. \tag{3-5}$$

式(3-5)就是 $f(x)$ 与 $P_n(x)$ 在 $[a,b]$ 上的最小偏差.

对照式(3-5)可知,寻找 $f(x)$ 在 $[a,b]$ 上的 n 次最佳一致逼近多项式 $P_n^*(x)$ 的问题,就变为求多元函数 $\varphi(a_0,a_1,\cdots,a_n)$ 的最小值问题.

可以证明(证明略),最小值问题存在唯一的 $(a_0^*,a_1^*,\cdots,a_n^*)$ 能使 $\varphi(a_0^*,a_1^*,\cdots,a_n^*)=\min\limits_{a_k}\{\max\limits_{a<x<b}|f(x)-P_n(x)|\}$ 成立,也就是存在唯一的关系式,即

$$P_n^*(x)=a_0^*+a_1^*x+\cdots+a_n^*x^n.$$

满足关系式

$$\max_{a\leqslant x\leqslant b}|f(x)-P_n^*(x)|=\inf_{P_n\in H_n}\max_{x\in[a,b]}|f(x)-P_n(x)|.$$

定理 3.2(切比雪夫定理)　$P_n^*(x)$ 是 $[a,b]$ 上连续函数 $f(x)$ 的 n 次最佳一致逼近多项式的充分必要条件是 $P_n^*(x)$ 在区间 $[a,b]$ 上至少有 $n+2$ 个点

$$a\leqslant x_1<x_2<\cdots<x_{n+2}\leqslant b,$$

使得

$$f(x_k)-P_n^*(x_k)=(-1)^k\cdot\sigma\cdot\mu\quad(k=1,2,\cdots,n+2).$$

其中μ是 $f(x)$ 与 $P_n^*(x)$ 在 $[a,b]$ 上的偏差,即

$$\mu=\max_{x\in[a,b]}|f(x)-P_n^*(x)|,$$

σ 为"1"或"-1".

因证明较复杂,这里从略.

点集 $\{x_1,x_2,\cdots,x_{n+2}\}$ 称为切比雪夫交错点组.其中每一个 x_k $(k=1,2,\cdots,n+2)$ 称为交错点.

3.2.2　最佳一次逼近多项式

最佳一次逼近多项式

最佳逼近多项式要求出 $P_n^*(x)$ 相当困难,下面先讨论 $n=1$ 的情形.

设函数 $f(x)\in C^2[a,b]$,且 $f''(x)$ 在 $[a,b]$ 上不变号(即恒为正或负),按下面方法求 $f(x)$ 在 $[a,b]$ 上的线性最佳一致逼近多项式 $P_1^*(x)$.

设 $P_1^*(x)=a_0^*+a_1^*x$,则根据定理 3.2,在 $[a,b]$ 上至少存在三个点:$a\leqslant x_1<x_2<x_3\leqslant b$,使

$$P_1^*(x_k)-f(x_k)=(-1)^k\cdot\sigma\cdot\max_{x\in[a,b]}|P_1^*(x)-f(x)|$$
$$(\sigma=\pm1,k=1,2,3)$$

由于 $f''(x)$ 在 $[a,b]$ 上不变号,故 $f'(x)$ 单调,从而 $P_1^{*\prime}(x)-f'(x)$ 在 (a,b) 内只有一个零点区间,从而 $[a,b]$ 的两个端点 a,b 都属于 $P_1^*(x)-f(x)$ 的交错点组,即有 $x_1=a,x_3=b$,$P_1^{*\prime}(x)-f'(x)$ 的零点记作 x_2.于是

$$P_1^{*\prime}(x_2)-f'(x_2)=a_1^*-f'(x_2)=0,\text{即}f'(x_2)=a_1^*,$$

又 $x_1=a,x_3=b$ 且满足

$$P_1^*(a)-f(a)=P_1^*(b)-f(b)=-[P_1^*(x_2)-f(x_2)],$$

由此得到 $$\begin{cases}(a_0^*+a_1^*a)-f(a)=(a_0^*+a_1^*b)-f(b),\\(a_0^*+a_1^*a)-f(a)=-(a_0^*+a_1^*x_2)+f(x_2),\end{cases}\tag{3-6}$$

解出 $$a_1^*=\frac{f(b)-f(a)}{b-a}=f'(x_2).\tag{3-7}$$

代入式(3-6),得 $$a_0^*=\frac{f(a)+f(x_2)}{2}-\frac{f(b)-f(a)}{b-a}\frac{a+x_2}{2}.\tag{3-8}$$

将式(3-7)和式(3-8)代入 $P_1^*(x)=a_0^*+a_1^*x$,这就得到最佳一次逼近多项式

$$\begin{aligned}P_1^*(x)=a_0^*+a_1^*x&=\frac{f(a)+f(x_2)}{2}-\frac{f(b)-f(a)}{b-a}\frac{a+x_2}{2}+\frac{f(b)-f(a)}{b-a}x\\&=\frac{f(a)+f(x_2)}{2}+\frac{f(b)-f(a)}{b-a}\cdot\left(x-\frac{a+x_2}{2}\right),\end{aligned}$$

其中 x_2 由式(3-7)求出.

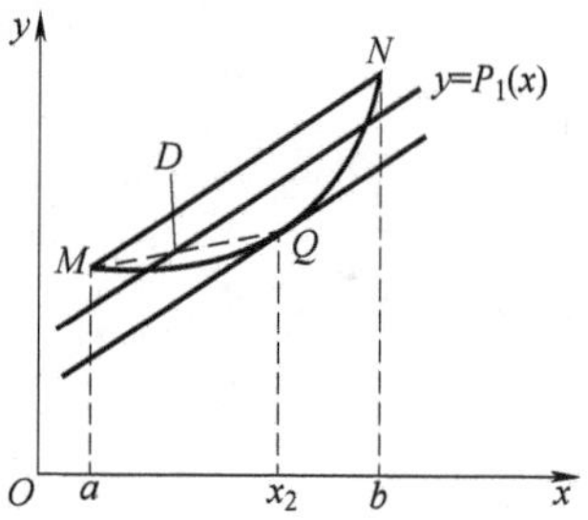

图 3-2 $P_1^*(x)$ 的几何意义

$P_1^*(x)$ 的几何意义如图 3-2 所示.直线 $y=P_1^*(x)$ 与两个端点连线的弦 MN 平行,且通过 MQ 的中点 D,则有

$$P_1(x)=\frac{1}{2}[f(a)+f(x_2)]+a_1\left(x-\frac{a+x_2}{2}\right).$$

例 3.1 求函数 $f(x)=\sqrt{1+x^2}$ 在 $[0,1]$ 上的最佳一次逼近多项式.

解 由式(3-7)可算出 $a_1^*=\frac{f(b)-f(a)}{b-a}=\sqrt{2}-1\approx0.414$,由 $f'(x_2)=\frac{x_2}{\sqrt{1+x_2^2}}=\sqrt{2}-1\approx0.414$,得 $\frac{x_2^2}{1+x_2^2}=(\sqrt{2}-1)^2$,即 $x_2^2=\frac{\sqrt{2}-1}{2}$,解得 $x_2\approx0.4551$. 因此 $a_0^*=\frac{f(a)+f(x_2)}{2}-\frac{f(b)-f(a)}{b-a}\frac{a+x_2}{2}=\frac{1+\sqrt{1+0.4551^2}}{2}-0.414\times\frac{0.4551}{2}\approx0.955.$

所求最佳一次逼近多项式为

$$P_1(x)=0.414x+0.955$$

误差限为 $\max\limits_{x\in[0,1]}\left|\sqrt{1+x^2}-P_1(x)\right|\leqslant0.045.$

3.3 线性赋范空间与内积空间

定义 3.3 ($\mathbf{R}^n$ 上的内积)在线性代数中,$\mathbf{R}^n$ 中两个向量 $\boldsymbol{x}=(x_1,x_2,\cdots,x_n)^{\mathrm{T}}$ 及 $\boldsymbol{y}=(y_1,y_2,\cdots,y_n)^{\mathrm{T}}$ 的内积定义为

$$(\boldsymbol{x},\boldsymbol{y})=\sum_{i=1}^{n}x_i y_i. \tag{3-9}$$

记 $\|\boldsymbol{x}\|_2=(\boldsymbol{x},\boldsymbol{x})^{\frac{1}{2}}=\left(\sum_{i=1}^{n}x_i^2\right)^{\frac{1}{2}}$，称为向量的 2-范数.

若给定实数 $\omega_i>0(i=1,2,\cdots,n)$，称 $\{\omega_i\}$ 为权系数，则在 $\mathbf{R}^n$ 上可定义加权内积为

$$(x,y)=\sum_{i=1}^{n}\omega_i x_i y_i. \tag{3-10}$$

相应的范数为 $\|\boldsymbol{x}\|_2=(\boldsymbol{x},\boldsymbol{x})^{\frac{1}{2}}=\left(\sum_{i=1}^{n}\omega_i x_i^2\right)^{\frac{1}{2}}$. 当 $\omega_i=1(i=1,2,\cdots,n)$ 时，式(3-10)就是式(3-9).

在 $C[a,b]$ 上也可以类似定义带权内积，为此先给出权函数的定义.

定义 3.4　（权函数）设 $[a,b]$ 是有限或无限区间，在 $[a,b]$ 上的非负函数 $\rho(x)$ 满足条件：

1）$\int_a^b x^k\rho(x)\mathrm{d}x$ 存在 $(k=1,2,\cdots,n)$；

2）对 $[a,b]$ 上的非负连续函数 $g(x)$，如果 $\int_a^b g(x)\rho(x)\mathrm{d}x=0$，那么 $g(x)=0$，

则称 $\rho(x)$ 为 $[a,b]$ 上的一个权函数.

定义 3.5　（$C[a,b]$ 上的内积）设 $f(x),g(x)\in C[a,b]$，$\rho(x)$ 是 $[a,b]$ 上给定的权函数，则可定义内积

$$(f(x),g(x))=\int_a^b \rho(x)f(x)g(x)\mathrm{d}x, \tag{3-11}$$

$$\|f\|_2=(f(x),f(x))^{\frac{1}{2}}=\left(\int_a^b \rho(x)f^2(x)\mathrm{d}x\right)^{\frac{1}{2}}, \tag{3-12}$$

称式(3-11)和式(3-12)为带权 $\rho(x)$ 的内积和范数，特别常用的是 $\rho(x)=1$ 的情形，即

$$(f(x),g(x))=\int_a^b f(x)g(x)\mathrm{d}x,$$

$$\|f\|_2=(f(x),f(x))^{\frac{1}{2}}=\left(\int_a^b f^2(x)\mathrm{d}x\right)^{\frac{1}{2}}.$$

根据逼近度量标准不同，会得到不同的逼近函数. 下面给出最常用的度量标准，欧氏范数

$$\|f(x)-P(x)\|_2=\sqrt{\int_a^b [f(x)-P(x)]^2\mathrm{d}x}$$

最小，在这种度量意义下的函数逼近称为平方逼近或者均方逼近.

3.4 最佳平方逼近

这一节研究求解函数 $f(x)\in C[a,b]$ 的最佳平方逼近多项式. 若存在 $P_n^*(x)\in H_n$,使

$$\|f-P_n^*\|_2=\sqrt{\int_a^b[f(x)-P_n^*(x)]^2\mathrm{d}x}=\inf_{P\in H_n}\|f-P\|_2 \tag{3-13}$$

那么 $P_n^*(x)$ 就是 $f(x)$ 在 $[a,b]$ 上的最佳平方逼近.

在区间 $[a,b]$ 上一般的最佳平方逼近问题可以描述为:对 $f(x)\in C[a,b]$ 及 $C[a,b]$ 中的一个子集 $\phi=\mathrm{span}\{\varphi_0(x),\varphi_1(x),\cdots,\varphi_n(x)\}$,其中 $\varphi_0(x),\varphi_1(x),\cdots,\varphi_n(x)$ 线性无关.若存在 $S^*(x)\in\phi$,使

$$\|f-S^*\|_2^2=\min_{S\in\phi}\|f-S\|_2^2=\min_{S\in\phi}\int_a^b\rho(x)[f(x)-S(x)]^2\mathrm{d}x,$$

则 $S^*(x)=a_0\varphi_0(x)+a_1\varphi_1(x)+\cdots+a_n\varphi_n(x)$ 是 $f(x)$ 在子集 $\phi\subseteq C[a,b]$ 中的最佳平方逼近函数.

下面讨论怎样求 $S^*(x)$,该问题等价于求多元函数极值问题. 即求

$$I(a_0,a_1,\cdots,a_n)=\int_a^b\rho(x)\left[f(x)-\sum_{j=0}^n a_j\varphi_j(x)\right]^2\mathrm{d}x$$

的最小值.由于 $I(a_0,a_1,\cdots,a_n)$ 是关于 $a_0,a_1,\cdots,a_n$ 的函数,若多元函数存在极值,利用多元函数存在极值的必要条件

$$\frac{\partial I}{\partial a_k}=2\int_a^b\rho(x)\left[\sum_{j=0}^n a_j\varphi_j(x)-f(x)\right]\varphi_k(x)\mathrm{d}x=0\quad(k=0,1,\cdots,n),$$

有

$$\sum_{j=0}^n(\varphi_k,\varphi_j)a_j=(f,\varphi_k)\quad(k=0,1,\cdots,n). \tag{3-14}$$

这是关于 $a_0,a_1,\cdots,a_n$ 的一个线性方程组,称为法方程,求解方程组(3-14),即可得到需要的函数 $S^*(x)$.

定理 3.3 连续函数 $\varphi_0(x),\varphi_1(x),\cdots,\varphi_n(x)$ 在 $[a,b]$ 上线性无关的充要条件是它们对应的克拉默(Cramer)行列式

$$G_n=\begin{vmatrix}(\varphi_0,\varphi_0)&(\varphi_0,\varphi_1)&\cdots&(\varphi_0,\varphi_n)\\(\varphi_1,\varphi_0)&(\varphi_1,\varphi_1)&\cdots&(\varphi_1,\varphi_n)\\\vdots&\vdots&&\vdots\\(\varphi_n,\varphi_0)&(\varphi_n,\varphi_1)&\cdots&(\varphi_n,\varphi_n)\end{vmatrix}\neq 0.$$

证明 设 $k_0,k_1,\cdots,k_n$ 是一组实数,使

$$k_0\varphi_0(x)+k_1\varphi_1(x)+\cdots+k_n\varphi_n(x)=0.$$

分别用 $\rho(x)\varphi_0(x),\rho(x)\varphi_1(x),\cdots,\rho(x)\varphi_n(x)$ ($\rho(x)$ 为权函数)乘上式,然后在 $[a,b]$ 上积分,得方程组

$$\begin{cases}(\varphi_0,\varphi_0)k_0+(\varphi_0,\varphi_1)k_1+\cdots+(\varphi_0,\varphi_n)k_n=0,\\(\varphi_1,\varphi_0)k_0+(\varphi_1,\varphi_1)k_1+\cdots+(\varphi_1,\varphi_n)k_n=0,\\\qquad\vdots\\(\varphi_n,\varphi_0)k_0+(\varphi_n,\varphi_1)k_1+\cdots+(\varphi_n,\varphi_n)k_n=0.\end{cases}$$

根据克拉默法则,上述方程组只有零解的充要条件是系数行列式不为零,即 $G_n\neq0$.证毕

根据定理 3.3,由于 $\varphi_0,\varphi_1,\cdots,\varphi_n$ 线性无关,因此方程组(3-14)对应的系数行列式 $G(\varphi_0,\varphi_1,\cdots,\varphi_n)\neq0$,则方程组(3-14)有唯一解,也就是 $a_k=a_k^*(k=0,1,\cdots,n)$ 即为所求.从而得到

$$S^*(x)=a_0^*\varphi_0(x)+\cdots+a_n^*\varphi_n(x)\tag{3-15}$$

令 $\delta(x)=f(x)-S^*(x)$ 为最佳平方逼近的误差,则

$$\begin{aligned}\|\delta(x)\|_2^2&=(f(x)-S^*(x),f(x)-S^*(x))\\&=(f(x),f(x))-(S^*(x),f(x))\\&=\|f(x)\|_2^2-\sum_{k=0}^{n}a_k^*(\varphi_k(x),f(x)).\end{aligned}$$

如果取 $\varphi_k(x)=x^k$,权函数 $\rho(x)\equiv1$,下面来求函数 $f(x)\in C[0,1]$ 在 ϕ 中的 n 次最佳平方逼近多项式

$$S^*(x)=a_0^*+a_1^*x+\cdots+a_n^*x^n,$$

此时,

$$(\varphi_k,\varphi_j)=\int_0^1x^{k+j}\mathrm{d}x=\frac{1}{k+j+1},$$

$$(f,\varphi_k)=\int_0^1f(x)x^k\mathrm{d}x\equiv b_k,$$

若用 $\boldsymbol{G}$ 表示行列式 $G_n=G(1,x,x^2,\cdots,x^n)$ 对应的系数矩阵,则

$$\boldsymbol{G}=\begin{pmatrix}1&1/2&\cdots&1/(n+1)\\1/2&1/3&\cdots&1/(n+2)\\\vdots&\vdots&&\vdots\\1/(n+1)&1/(n+2)&\cdots&1/(2n+1)\end{pmatrix}\tag{3-16}$$

其中,$\boldsymbol{G}$ 称为希尔伯特(Hilbert)矩阵,记

$$\boldsymbol{a}=(a_0,a_1,\cdots,a_n)^{\mathrm{T}},\boldsymbol{b}=(b_0,b_1,\cdots,b_n)^{\mathrm{T}}$$

$$b_k=(f,\varphi_k)=\int_0^1f(x)x^k\mathrm{d}x\quad(k=0,1,\cdots,n)$$

则方程 $\boldsymbol{Ga}=\boldsymbol{b}$ 的解 $a_k=a_k^*(k=0,1,\cdots,n)$ 即为所求.

例 3.2　令 $f(x)=\mathrm{e}^x,-1\leqslant x\leqslant1$,且设 $p(x)=a_0+a_1x$,求 a_0,a_1 使得 $p(x)$ 为 $f(x)$ 于 $[-1,1]$ 上的最佳平方逼近多项式.

解　这是 $\rho(x)\equiv1$ 的情形.取 $\varphi_0(x)=1,\varphi_1(x)=x,\phi=\mathrm{span}\{1,x\}$.于是

$$(\varphi_0,\varphi_0)=\int_{-1}^1\mathrm{d}x=2,(\varphi_0,\varphi_1)=\int_{-1}^1x\mathrm{d}x=0,(\varphi_1,\varphi_1)=\int_{-1}^1x^2\mathrm{d}x=\frac{2}{3}$$

$$(f,\varphi_0)=\int_{-1}^1\mathrm{e}^x\mathrm{d}x=\mathrm{e}-\mathrm{e}^{-1},(f,\varphi_1)=\int_{-1}^1x\mathrm{e}^x\mathrm{d}x=2\mathrm{e}^{-1}$$

法方程组为

$$\begin{pmatrix} 2 & 0 \\ 0 & \dfrac{2}{3} \end{pmatrix}\begin{pmatrix} a_0 \\ a_1 \end{pmatrix}=\begin{pmatrix} \mathrm{e}-\mathrm{e}^{-1} \\ 2\mathrm{e}^{-1} \end{pmatrix}.$$

解得 $a_0=\dfrac{1}{2}(\mathrm{e}-\mathrm{e}^{-1})$, $a_1=3\mathrm{e}^{-1}$.故线性最佳平方逼近多项式为 $p(x)=\dfrac{\mathrm{e}-\mathrm{e}^{-1}}{2}+3\mathrm{e}^{-1}x$.

一般情况下,用幂函数作为基求最佳平方逼近多项式,当 n 取得较大时,系数矩阵(3-16)是病态的矩阵,会造成在计算过程中舍入误差很大.这时,可以采用正交多项式函数系作为基求最小平方逼近多项式来避免这一问题.常用的正交多项式有:勒让德多项式、切比雪夫多项式、拉盖尔多项式、埃尔米特多项式等.请读者自己查找相关书籍学习.

人物介绍

戴维·希尔伯特,又译大卫·希尔伯特(David Hilbert,1862—1943),德国著名数学家,20 世纪最伟大的数学家之一.他对数学的贡献是巨大的和多方面的,研究领域涉及代数不变式、代数数域、几何基础、变分法、积分方程、无穷维空间、物理学和数学基础等.他在 1899 年出版的《几何基础》成为近代公理化方法的代表作,且由此推动形成了“数学公理化学派”,可以说希尔伯特是近代形式公理学派的创始人.1900 年 8 月 8 日,在巴黎第二届国际数学家大会上,希尔伯特提出了 20 世纪数学家应当努力解决的 23 个数学问题,被认为是 20 世纪数学的至高点.对这些问题的研究有力推动了 20 世纪数学的发展,在世界上产生了深远的影响.希尔伯特领导的数学学派是 19 世纪末 20 世纪初数学界的一面旗帜,希尔伯特被称为“数学界的无冕之王”,他是天才中的天才.

3.5 曲线拟合

在实际应用领域,往往要从一组数据或平面上一组点 (x_i,y_i) $(i=0,1,\cdots,m)$ 出发去寻找隐含在数据背后的函数关系 $y=f(x)$ 的近似表达式,用几何语言来说就是寻求一条曲线 $y=\varphi(x)$ 来拟合(平滑)这 $m+1$ 个点,简言之求曲线拟合.

3.5.1 最小二乘法

记 $\boldsymbol{\delta}=(\delta_0,\delta_1,\cdots,\delta_m)^{\mathrm{T}}$,曲线拟合问题就是要求向量 $\boldsymbol{\delta}$ 的某个度量范数 $\|\boldsymbol{\delta}\|$ 达到最小值.前面我们已经了解过用最大范数进行计

算时困难较大，我们一般偏向于用 2-范数 $\|\boldsymbol{\delta}\|_2$ 作为误差度量的标准.根据前面已经学习的内容，曲线拟合问题可以重新描述为下面的问题：对于给定的一组数据(x_i,y_i) $(i=0,1,\cdots,m)$，在给定的函数空间 $\Phi=\text{span}\{\varphi_0,\varphi_1,\cdots,\varphi_n\}$ 中寻找一个合适的函数 $y=S^*(x)$，误差 $\|\boldsymbol{\delta}\|_2$ 范数平方和满足

$$\|\boldsymbol{\delta}\|_2^2=\sum_{i=0}^{m}\delta_i^2=\sum_{i=0}^{m}[S^*(x_i)-y_i]^2=\min_{S(x)\in\Phi}\sum_{i=0}^{m}[S(x_i)-y_i]^2,$$

这里 $S(x)$是函数空间 Φ 中的函数，可以写成

$$S(x)=a_0\varphi_0(x)+a_1\varphi_1(x)+\cdots+a_n\varphi_n(x). \tag{3-17}$$

在这种 $\|\boldsymbol{\delta}(x)\|_2^2$ 度量意义下的曲线拟合就是最小二乘逼近，称作曲线拟合的最小二乘法.

一般情况下，$S(x)$的表达式(3-17)所表示的是 n 次多项式线性形式.我们知道，有些函数空间做内积度量时，会带有权函数 $\rho(x)$.所以为了更有一般性，把最小二乘法中 $\|\boldsymbol{\delta}\|_2^2$ 度量考虑为加权的平方和

$$\|\boldsymbol{\delta}\|_2^2=\sum_{i=0}^{m}\rho(x_i)[S(x_i)-f(x_i)]^2, \tag{3-18}$$

这里 $\rho(x)>0$ 是$[a,b]$上的权函数，代表了不同点(x_i,y_i)处的数据权重不同，例如，$\rho(x_i)$可表示在点(x_i,y_i)处观测得到函数值作用的时间，或者是观测的次数.在 $\|\boldsymbol{\delta}(x)\|_2^2$ 度量意义下的曲线拟合就是最小二乘逼近，在式(3-17)的 $S(x)$ 函数集合中求一函数 $y=S^*(x)$，使式(3-18)取到最小值.这个问题可以转化成求多元函数

$$I(a_0,a_1,\cdots,a_n)=\sum_{i=0}^{m}\rho(x_i)\left[\sum_{j=0}^{n}a_j\varphi_j(x_i)-f(x_i)\right]^2$$

的极值点问题.利用求多元函数极值的必要条件，有

$$\frac{\partial I}{\partial a_k}=2\sum_{i=0}^{m}\rho(x_i)\left[\sum_{j=0}^{n}a_j\varphi_j(x_i)-f(x_i)\right]\varphi_k(x_i)=0\quad(k=0,1,\cdots,n),$$

若记

$$(\varphi_j,\varphi_k)=\sum_{i=0}^{m}\rho(x_i)\varphi_j(x_i)\varphi_k(x_i),$$

$$(f,\varphi_k)=\sum_{i=0}^{m}\rho(x_i)f(x_i)\varphi_k(x_i)=b_k\quad(k=0,1,\cdots,n)$$

可改写为

$$\sum_{j=0}^{n}(\varphi_k,\varphi_j)a_j=(f,\varphi_k)\quad(k=0,1,\cdots,n) \tag{3-19}$$

方程组(3-19)称为法方程组.记$(f,\varphi_k)=b_k$，也可以写成矩阵形式

$$\boldsymbol{Ha}=\boldsymbol{b},$$

其中，

$$\boldsymbol{a}=(a_0,a_1,\cdots,a_n)^{\mathrm{T}},\boldsymbol{b}=(b_0,b_1,\cdots,b_n)^{\mathrm{T}}$$

$$\boldsymbol{H}=\begin{pmatrix}(\varphi_0,\varphi_0) & (\varphi_0,\varphi_1) & \cdots & (\varphi_0,\varphi_n)\\(\varphi_1,\varphi_0) & (\varphi_1,\varphi_1) & \cdots & (\varphi_1,\varphi_n)\\ \vdots & \vdots & & \vdots\\(\varphi_n,\varphi_0) & (\varphi_n,\varphi_1) & \cdots & (\varphi_n,\varphi_n)\end{pmatrix}.$$

由定理 3.3 知，$\varphi_0,\varphi_1,\cdots,\varphi_n$ 线性无关，故 $|\boldsymbol{H}|\neq 0$，根据克拉默法则，方程组(3-19)存在唯一的解

$$a_k=a_k^*\ (k=0,1,\cdots,n)$$

从而得到函数

$$S^*(x)=a_0^*\varphi_0(x)+a_1^*\varphi_1(x)+\cdots+a_n^*\varphi_n(x).$$

$S^*(x)$就是所要求的最小二乘解.

用最小二乘法解决实际问题的过程包含三个步骤：

1）由观测数据表中的数值点，画出未知函数的粗略图形——散点图；

2）从散点图中确定拟合函数类型 $\boldsymbol{\Phi}$；

3）通过最小二乘原理，确定拟合函数 $\varphi(x)\in\boldsymbol{\Phi}$ 中的未知参数.

3.5.2 多项式拟合

值得一提的是用最小二乘法求拟合曲线时，需要先确定 $S^*(x)$ 的形式.这需要通过研究问题的运动规律以及测量得到的观测数据 (x_i,y_i) 来确定.一般情况下，我们会根据给定的测量数据描图，然后根据图形来确定 $S(x)$ 的大体形式，并通过曲线拟合计算选出较好的拟合函数.常见的类型为多项式拟合.

给定一组数据 $(x_i,y_i)\ (i=0,1,\cdots,m)$，$\rho_i=1$，$\varphi_i(x)=x^i\ (i=0,1,\cdots,n)$，则法方程组为

$$\begin{cases}a_0(m+1)+a_1\sum\limits_{i=0}^{m}x_i+a_2\sum\limits_{i=0}^{m}x_i^2+\cdots+a_n\sum\limits_{i=0}^{m}x_i^n=\sum\limits_{i=0}^{m}y_i,\\ a_0\sum\limits_{i=0}^{m}x_i+a_1\sum\limits_{i=0}^{m}x_i^2+a_2\sum\limits_{i=0}^{m}x_i^3+\cdots+a_n\sum\limits_{i=0}^{m}x_i^{n+1}=\sum\limits_{i=0}^{m}y_ix_i,\\ \qquad\vdots\\ a_0\sum\limits_{i=0}^{m}x_i^n+a_1\sum\limits_{i=0}^{m}x_i^{n+1}+a_2\sum\limits_{i=0}^{m}x_i^{n+2}+\cdots+a_n\sum\limits_{i=0}^{m}x_i^{2n}=\sum\limits_{i=0}^{m}y_ix_i^n.\end{cases}$$

例 3.3 已知函数 $y=f(x)$ 的一组数据见表 3-1，试用最小二乘法求 $f(x)$ 的二次近似多项式 $p_2(x)=a_0+a_1x+a_2x^2$.

表 3-1 函数 $y=f(x)$ 的一组数据

x_i	0.2	0.5	0.7	0.85	1
y_i	1.221	1.649	2.014	2.340	2.718

解　根据题意,得

$$m=2,\quad n=4,\quad \rho(x)\equiv 1,\quad \varphi_0(x)=1,\quad \varphi_1(x)=x,$$

$$\varphi_2(x)=x^2,\quad y_i=f(x_i)\quad (i=0,1,2,3,4)$$

$$x_0=0.2,\quad x_1=0.5,\quad x_2=0.7,\quad x_3=0.85,\quad x_4=1$$

$$y_0=1.221,\quad y_1=1.649,\quad y_2=2.014,\quad y_3=2.340,\quad y_4=2.718$$

$$(\varphi_0,\varphi_0)=\sum_{i=0}^{4}1\times 1=5,\quad (\varphi_1,\varphi_0)=\sum_{i=0}^{4}x_i\times 1=3.250,$$

$$(\varphi_2,\varphi_0)=\sum_{i=0}^{4}x_i^2\times 1=2.503,$$

$$(\varphi_0,\varphi_1)=\sum_{i=0}^{4}1\times x_i=3.250,\quad (\varphi_1,\varphi_1)=\sum_{i=0}^{4}x_i\times x_i=2.503,$$

$$(\varphi_2,\varphi_1)=\sum_{i=0}^{4}x_i^2\times x_i=2.090,$$

$$(\varphi_0,\varphi_2)=\sum_{i=0}^{4}1\times x_i^2=2.503,\quad (\varphi_1,\varphi_2)=\sum_{i=0}^{4}x_i\times x_i^2=2.090,$$

$$(\varphi_2,\varphi_2)=\sum_{i=0}^{4}x_i^2\times x_i^2=1.826,$$

$$(f,\varphi_0)=\sum_{i=0}^{4}y_i\times 1=9.942,\quad (f,\varphi_1)=\sum_{i=0}^{4}y_i\times x_i=7.185,$$

$$(f,\varphi_2)=\sum_{i=0}^{4}y_i\times x_i^2=5.857,$$

得法方程组

$$\begin{pmatrix}5 & 3.250 & 2.503\\ 3.250 & 2.503 & 2.090\\ 2.503 & 2.090 & 1.826\end{pmatrix}\begin{pmatrix}a_0\\ a_1\\ a_2\end{pmatrix}=\begin{pmatrix}9.942\\ 7.185\\ 5.857\end{pmatrix}.$$

解得 $a_0=1.046, a_1=0.7072, a_2=0.9643$.于是,所求多项式为

$$p_2(x)=1.046+0.7072x+0.9643x^2.$$

3.5.3　非线性拟合

我们的基本思路是先根据给定的问题过滤和给出数据的散点图确定 $S(x)$ 的类型,通过变换将非线性拟合问题转化为线性拟合问题求解,然后经逆变换求出非线性拟合函数(见图 3-3).

如对 $y=\varphi(x)=ae^{bx}$,取对数得 $\ln y=\ln a+bx$,记 $A_0=\ln a, A_1=b$, $u=\ln y, x=x$,则有 $u=A_0+A_1x$,它关于待定系数 A_0, A_1 是线性的,于是 A_0, A_1 所满足的法方程组是

$$\begin{pmatrix}(\varphi_0,\varphi_0) & (\varphi_1,\varphi_0)\\ (\varphi_1,\varphi_0) & (\varphi_1,\varphi_1)\end{pmatrix}\begin{pmatrix}A_0\\ A_1\end{pmatrix}=\begin{pmatrix}(u,\varphi_0)\\ (u,\varphi_1)\end{pmatrix}.$$

其中 $\varphi_0(x)=1, \varphi_1(x)=x$.由上述方程组解得 A_0, A_1 后,再由 $a=e^{A_0}$, $b=A_1$,求得

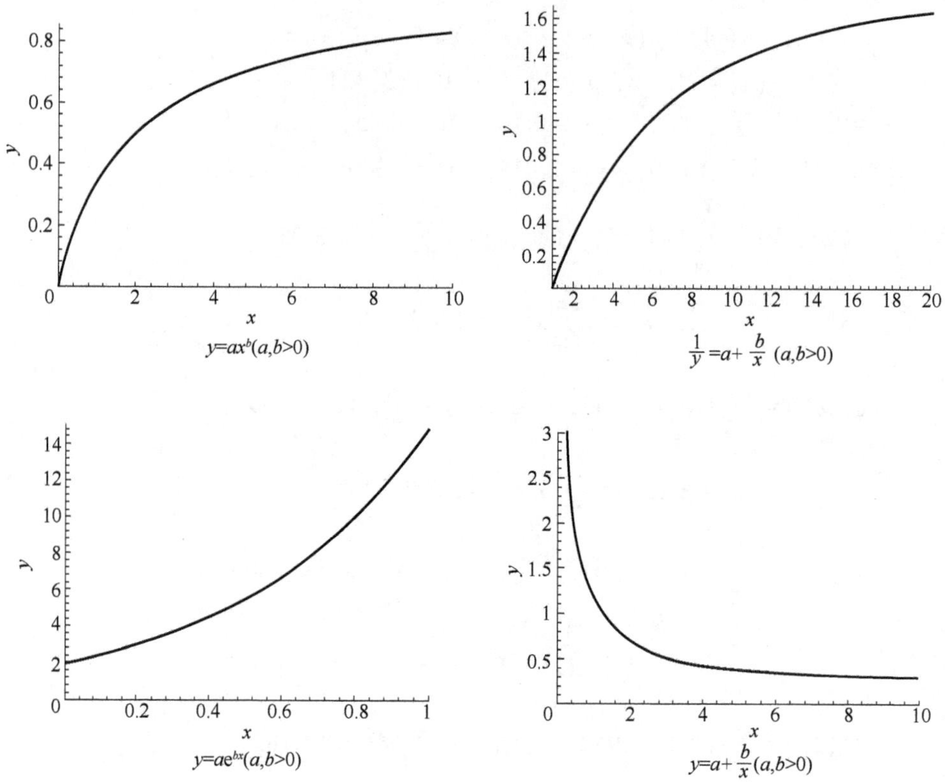

图 3-3 拟合曲线形式

$$\varphi^*(x)=ae^{bx}.$$

例 3.4 已知一组实验数据见表 3-2，试求它的最小二乘拟合曲线（取 $\rho(x)\equiv 1$）.

表 3-2 一组实验数据

x_i	0	0.5	1	1.5	2	2.5
y_i	2.0	1.0	0.9	0.6	0.4	0.3

解 显然 $m=5$，且

$$x_0=0,\quad x_1=0.5,\quad x_2=1,\quad x_3=1.5,\quad x_4=2,\quad x_5=2.5,$$
$$y_0=2.0,\quad y_1=1.0,\quad y_2=0.9,\quad y_3=0.6,\quad y_4=0.4,\quad y_5=0.3.$$

在坐标系 Oxy 中画出散点图，可见这些点近似于一条指数曲线 $y=a_0e^{a_1x}$，记

$$A_0=\ln a_0,\quad A_1=a_1,\quad u=\ln y,\quad x=x$$

则有

$$u=A_0+A_1x$$

记 $\varphi_0(x)=1,\varphi_1(x)=x$，则

$$(\varphi_0,\varphi_0)=\sum_{i=0}^{5}1\times 1=6,\quad (\varphi_1,\varphi_0)=\sum_{i=0}^{5}x_i\times 1=7.5,$$

$$(u,\varphi_0)=\sum_{i=0}^{4}\ln y_i\times 1=-2.043302,$$

$$(\varphi_0,\varphi_1)=\sum_{i=0}^{4}1\times x_i=7.5,\quad (\varphi_1,\varphi_1)=\sum_{i=0}^{4}x_i\times x_i=13.75,$$

$$(u,\varphi_1)=\sum_{i=0}^{4}\ln y_i\times x_i=-5.714112,$$

得法方程组

$$\begin{pmatrix}(\varphi_0,\varphi_0) & (\varphi_1,\varphi_0)\\ (\varphi_1,\varphi_0) & (\varphi_1,\varphi_1)\end{pmatrix}\begin{pmatrix}A_0\\ A_1\end{pmatrix}=\begin{pmatrix}(u,\varphi_0)\\ (u,\varphi_1)\end{pmatrix},$$

即

$$\begin{pmatrix}6 & 7.5\\ 7.5 & 13.75\end{pmatrix}\begin{pmatrix}A_0\\ A_1\end{pmatrix}=\begin{pmatrix}-2.043302\\ -5.714112\end{pmatrix},$$

解得 $A_0=0.562302$，$A_1=-0.722282$，于是 $a_0=e^{A_0}=1.754708$，$a_1=A_1=-0.722282$，故所求拟合函数为

$$\varphi^*(x)=1.754708e^{-0.722282x}.$$

例 3.5　在某化学反应中，从实验观测结果中得到生成物的浓度 y 与时间 t 的关系见表 3-3，求该化学反应生成物浓度 y 与时间 t 之间的函数关系 $y=f(t)$.

表 3-3　化学生成物的浓度和时间关系表

t/min	1	2	3	4	5	6	7	8	9	10	11	12	13	14	15	16
$y/\times10^{-3}$	4.00	6.40	8.00	8.80	9.22	9.50	9.70	9.85	10.00	10.20	10.32	10.42	10.50	10.55	10.58	10.60

解　将所给数据标绘到坐标轴上（见图 3-4）. 可以看到，反应生成物浓度刚开始增加较快，随着时间变化逐渐减慢，到了一定时间浓度基本稳定在一个水平上，也就是 $t\to\infty$ 时，y 趋于某个数，因此我们所要寻找的拟合函数 $y=f(t)$ 存在一个水平渐近线. 另外，$t=0$ 时，y 为 0. 根据分析，可设 $y=f(t)$ 是双曲线型 $1/y=a+b/t$，即 $y=t/(at+b)$.

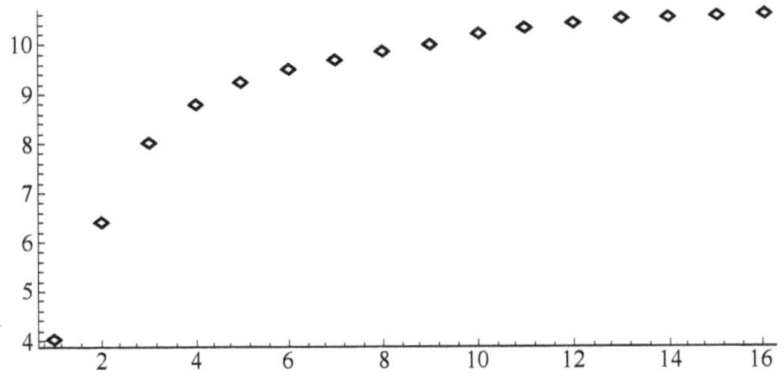

图 3-4　数据点

为了求出系数 a,b，令 $\overline{y}=1/y$，$x=1/t$，则拟合函数变为线性函数 $S_1(x)=a+bx$，所需要的拟合数据 $(x_i,\overline{y_i})$ $(i=1,2,\cdots,16)$，可以根据原始数据 (t_i,y_i) 计算得到.与例 3.2 方法相同，得到系数 a,b 的方程组

$$\begin{cases}16a+3.38073b=1.8372\times10^3,\\3.38073a+1.58435b=0.52886\times10^3.\end{cases}$$

解方程组，得

$$a=80.6621,b=161.6822.$$

从而得到

$$y=t/(80.6621t+161.6822)=f(t)$$

另外，由图 3-4，根据给定数据的函数还可选为指数形式为拟合函数的形式.设

$$y=a\mathrm{e}^{b/t}$$

考察指数函数形式，t 增加时 y 增加，当 $t\to\infty$ 时，函数有渐近线，函数的性质与给出数据规律相同.

同样地，把指数形式化为线性形式，两端取对数，得 $\ln y=\ln a+b/t$.令

$$\overline{y}=\ln y,A=\ln a,x=1/t.$$

拟合曲线设为 $S_2(x)=A+bx$，依然根据原始数据计算得出 $(x_i,\overline{y_i})$.

同样利用例 3.2 的方法，计算得 $A=-4.48072$，$b=-1.0567$，最后求得

$$y=11.3253\times10^{-3}\mathrm{e}^{-1.0567/t}=f^1(t)$$

想要比较两条拟合曲线的好坏，只要分别计算误差，选误差较小的拟合曲线肯定就会好一些.两个方法的误差分别为

$$\delta_i^{(1)}=y_i-f(t)\quad(i=1,2,\cdots,16)$$

$$\delta_i^{(2)}=y_i-f^1(t_i)\quad(i=1,2,\cdots,16)$$

均方误差为

$$\|\delta^{(1)}\|_2=\sqrt{\sum_{i=1}^{16}(f(t_i)-y_i)^2}=1.19\times10^{-3}$$

$$\|\delta^{(2)}\|_2=\sqrt{\sum_{i=1}^{16}(f^1(t_i)-y_i)^2}=0.34\times10^{-3}$$

通过比较发现，$\|\delta^{(1)}\|_2$ 比 $\|\delta^{(2)}\|_2$ 大，所以本实验选 $y=f^1(t)$ 作为拟合曲线比较好.

从上例可知，拟合曲线的选取不一定刚开始就可以选到最好的，往往要通过分析确定若干个拟合曲线后，再经过实际的计算比较，从中选取比较好的拟合曲线.

3.5.4 矛盾方程组

首先我们了解矛盾方程组：方程组中方程的个数大于未知数的个数称为矛盾方程组.一般形式如下：

$$\begin{cases} a_{11}x_1+a_{12}x_2+\cdots+a_{1m}x_m=b_1, \\ a_{21}x_1+a_{22}x_2+\cdots+a_{2m}x_m=b_2, \\ \quad\vdots \\ a_{m1}x_1+a_{m2}x_2+\cdots+a_{mm}x_m=b_m, \\ \quad\vdots \\ a_{p1}x_1+a_{p2}x_2+\cdots+a_{pm}x_m=b_p. \end{cases}$$

其中 $p\geqslant m$,将方程组写成矩阵形式为

$$\boldsymbol{AX}=\boldsymbol{b}.$$

其中

$$\boldsymbol{A}=\begin{pmatrix} a_{11} & a_{12} & \cdots & a_{1m} \\ a_{21} & a_{22} & \cdots & a_{2m} \\ \vdots & \vdots & & \vdots \\ a_{p1} & a_{p2} & \cdots & a_{pm} \end{pmatrix}, \quad \boldsymbol{X}=\begin{pmatrix} x_1 \\ x_2 \\ \vdots \\ x_m \end{pmatrix}, \quad \boldsymbol{b}=\begin{pmatrix} b_1 \\ b_2 \\ \vdots \\ b_p \end{pmatrix}$$

找到一组 $\boldsymbol{X}=(x_1,x_2,\cdots,x_m)^{\mathrm{T}}$,使得

$F=\sum\limits_{i=1}^{p}|b_i-(a_{i1},a_{i2},\cdots,a_{im})(x_1,x_2,\cdots,x_m)^{\mathrm{T}}|^2$ 取得极小值.令

$$\begin{cases} \dfrac{\partial F}{\partial x_1}=\sum\limits_{i=1}^{p}2[b_i-(a_{i1},a_{i2},\cdots,a_{im})(x_1,x_2,\cdots,x_m)^{\mathrm{T}}]\cdot(-a_{i1})=0, \\ \dfrac{\partial F}{\partial x_2}=\sum\limits_{i=1}^{p}2[b_i-(a_{i1},a_{i2},\cdots,a_{im})(x_1,x_2,\cdots,x_m)^{\mathrm{T}}]\cdot(-a_{i2})=0, \\ \qquad\vdots \\ \dfrac{\partial F}{\partial x_m}=\sum\limits_{i=1}^{p}2[b_i-(a_{i1},a_{i2},\cdots,a_{im})(x_1,x_2,\cdots,x_m)^{\mathrm{T}}]\cdot(-a_{im})=0. \end{cases}$$

改写成矩阵形式如下:

$$\begin{pmatrix} a_{11} & a_{21} & \cdots & a_{p1} \\ a_{12} & a_{22} & \cdots & a_{p2} \\ \vdots & \vdots & & \vdots \\ a_{1m} & a_{2m} & \cdots & a_{pm} \end{pmatrix}\begin{pmatrix} b_1 \\ b_2 \\ \vdots \\ b_p \end{pmatrix}-$$

$$\begin{pmatrix} a_{11} & a_{21} & \cdots & a_{p1} \\ a_{12} & a_{22} & \cdots & a_{p2} \\ \vdots & \vdots & & \vdots \\ a_{1m} & a_{2m} & \cdots & a_{pm} \end{pmatrix}\begin{pmatrix} a_{11} & a_{12} & \cdots & a_{1m} \\ a_{21} & a_{22} & \cdots & a_{2m} \\ \vdots & \vdots & & \vdots \\ a_{p1} & a_{p2} & \cdots & a_{pm} \end{pmatrix}\begin{pmatrix} x_1 \\ x_2 \\ \vdots \\ x_m \end{pmatrix}=\boldsymbol{0}$$

即 $\boldsymbol{A}^{\mathrm{T}}\boldsymbol{b}-\boldsymbol{A}^{\mathrm{T}}\boldsymbol{AX}=\boldsymbol{0}$.

经过上面的理论分析,将矛盾方程组 $\boldsymbol{AX}=\boldsymbol{b}$(无解)转化成有唯一解的线性方程组

$$\boldsymbol{A}^{\mathrm{T}}\boldsymbol{AX}=\boldsymbol{A}^{\mathrm{T}}\boldsymbol{b},$$

矛盾方程组例题

例 3.6　求矛盾方程组 $\begin{cases}2x_1+4x_2=1,\\3x_1-5x_2=3,\\x_1+2x_2=6,\\4x_1+2x_2=14\end{cases}$ 的最小二乘解.

解　$\boldsymbol{A}=\begin{pmatrix}2&4\\3&-5\\1&2\\4&2\end{pmatrix}$，$\boldsymbol{b}=\begin{pmatrix}1\\3\\6\\14\end{pmatrix}$，正则方程组为 $\boldsymbol{A}^{\mathrm{T}}\boldsymbol{A}\boldsymbol{x}=\boldsymbol{A}^{\mathrm{T}}\boldsymbol{b}$，计算有

$$\boldsymbol{A}^{\mathrm{T}}\boldsymbol{A}=\begin{pmatrix}30&3\\3&49\end{pmatrix},\boldsymbol{A}^{\mathrm{T}}\boldsymbol{b}=\begin{pmatrix}73\\29\end{pmatrix}$$

从而

$$\begin{pmatrix}30&3\\3&49\end{pmatrix}\begin{pmatrix}x_1\\x_2\end{pmatrix}=\begin{pmatrix}73\\29\end{pmatrix}$$

求解得 $\begin{cases}x_1=2.3888,\\x_2=0.4456\end{cases}$ 为该矛盾方程的最小二乘解.

3.6　案例及 MATLAB 程序设计

程序　拟合相关 MATLAB 命令

命令 1　`p=polyfit(x,y,n)`

`[p,s]=polyfit(x,y,n)`

说明：x，y 为数据点，n 为多项式阶数，返回 p 为幂次从高到低的多项式系数向量 $\boldsymbol{p}$，x 必须是单调的，矩阵 s 用于生成预测值的误差估计.

命令 2　多项式曲线求值函数：polyval( )

调用格式：`y=polyval(p,x)`

```
[y,DELTA]=polyval(p,x,s)
```

说明：y=polyval(p,x)为返回对应自变量 x 在给定系数 p 的多项式的值.[y,DELTA]=polyval(p,x,s)输入的 s 为 polyfit 生成的可输出的结构体，该命令返回对应自变量 x 在给定系数 p 的多项式的值以及 p(x)的误差估计 DELTA.它假设 polyfit 函数数据输入的误差是独立正态的，并且方差为常数，则[y,DELTA]将至少包含 50%的预测值.

例 3.7　求如下给定数据的拟合曲线：

$$\boldsymbol{x}=(0.5,1.0,1.5,2.0,2.5,3.0),$$
$$\boldsymbol{y}=(1.75,2.45,3.81,4.80,7.00,8.60).$$

解　MATLAB 程序如下：

```
x=[0.5,1.0,1.5,2.0,2.5,3.0];
y=[1.75,2.45,3.81,4.80,7.00,8.60];
p=polyfit(x,y,2)
x1=0.5:0.05:3.0;
y1=polyval(p,x1);
plot(x,y,'*r',x1,y1,'-b')
输出结果为
    p=0.5614  0.8287  1.1560
```

此结果表示拟合函数为 $f(x)=0.5614x^2+0.8287x+1.1560$，其图形如图 3-5 所示.

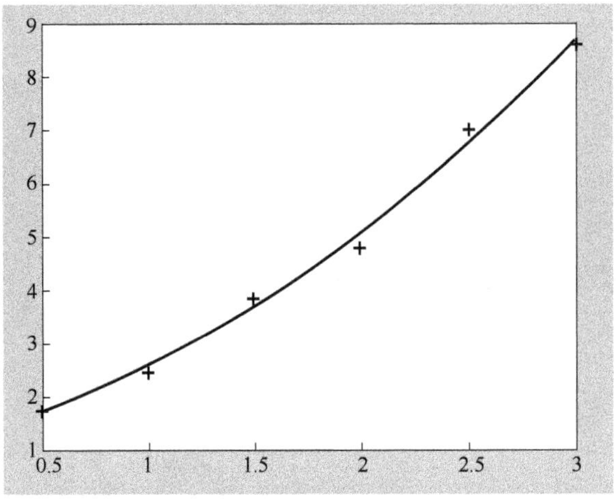

图 3-5　拟合函数图形

例 3.8　设函数 $f(x)=x+3\sin x$，在区间[1,20]上，取 $x_i=1+i$ $(i=0,1,\cdots,9)$，对函数求其六次和九次拟合曲线，并画出拟合曲线的图形.

解　先用六次多项式拟合，其 MATLAB 程序如下：

```
x=1:20;
y=x+3*sin(x);
p=polyfit(x,y,6)
xi=linspace(1,20,100);
z=polyval(p,xi);
plot(x,y'o',xi,z,'k:',x,y,'b')
输出结果:
p=0.0000 -0.0021 0.0505 -0.5971 3.6472 -9.7295
11.3304
```

拟合数据的效果如图 3-6 所示.

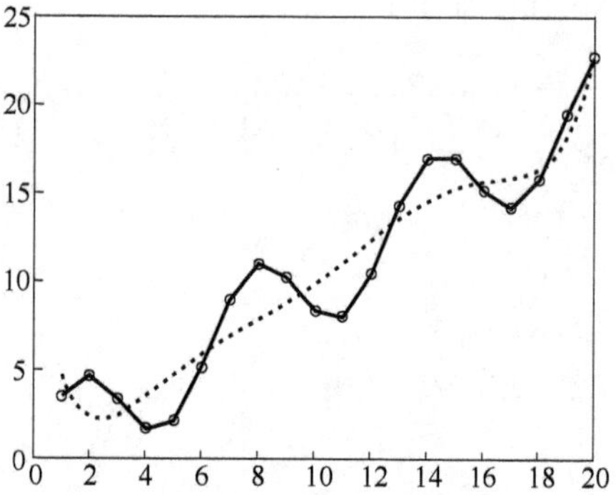

图 3-6　六次多项式拟合

再用九次多项式拟合,其 MATLAB 程序如下:

```
x=1:20;
y=x+3*sin(x);
p=polyfit(x,y,9)
xi=linspace(1,20,100);
z=polyval(p,xi);
plot(x,y,'o',xi,z,'k:',x,y,'b')
```

拟合数据的效果如图 3-7 所示.

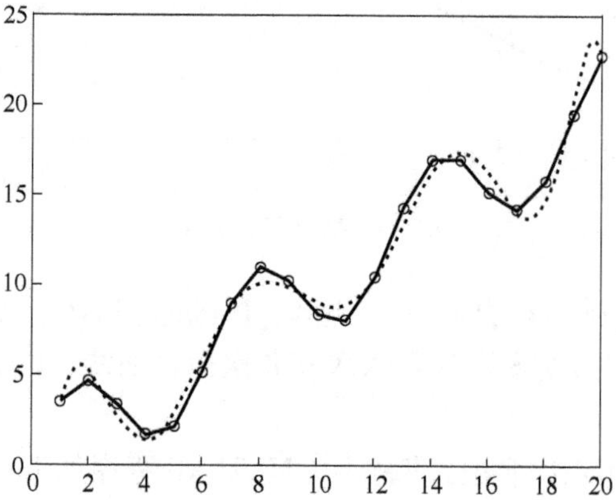

图 3-7　九次多项式拟合

```
输出结果:
p=-0.0000 0.0000 -0.0010 0.0168 -0.1536 0.6253
0.1996 -9.4033 23.1399 -11.0252
```

例 3.9　在城乡道路交通事故中,由饮酒驾车造成的交通事故占有相当大的比例.国家发布的《车辆驾驶人员血液、呼气酒精含量阈值与检验》标准中规定,车辆驾驶人员血液中的酒精含量大于或等于 20mg/100mL、小于 80mg/100mL 为饮酒后驾车,酒精含量大于或等于 80mg/100mL 为醉酒驾车.对饮酒后驾车和醉酒驾车者予以重罚.为了确定饮酒后多长时间才能驾车,一志愿者(体重约 70kg)在短时间内喝了 2 瓶啤酒,然后每隔 1h 检测一次血液中的酒精含量,得到表 3-4 中的数据.

表 3-4　酒精含量数据

时间/h	1	2	3	4	5	6	7	8	9	10	11	12
酒精含量/(mg/100mL)	82	77	68	51	41	38	35	28	25	18	15	12

试分析这些数据,并建立饮酒后血液中酒精含量的数学模型,讨论饮酒数量、饮酒者状况等因素对血液中酒精含量的影响.

解　数据分析:将表 3-4 中的数据在直角坐标系下绘图(见图 3-8a),时间和酒精含量分别记作 t 和 $c(t)$,可以看出,随着 t 的增加,$c(t)$ 并非按线性规律减少,而在对数坐标系下画图(见图 3-8b),可知 t-$\ln c(t)$ 近似于直线关系,即 $c(t)$ 有按负指数规律减少的趋势.

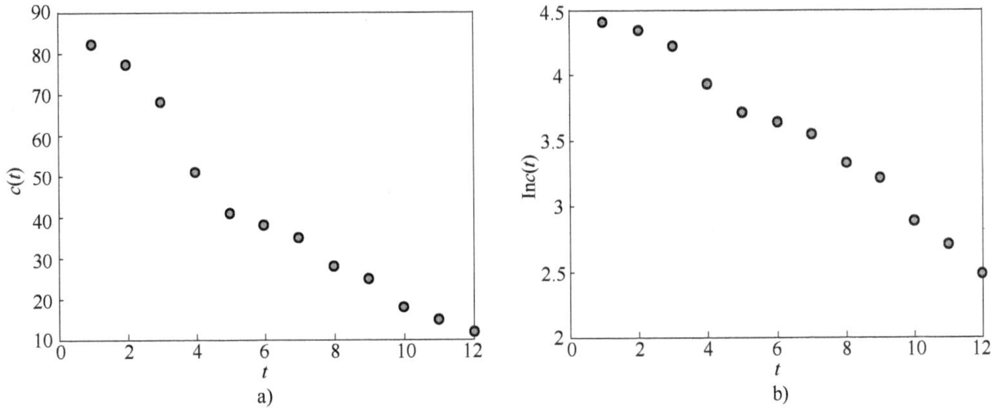

图 3-8　直角坐标系下酒精含量数据点及对数坐标系下酒精含量数据点

(1) 机理分析和假设.

1) 酒精进入人体后随体液输送到全身,在这个过程中不断地被吸收、分布、代谢,最终排出体外;

2) 人的体液占体重的 65%～70%,其中血液只占体重的 7%左右,而酒精在血液与体液中的含量大体是一样的;

3) 假设将整个机体看作一个房室,室内的酒精含量 $c(t)$ 是均匀的,称为一室模型;

4) 对一室模型的动态过程,假设酒精向体外排出的速率与室内的酒精含量成正比,比例系数为 $k>0$,称为排出速率;

5) 短时间内(相对于整个排出过程而言)饮酒,可以视为 $t=0$ 瞬时饮入酒精剂量 d,而整个房室的容积为常数 V,于是 $t=0$ 瞬时酒精含量为 d/V.

（2）模型分析.

酒精的排出速度满足微分方程

$$\frac{dc(t)}{dt}=kc(t),k>0 \tag{3-20}$$

初始条件满足 $c(0)=\frac{d}{V}$.

求解式(3-20)可得酒精含量 $c(t)$ 函数为 $c(t)=\frac{d}{V}e^{-kt}$，令 $c_0=\frac{d}{V}$ 按指数规律下降.两边取对数得 $\ln c(t)=\ln c_0-kt$，令 $y=\ln c(t)$，$a=-k$，$b=\ln c_0$，则关系式可以改写成

$$y=at+b.$$

接下来的问题就是怎样求 a 和 b?基函数为 $\varphi_0(t)=1$，$\varphi_1(t)=t$，令

$$\boldsymbol{\Phi}=\begin{pmatrix}1 & t_1\\ 1 & t_2\\ \vdots & \vdots\\ 1 & t_n\end{pmatrix}_{n\times 2},\quad \boldsymbol{\beta}=\begin{pmatrix}b\\ a\end{pmatrix},\quad \boldsymbol{y}=\begin{pmatrix}y_0\\ y_1\\ \vdots\\ y_n\end{pmatrix},\quad (n>2)$$

问题归结为求解超定方程组 $\boldsymbol{\Phi\beta}=\boldsymbol{y}$.

MATLAB 程序如下：

```
t=[1,2,3,4,5,6,7,8,9,10,11,12]';
c=[82,77,68,51,41,38,35,28,25,18,15,12]';
y=log(c);
phi=[ones(12,1),t];
beta=inv(phi'*phi)*phi'*y
%第一种算法,正则方程组两边乘逆矩阵;
beta1=phi\y
%第二种算法,直接矩阵左除;
z=beta-beta1
%验证两种求法是否一样
k=-beta(2)
c0=exp(beta(1))
输出结果:
k=0.1747
c0=106.9412
```

将求解数据代入模型得 $c(t)=106.9412e^{-0.1747t}$，图像如图 3-9 所示.由计算的结果可以发现，该志愿者（体重约 70kg）在短时间内喝了 2 瓶啤酒 10h 后，酒精含量会降至 20mg/100mL 以下，可以驾车，与检测数据一致.

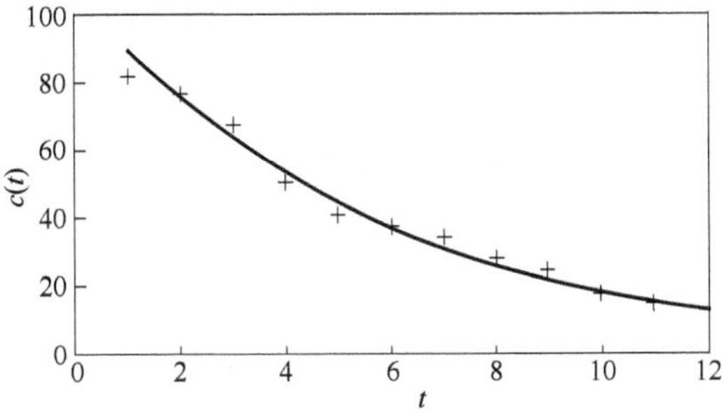

图 3-9　酒精含量图像

习题 3

1. 求函数 $f(x)=\sqrt{x}$ 在 $\left[\frac{1}{4},1\right]$ 上的最佳一次逼近多项式.

2. 设函数 $f(x)=\sin\pi x$,求 $f(x)$ 于 $[0,1]$ 上的线性最佳平方逼近多项式.

3. $f(x)=|x|$,在 $[-1,1]$ 上求关于 $\phi=\{1,x^2,x^4\}$ 的最佳平方逼近多项式.

4. 表 3-5 给出了一组实验数据,试用 $y=a+bx^2$ 拟合.

表 3-5　一组实验数据

x_k	-1	0	1	2
y_k	2.1	0.8	1.8	5

5. 求矛盾方程组 $\begin{cases} x_1-x_2=1, \\ -x_1+x_2=2, \\ 2x_1-2x_2=3, \\ -3x_1+x_2=4 \end{cases}$ 的最小二乘解.

6. 程序设计:已知 $x=[1.2,1.8,2.1,2.4,2.6,3.0,3.3]$,$y=[4.85,5.2,5.6,6.2,6.5,7.0,7.5]$,求对 x,y 分别进行四次、五次、六次多项式拟合的系数,并画出相应的图形.

7. 程序设计:由离散数据(见表 3-6)拟合曲线.

表 3-6　离散数据

t	0	5	10	15	20	25	30	35	40	45	50	55
y	0	1.27	2.16	2.86	3.44	3.87	4.15	4.37	4.51	4.58	4.62	4.64

第4章 数值积分与数值微分

4.1 引　　言

4.1.1 数值积分的基本思想

工程中经常会出现变化的系统和过程需要计算定积分.根据积分基本理论,牛顿-莱布尼茨(Newton-Leibniz)公式是一个非常有效的工具.对于积分问题 $I=\int_a^b f(x)\mathrm{d}x$,只要找到原函数 $F(x)$,就可以使用牛顿-莱布尼茨公式 $\int_a^b f(x)\mathrm{d}x=F(b)-F(a)$.

但是,在很多实际问题的求解过程中,我们遇到的很多被积函数 $f(x)$ 是找不到原函数 $F(x)$ 的,例如,

$$f(x)=\frac{\sin x}{x},\mathrm{e}^{-x^2},\frac{1}{\ln x},\sqrt{a+x^2}$$

其次,即使有些被积函数可以找到原函数(形式复杂),在利用牛顿-莱布尼茨公式计算时,仍需要大量的数值计算,不如直接应用数值积分直接计算方便.例如,

$$I=\int\sqrt{a+bx+cx^2}\,\mathrm{d}x=\frac{2cx+b}{4c}\sqrt{a+bx+cx^2}+\frac{b^2-4ac}{8c^{3/2}}\ln(2cx+b+2\sqrt{c}\sqrt{a+bx+cx^2})+C$$

另外,当 $f(x)$ 是由工程中测量或者是数值计算给出的离散数据时,牛顿-莱布尼茨公式就不可以直接用了.因此,研究积分的数值计算方法是一个非常重要并且有用的课题.

根据上面的思路,数值积分问题应该尽量避免寻找原函数,也就是看能否使用被积函数来求出积分的近似值.由积分中值定理,对于 $f(x)\in C[a,b]$,存在一点 $\xi\in[a,b]$,使得

$$\int_a^b f(x)\mathrm{d}x=f(\xi)(b-a).$$

也就是说,$\int_a^b f(x)\mathrm{d}x$ 定积分所表示的曲边梯形面积可以变成计算

底为 $b-a$ 而高为 $f(\xi)$ 的矩形面积.在这里 $f(\xi)$ 可以称为 $f(x)$ 在区间 $[a,b]$ 上的平均高度.但是,一般情况下 ξ 的位置是找不到的,也就是 $f(\xi)$ 的值是很难找到的.这种情况下,我们要构造一种特别的算法,能够将平均高度 $f(\xi)$ 的值表示出来从而得到积分的值.

如果将两端点函数值的算术平均取作平均高度 $f(\xi)$ 的近似值,那么这样可以得到如下求积公式:

$$T=\int_a^b f(x)\,\mathrm{d}x \approx (b-a)\frac{f(b)+f(a)}{2} \tag{4-1}$$

这就是梯形公式.而如果改用中点 $c=(a+b)/2$ 的高度 $f(c)$ 的值来取代平均高度 $f(\xi)$ 的值,那么可以得到中矩形求积公式(简称矩形公式)

$$R=\int_a^b f(x)\,\mathrm{d}x \approx (b-a)f\left(\frac{a+b}{2}\right).$$

如果取左端点和右端点的函数值近似平均高度 $f(\xi)$,得到的公式 $\int_a^b f(x)\,\mathrm{d}x \approx (b-a)f(a)$ 和 $\int_a^b f(x)\,\mathrm{d}x \approx (b-a)f(b)$ 分别称为左矩形公式和右矩形公式.

更一般地,还可以在区间 $[a,b]$ 上适当选取一些节点 x_k,然后利用 $f(x_k)$ 加权平均来表示平均高度 $f(\xi)$ 的近似值,可以构造出下列求积公式,即

$$\int_a^b f(x)\,\mathrm{d}x \approx \sum_{k=0}^{n} A_k f(x_k) \tag{4-2}$$

其中,x_k 称为求积节点;A_k 称为求积系数,也称为伴随节点 x_k 的权值,A_k 的取值不依赖于被积函数 $f(x)$ 的具体形式,仅与节点 x_k 的选取有关.这类以某些点处的函数值的线性组合来近似定积分的求积公式称为机械求积公式,其特点是避免了牛顿-莱布尼茨公式寻求原函数的困难,将积分求值问题归结为确定节点以及相应点权值的计算.

定义 4.1　对任意 $\varepsilon>0$,若存在 $\delta>0$,只要 $|f(x_k)-\tilde{f}_k|\leqslant\delta$ $(k=0,1,\cdots,n)$,就有

$$|I_n(f)-I_n(\tilde{f})|=\left|\sum_{k=0}^{n} A_k[f(x_k)-\tilde{f}_k]\right|\leqslant\varepsilon$$

成立,则称求积公式(4-2)是稳定的.

定理 4.1　若求积公式(4-2)中系数 $A_k>0$ $(k=0,1,\cdots,n)$,则求积公式是稳定的.

证明　对任意的 $\varepsilon>0$,若取 $\delta=\dfrac{\varepsilon}{b-a}$,对 $k=0,1,\cdots,n$ 都有 $|f(x_k)-\tilde{f}_k|\leqslant\delta$,则有

$$|I_n(f)-I_n(\tilde{f})|=\left|\sum_{k=0}^{n}A_k[f(x_k)-\tilde{f}_k]\right|$$
$$\leqslant\sum_{k=0}^{n}|A_k||f(x_k)-\tilde{f}_k|\leqslant\delta\sum_{k=0}^{n}|A_k|$$

那么,对任何代数精度大于或等于0的求积公式有以下公式成立,即

$$\sum_{k=0}^{n}A_k=I_n(1)=\int_a^b 1\mathrm{d}x=b-a.$$

可见 $A_k>0$ 时,有

$$|I_n(f)-I_n(\tilde{f})|\leqslant\delta\sum_{k=0}^{n}|A_k|=\delta\sum_{k=0}^{n}A_k=\delta(b-a)=\varepsilon.$$

根据定义4.1知,求积公式(4-2)是稳定的.

4.1.2 代数精度

数值机械求积方法是一类近似方法,为了保证精度,我们希望得到的求积公式对于“尽可能多”的函数都能准确成立,这就提出了所谓代数精度的概念.

定义 4.2 对于给定的求积公式,对次数不超过 m 次的代数多项式 $f(x)$ 都精确成立,而对于 $f(x)=x^{m+1}$ 不精确成立,则称该求积公式具有 m 次代数精度.

一般地,如果求积公式(4-2)具有 m 次代数精度,要求求积公式对于 $f(x)=1,x,\cdots,x^m$ 都准确地成立,也就是 $\sum_{k=0}^{n}A_k=b-a$, $\sum_{k=0}^{n}A_kx_k=\frac{1}{2}(b^2-a^2),\cdots,\sum_{k=0}^{n}A_kx_k^m=\frac{1}{m+1}(b^{m+1}-a^{m+1})$ 都精确相等,但是当 $f(x)=x^{m+1}$ 时不精确成立.

例 4.1 梯形求积公式(4-1)具有1次代数精度.

证明 梯形公式为 $\int_a^b f(x)\mathrm{d}x\approx(b-a)\frac{f(b)+f(a)}{2}$,当 $f(x)=1$ 时,左边 $=\int_a^b f(x)\mathrm{d}x=\int_a^b 1\mathrm{d}x=b-a$,右边 $=(b-a)\frac{1+1}{2}=b-a$,故左边=右边;

当 $f(x)=x$ 时,左边 $=\int_a^b f(x)\mathrm{d}x=\int_a^b x\mathrm{d}x=\frac{1}{2}(b^2-a^2)$,右边 $=(b-a)\frac{a+b}{2}=\frac{1}{2}(b^2-a^2)$,故左边=右边;

当 $f(x)=x^2$ 时,左边 $=\int_a^b f(x)\mathrm{d}x=\int_a^b x^2\mathrm{d}x=\frac{1}{3}(b^3-a^3)$,右边 $=(b-a)\frac{a^2+b^2}{2}$,故左边 $\neq$ 右边.

所以梯形公式具有1次代数精度.

代数精度

例 4.2 求积公式$\int_0^1 f(x)\,\mathrm{d}x \approx A_0 f(0)+A_1 f(1)+B_0 f'(0)$，试确定系数 A_0，A_1 及 B_0，使该求积公式具有尽可能高的代数精度，并给出代数精度的次数.

解 分别取$f(x)=1,x,x^2$，使求积公式准确成立，有

$$\begin{cases} A_0+A_1=1, \\ A_1+B_0=\dfrac{1}{2}, \\ A_1=\dfrac{1}{3}. \end{cases}$$

解得 $A_0=\dfrac{2}{3}$，$A_1=\dfrac{1}{3}$，$B_0=\dfrac{1}{6}$.求积公式为

$$\int_0^1 f(x)\,\mathrm{d}x \approx \frac{2}{3}f(0)+\frac{1}{3}f(1)+\frac{1}{6}f'(0).$$

再取$f(x)=x^3$，左边$=\int_0^1 x^3\,\mathrm{d}x=\dfrac{1}{4}\neq\dfrac{2}{3}\times 0+\dfrac{1}{3}\times 1+\dfrac{1}{6}\times 0=$右边.故该求积公式的最高代数精度为 2.

4.1.3 插值型的求积公式

对$[a,b]$给定划分 $a\leqslant x_0<x_1<x_2<\cdots<x_n\leqslant b$，且已知被积函数$f(x)$在这些节点上的函数值，利用拉格朗日插值函数替代被积函数，构造拉格朗日插值函数 $L_n(x)$.插值多项式函数 $L_n(x)$ 的原函数是很容易直接求出的，因此我们取 $I_n=\int_a^b L_n(x)\,\mathrm{d}x$ 近似 $I=\int_a^b f(x)\,\mathrm{d}x$ 的值，这样可以直接得到求积公式

$$I_n=\sum_{k=0}^{n} A_k f(x_k) \tag{4-3}$$

式(4-3)类型的求积公式称为插值型的求积公式，式中的求积系数 A_k，是通过插值基函数 $l_k(x)$ 积分求出的，即

$$A_k=\int_a^b l_k(x)\,\mathrm{d}x. \tag{4-4}$$

根据插值余项，对于插值型的求积公式(4-3)，其余项

$$R[f]=I-I_n=\int_a^b \frac{f^{(n+1)}(\xi)}{(n+1)!}\omega_{n+1}(x)\,\mathrm{d}x \tag{4-5}$$

其中，ξ 的选取跟变量 x 有关，

$$\omega_{n+1}(x)=(x-x_0)(x-x_1)\cdots(x-x_n).$$

如果求积公式(4-3)是插值型的，按式(4-5)可以得到对于次数不大于 n 的多项式函数$f(x)$，余项 $R[f]$ 都等于零，也就是对于次数不大于 n 的多项式函数，求积公式是精确成立的，也就是求积公式的代数精度至少为 n.反之，若求积公式(4-3)至少具有 n 次代数精度，则它必定是插值型的求积公式.

事实上,式(4-3)对于插值基函数 $l_k(x)$ 是准确成立的,也就是

$$\int_a^b l_k(x)\,\mathrm{d}x=\sum_{j=0}^n A_j l_k(x_j).$$

我们知道,$l_k(x_j)=\delta_{kj}=\begin{cases}1,k=j,\\0,k\neq j\end{cases}$ 上式右端实际上等于 A_k,因此式(4-4)成立.

4.2 牛顿-科茨公式

4.2.1 科茨系数

将积分区间 $[a,b]$ 划分为 n 等份,步长 $h=\dfrac{b-a}{n}$,并取等距节点为求积公式节点,插值型的求积公式(4-3)可以写成

$$I_n=(b-a)\sum_{k=0}^n C_k^{(n)} f(x_k) \tag{4-6}$$

其中

$$C_k^{(n)}=\frac{1}{b-a}\int_a^b l_k(x)\,\mathrm{d}x.$$

就是本节要研究的牛顿-科茨(Newton-Cotes)公式,其中 $C_k^{(n)}$ 称为科茨系数.

引进变换 $x=a+th$, 则有

$$\begin{aligned}\int_a^b f(x)\,\mathrm{d}x &\approx\int_a^b L_n(x)\,\mathrm{d}x=\int_a^b\sum_{k=0}^n l_k(x)f_k\,\mathrm{d}x\\&=\sum_{k=0}^n\left(\int_a^b l_k(x)\,\mathrm{d}x\right)f_k=\sum_{k=0}^n\left(\int_a^b\prod_{j=0,j\neq k}^n\frac{x-x_j}{x_k-x_j}\mathrm{d}x\right)f_k\\&=h\sum_{k=0}^n\left(\int_0^n\prod_{j=0,j\neq k}^n\frac{t-j}{k-j}\mathrm{d}t\right)f_k\\&=\frac{b-a}{n}\sum_{k=0}^n\frac{(-1)^{n-k}}{k!(n-k)!}\left(\int_0^n\prod_{j=0,j\neq k}^n(t-j)\,\mathrm{d}t\right)f_k\\&=(b-a)\sum_{k=0}^n\frac{(-1)^{n-k}}{nk!(n-k)!}\left(\int_0^n\prod_{j=0,j\neq k}^n(t-j)\,\mathrm{d}t\right)f_k\end{aligned} \tag{4-7}$$

对比式(4-6)和式(4-7),得

$$\begin{aligned}C_k^{(n)}&=\frac{h}{b-a}\int_0^n\prod_{j=0,j\neq k}^n\frac{t-j}{k-j}\mathrm{d}t\\&=\frac{(-1)^{n-k}}{nk!(n-k)!}\int_0^n\prod_{j=0,j\neq k}^n(t-j)\,\mathrm{d}t\end{aligned} \tag{4-8}$$

由于是多项式的积分,科茨系数的计算不会遇到实质性的困难.当 $n=1$ 时,

$$C_0^{(1)}=-\int_0^1(t-1)\mathrm{d}t=\frac{1}{2},\quad C_1^{(1)}=\int_0^1 t\mathrm{d}t=\frac{1}{2}$$

这时求积公式为我们所熟悉的梯形公式(4-1).

当 $n=2$ 时,由式(4-8)可求得科茨系数为

$$C_0^{(2)}=\frac{1}{4}\int_0^2(t-1)(t-2)\mathrm{d}t=\frac{1}{6},\quad C_1^{(2)}=-\frac{1}{2}\int_0^2 t(t-2)\mathrm{d}t=\frac{4}{6},$$

$$C_2^{(2)}=\frac{1}{4}\int_0^2 t(t-1)\mathrm{d}t=\frac{1}{6},$$

得到求积公式

$$S=\frac{b-a}{6}\left[f(a)+4f\left(\frac{a+b}{2}\right)+f(b)\right] \tag{4-9}$$

称为辛普森(Simpson)公式.

当 $n=4$ 时,利用式(4-8)可求得科茨系数为

$$C_0^{(4)}=\frac{7}{90},C_1^{(4)}=\frac{32}{90},C_2^{(4)}=\frac{12}{90},C_3^{(4)}=\frac{32}{90},C_4^{(4)}=\frac{7}{90}$$

牛顿-科茨公式

得到求积公式

$$C=\frac{b-a}{90}[7f(x_0)+32f(x_1)+12f(x_2)+32f(x_3)+7f(x_4)] \tag{4-10}$$

称式(4-10)为科茨公式.

需要指出的是,当 $n\geqslant 8$ 时,牛顿-科茨公式的稳定性得不到保证(证明略去),因此在实际计算中不使用高阶的牛顿-科茨公式.

4.2.2 偶数阶求积公式的代数精度

从 4.1.3 节知,插值型的求积公式,n 阶的牛顿-科茨公式至少具有 n 次的代数精度.插值型求积公式的代数精度能否可以更高呢?

考察辛普森公式(4-9),它是二阶牛顿-科茨公式,至少具有二次代数精度,那么紧接着,用 $f(x)=x^3$ 代入辛普森公式,得

$$S=\frac{b-a}{6}\left[a^3+4\left(\frac{a+b}{2}\right)^3+b^3\right]=\frac{b^4-a^4}{4}.$$

另直接求积得 $I=\int_a^b x^3\mathrm{d}x=\frac{b^4-a^4}{4}$.这时有 $S=I$,即辛普森公式至少对 3 次以内的多项式都准确成立.

$$\int_a^b x^4\mathrm{d}x=\frac{b^5-a^5}{5}\neq\frac{b-a}{6}\left[a^4+\frac{1}{4}(a+b)^4+b^4\right].$$

也就是对于 $f(x)=x^4$ 是不精确的,因此,辛普森公式具有三次代数精度.

一般地,我们有以下定理:

定理 4.2　当阶数 n 为偶数时,牛顿-科茨公式(4-6)至少具有 $n+1$ 次代数精度.

证明略.

下面讨论牛顿-科茨公式求积公式余项问题.

定理 4.3 （积分中值定理）如果$f(x)\in C[a,b]$，且$g(x)$在$[a,b]$上保号、可积，则存在$\xi\in[a,b]$使得$\int_a^b f(x)g(x)\mathrm{d}x=f(\xi)\int_a^b g(x)\mathrm{d}x$.特别地，如果有$g(x)=1$，则有$\int_a^b f(x)\mathrm{d}x=f(\xi)(b-a)$.

考察梯形公式，按余项公式(4-5)，余项为

$$R(T)=I-T=\int_a^b\frac{f''(\xi)}{2}(x-a)(x-b)\mathrm{d}x.$$

函数$(x-a)(x-b)$在区间$[a,b]$上保号，应用定理4.3，在(a,b)内存在一点ξ，使得

$$R(T)=\frac{f''(\xi)}{2}\int_a^b(x-a)(x-b)\mathrm{d}x=\frac{f''(\xi)}{2}\left(\frac{1}{3}x^3-\frac{a+b}{2}x^2+abx\right)\Big|_a^b$$
$$=-\frac{f''(\xi)}{12}(b-a)^3 \tag{4-11}$$

下面研究辛普森公式的余项$R(S)=I-S$.辛普森公式只有3个节点，但是代数精度是3次的，设一个次数不大于3次的插值多项式$P(x)$，满足

$$P(a)=f(a),P(b)=f(b),$$
$$P\left(\frac{a+b}{2}\right)=f\left(\frac{a+b}{2}\right),P'\left(\frac{a+b}{2}\right)=f'\left(\frac{a+b}{2}\right) \tag{4-12}$$

并且对于辛普森公式，多项式$P(x)$精确满足

$$\int_a^b P(x)\mathrm{d}x=\frac{b-a}{6}\left[P(a)+4P\left(\frac{a+b}{2}\right)+P(b)\right],$$

积分余项

$$R(S)=I-S=\int_a^b[f(x)-P(x)]\mathrm{d}x,$$

不难证明，对于满足插值条件(4-12)的多项式$P(x)$，其插值余项

$$f(x)-P(x)=\frac{f^{(4)}(\xi)}{4!}(x-a)(x-c)^2(x-b),$$

其中$c=\frac{a+b}{2}$，故有

$$R(S)=\int_a^b\frac{f^{(4)}(\xi)}{4!}(x-a)(x-c)^2(x-b)\mathrm{d}x.$$

函数$(x-a)(x-c)^2(x-b)$在$[a,b]$上保号，利用积分中值定理4.3，有

$$R(S)=\frac{f^{(4)}(\xi)}{4!}\int_a^b(x-a)(x-c)^2(x-b)\mathrm{d}x$$
$$=-\frac{(b-a)^5}{2880}f^{(4)}(\xi). \tag{4-13}$$

利用同样的方法以及积分中值定理，可以得到科茨公式的积分余项为

$$R(C)=I-C=-\frac{2(b-a)}{945}\left(\frac{b-a}{4}\right)^6 f^{(6)}(\xi) \tag{4-14}$$

人物介绍

托马斯·辛普森(Thomas Simpson,1710—1761),英国皇家会员,著名的数学家、发明家,因定积分近似计算的辛普森公式而流芳百世.辛普森最为人熟悉的是他在插值法及数值积分法方面的贡献,事实上他在概率方面也有一定的贡献,在 1740 年出版了 *The Nature and Laws of Chance* 一书.他专研有关误差理论,意图证明算术平均值优于单一观测值的结论.

4.3　龙贝格算法

4.3.1　复化求积法

复化求积公式

由 4.2 节讨论可知,高阶牛顿-科茨求积公式是不稳定的.因此,通常不用提高求积公式的阶数来改善求积的精度,而是将整个积分区间分段,在每一小段上用低阶求积公式,这就是复化求积法.

基于此种想法,将区间$[a,b]$划分 n 等份,取步长 $h=\frac{b-a}{n}$,节点为 $x_k=a+kh,k=0,1,\cdots,n$.在每个划分后的小区间上用低阶牛顿-科茨求积公式求得每个小区间$[x_k,x_{k+1}]$上的积分值 I_k,然后再把每一个区间上的积分结果加起来,用 $\sum\limits_{k=0}^{n-1}I_k$ 的值近似积分 I 的值.

首先,研究复化梯形公式,在划分后的每个区间$[x_k,x_{k+1}]$上应用梯形公式,得

$$I=\int_a^b f(x)\,\mathrm{d}x=\sum_{k=0}^{n-1}\int_{x_k}^{x_{k+1}}f(x)\,\mathrm{d}x$$

$$T_n=\sum_{k=0}^{n-1}\frac{h}{2}[f(x_k)+f(x_{k+1})]=\frac{h}{2}\left[f(a)+2\sum_{k=1}^{n-1}f(x_k)+f(b)\right]$$

根据式(4-11),积分余项

$$R(T_n)=I-T_n=\sum_{k=0}^{n-1}\left[-\frac{h^3}{12}f''(\xi_k)\right]$$

$$=-\frac{(b-a)h^2}{12}\frac{1}{n}\sum_{k=0}^{n-1}[f''(\xi_k)]=-\frac{b-a}{12}h^2f''(\xi) \tag{4-15}$$

其中,$\xi\in[a,b]$.由于$f(x)\in C^2[a,b]$,而且误差阶是 h^2 阶,所以有

$$\lim_{n\to\infty}T_n=\int_a^b f(x)\,\mathrm{d}x$$

也就是说,复化梯形公式是收敛的.

下面考察复化辛普森公式,子区间$[x_k,x_{k+1}]$的中点记为 $x_{k+\frac{1}{2}}$,在每个子区间上利用辛普森公式,得

$$S_n=\sum_{k=0}^{n-1}\frac{h}{6}[f(x_k)+4f(x_{k+\frac{1}{2}})+f(x_{k+1})]$$

$$=\frac{h}{6}\left[f(a)+4\sum_{k=0}^{n-1}f(x_{k+\frac{1}{2}})+2\sum_{k=1}^{n-1}f(x_k)+f(b)\right]$$

$$R(S_n)=I-S_n=-\frac{(b-a)h^2}{2880}\frac{1}{n}\sum_{k=0}^{n-1}[f^{(4)}(\xi_k)]=-\frac{b-a}{180}\left(\frac{h}{2}\right)^4f^{(4)}(\xi)$$

$$=-\frac{b-a}{2880}h^4f^{(4)}(\xi),\quad \xi\in[a,b] \tag{4-16}$$

与复化梯形公式类似，可以看出复化辛普森公式的误差阶是 h^4，显然复化辛普森公式是收敛的.

最后，如果每个子区间 $[x_k,x_{k+1}]$ 再分成 4 等份，内分点依次记为 $x_{k+\frac{1}{4}},x_{k+\frac{1}{2}},x_{k+\frac{3}{4}}$，则复化科茨公式具有形式

$$C_n=\frac{h}{90}\left[7f(a)+32\sum_{k=0}^{n-1}f(x_{k+\frac{1}{4}})+12\sum_{k=0}^{n-1}f(x_{k+\frac{1}{2}})+\right.$$
$$\left.32\sum_{k=0}^{n-1}f(x_{k+\frac{3}{4}})+14\sum_{k=1}^{n-1}f(x_k)+7f(b)\right]$$

根据式(4-14)以及类似于复化梯形公式的分析，可以得到复化科茨公式的余项为

$$R(C_n)=I-C_n=-\frac{2(b-a)}{945}\left(\frac{h}{4}\right)^6f^{(6)}(\xi),\quad \xi\in[a,b] \tag{4-17}$$

复化科茨公式的误差阶是 h^6，复化科茨公式也是收敛的.对于其他的牛顿-科茨求积公式也可以用类似的方法加以复化.

定义 4.3 如果某复化求积公式 I_n，当 $h\to0$ 时，成立

$$\lim_{h\to0}\frac{I-I_n}{h^p}=C\quad (C\neq0)$$

则称复化求积公式 I_n 是 p 阶收敛的.

例 **4.3** 根据函数表(见表 4-1)

表 **4-1** 函数表

k	x_k	$f(x_k)=\frac{\sin x_k}{x_k}$	k	x_k	$f(x_k)=\frac{\sin x_k}{x_k}$
0	0	1	5	$\frac{5}{8}$	0.9361556
1	$\frac{1}{8}$	0.9973978	6	$\frac{3}{4}$	0.9088516
2	$\frac{1}{4}$	0.9896158	7	$\frac{7}{8}$	0.8771925
3	$\frac{3}{8}$	0.9767267	8	1	0.8414709
4	$\frac{1}{2}$	0.9588510			

利用复化梯形公式和复化辛普森公式计算 $I=\int_0^1 \frac{\sin x}{x}\mathrm{d}x$ 的近似值，并分别估计误差.

解　复化梯形公式

$$I\approx T_n=\frac{1}{16}\left[f(0)+f(1)+2\sum_{k=1}^{7}f\left(\frac{k}{8}\right)\right]=0.945691,$$

由复化辛普森公式

$$I\approx S_n=\frac{1}{24}\left[f(0)+f(1)+2\sum_{k=1}^{3}f\left(\frac{k}{4}\right)+4\sum_{k=1}^{4}f\left(\frac{2k-1}{8}\right)\right]=0.946084.$$

与准确值 $I=0.9460831\cdots$ 比较，显然用复化辛普森公式计算精度要比复化梯形公式高.

为了利用余项公式估计误差，要求 $f(x)=\frac{\sin x}{x}$ 的高阶导数，由于

$$f(x)=\frac{\sin x}{x}=\int_0^1\cos(xt)\,\mathrm{d}t,$$

所以有

$$f^{(k)}(x)=\int_0^1\frac{\mathrm{d}^k}{\mathrm{d}x^k}\cos(xt)\,\mathrm{d}t=\int_0^1 t^k\cos\left(xt+\frac{k\pi}{2}\right)\mathrm{d}t,$$

于是

$$\max_{0\leqslant x\leqslant 1}|f^{(k)}(x)|=\int_0^1\left|t^k\cos\left(xt+\frac{k\pi}{2}\right)\right|\mathrm{d}t\leqslant\int_0^1 t^k\,\mathrm{d}t=\frac{1}{k+1},$$

由复化梯形误差公式得

$$|R_8(f)|=|I-T_8|\leqslant\frac{h^2}{12}\max_{0\leqslant x\leqslant 1}|f''(x)|\leqslant\frac{1}{12}\left(\frac{1}{8}\right)^2\frac{1}{3}=0.000434,$$

由复化辛普森误差公式得

$$|R_4(f)|=|I-S_4|\leqslant\frac{1}{180}\left(\frac{1}{8}\right)^4\frac{1}{5}=0.271\times10^{-6}.$$

例 4.4　用复化求积分公式计算下列积分：

$$I=\int_0^1 \mathrm{e}^x\,\mathrm{d}x,$$

要求计算误差不超过10^{-6}，n 应取多大？

解　当 $0\leqslant x\leqslant 1$ 时，有

$$|f^{(k)}(x)|=\mathrm{e}^x\leqslant\mathrm{e},\quad x\in[0,1]$$

由式(4-15)得

$$|R(T_n)|=\frac{1}{12}h^2|f''(\xi)|\leqslant\frac{h^2}{12}\mathrm{e}=\frac{\mathrm{e}}{12n^2}\leqslant10^{-6},$$

即 $n\geqslant475.94$.因此若用复化梯形公式，n 应等于 476 才能保证阶段误差不超过10^{-6}.

若用复化辛普森公式，由式(4-16)得

$$|R(S_n)|=\frac{1}{180}\left(\frac{h}{2}\right)^4|f^{(4)}(\xi)|\leqslant\frac{h^4}{180\times16}\mathrm{e}=\frac{\mathrm{e}}{2880n^4}\leqslant10^{-6},$$

即 $n\geqslant5.54$.故应取 $n=6$ 才能保证阶段误差不超过10^{-6}.

4.3.2 梯形法的递推化

前面介绍的复化求积公式的截断误差随着步长的缩小而减少，若被积函数的高阶导数容易估计时，由事先给定的精度可以提前确定步长，不过这样做一般情况下是很困难的.在实际计算时，我们总是尝试从某个步长出发计算近似值，如果精度不够就将步长逐次分半来提高近似值，直至所求得的近似值满足精度要求为止.

下面首先探讨梯形方法的计算规律.将被积区间$[a,b]$分为 n 等份，等分后共有 $n+1$ 个分点.接下来，如果将求积区间再二分一次，则分点将增至 $2n+1$ 个，考虑二分前后两个积分值.观察到每个子区间$[x_k,x_{k+1}]$经过再次二分只增加了一个分点 $x_{k+\frac{1}{2}}=\frac{1}{2}(x_k+x_{k+1})$，使用复化梯形公式求得该子区间上的近似值为

$$\frac{h}{4}[f(x_k)+2f(x_{k+\frac{1}{2}})+f(x_{k+1})],$$

注意，这里步长 $h=\frac{b-a}{n}$是二分前的步长，将每个子区间上所得到的积分值相加得

$$T_{2n}=\frac{h}{4}\sum_{k=0}^{n-1}[f(x_k)+f(x_{k+1})]+\frac{h}{2}\sum_{k=0}^{n-1}f(x_{k+\frac{1}{2}}),$$

也就是，

$$T_{2n}=\frac{1}{2}T_n+\frac{h}{2}\sum_{k=0}^{n-1}f(x_{k+\frac{1}{2}}).\tag{4-18}$$

这表明，将步长由 h 缩小成$\frac{h}{2}$时，T_{2n}的值等于 T_n 的一半再加上新增加节点处的函数值乘以二分后步长.

4.3.3 龙贝格公式

从前面的分析中，可以看到复化梯形公式算法简单，但精度较差，收敛的速度慢.那么，如何提高收敛速度，自然成为大家极为关心的问题.

由复化梯形法的误差公式(4-15)可以看到，T_n 的截断误差大体上与 h^2 成正比，因此进一步将步长二分之后，得

$$\frac{I-T_{2n}}{I-T_n}=\frac{-\frac{b-a}{12}\frac{h^2}{4}f''(\zeta)}{-\frac{b-a}{12}h^2f''(\xi)}\approx\frac{1}{4},$$

将上式移项整理得

$$I-T_{2n}\approx\frac{1}{3}(T_{2n}-T_n),$$

也就是说,二分后的误差大致等于二分前误差的三分之一.还可以得到

$$\begin{aligned}I&=\frac{4}{3}T_{2n}-\frac{1}{3}T_n\\&=\frac{4}{3}\left(\frac{1}{2}T_n+\frac{h}{2}\sum_{k=0}^{n-1}f\left(x_{k+\frac{1}{2}}\right)\right)-\frac{1}{3}T_n=\frac{1}{3}T_n+\frac{2h}{3}\sum_{k=0}^{n-1}f\left(x_{k+\frac{1}{2}}\right)\\&=\frac{1}{3}\sum_{k=0}^{n-1}\frac{h}{2}[f(x_k)+f(x_{k+1})]+\frac{2h}{3}\sum_{k=0}^{n-1}f\left(x_{k+\frac{1}{2}}\right)\\&=\sum_{k=0}^{n-1}\frac{h}{6}\left[f(x_k)+4f\left(x_{k+\frac{1}{2}}\right)+f(x_{k+1})\right].\end{aligned}$$

即

$$S_n=\frac{4}{3}T_{2n}-\frac{1}{3}T_n.\tag{4-19}$$

再考察辛普森积分法,按误差公式(4-16),若将步长折半,其误差将减至原来的 1/16,即

$$\frac{I-S_{2n}}{I-S_n}\approx\frac{1}{16},\quad I\approx\frac{16}{15}S_{2n}-\frac{1}{15}S_n\tag{4-20}$$

不难验证,式(4-20)右端其实是复化科茨公式 C_n,也就是说,用辛普森方法二分前 S_n 与二分后的 S_{2n},按式(4-20)进行组合,可以得到复化科茨公式 C_n,即

$$C_n\approx\frac{16}{15}S_{2n}-\frac{1}{15}S_n.\tag{4-21}$$

重复同样的方法,利用复化科茨公式的误差公式可以导出下列龙贝格(Romberg)积分公式:

$$R_n\approx\frac{64}{63}C_{2n}-\frac{1}{63}C_n.\tag{4-22}$$

在二分步长的过程中利用式(4-19)、式(4-21)和式(4-22),可以将误差较大的梯形求积公式的近似值 T_n 逐步变换成精度较高的积分值(辛普森值 S_n、科茨值 C_n 以及龙贝格积分值 R_n).

例 4.5　利用龙贝格公式计算定积分 $\int_0^4\sqrt{x}\,\mathrm{d}x$(计算到 R_1 即可).

解　$f(x)=\sqrt{x}, x\in[0,4]$,对区间[0,4]使用梯形公式,计算得

$$T_1=\frac{4}{2}[f(0)+f(4)]=4,$$

将区间二等分,之后利用递推公式(4-18),可以得到

$$T_2=\frac{1}{2}T_1+\frac{4}{2}f(2)=2+2\times\sqrt{2}\approx4.8284,$$

一直不断二分,计算结果如下:

$$T_4=\frac{1}{2}T_2+\frac{2}{2}[f(1)+f(3)]=2.4142+(1+\sqrt{3})\approx 5.1463,$$

$$T_8=\frac{1}{2}T_4+\frac{1}{2}[f(0.5)+f(1.5)+f(2.5)+f(3.5)]\approx 5.2651,$$

利用递推公式(4-19)、式(4-21)和式(4-22),得

$$S_1=\frac{4}{3}T_2-\frac{1}{3}T_1\approx 5.1045,\quad S_2=\frac{4}{3}T_4-\frac{1}{3}T_2\approx 5.2523,$$

$$S_4=\frac{4}{3}T_8-\frac{1}{3}T_4\approx 5.3047,$$

$$C_1=\frac{16}{15}S_2-\frac{1}{15}S_1=5.2622,\quad C_2=\frac{16}{15}S_4-\frac{1}{15}S_2\approx 5.3082,$$

$$R_1=\frac{64}{63}C_2-\frac{1}{63}C_1\approx 5.3089.$$

具体计算结果见表 4-2.

表 4-2 计算结果

k	T_{2^k}	$S_{2^{k-1}}$	$C_{2^{k-2}}$	$R_{2^{k-3}}$
0	4	* * *	* * *	* * *
1	4.8284	5.1045	* * *	* * *
2	5.1463	5.2523	5.2622	* * *
3	5.2651	5.3047	5.3082	5.3089

人物介绍

维尔纳·龙贝格(Werner Romberg,1909—2003),德国数学家和物理学家.1955 年,他发表了《简化数值积分》,这篇论文包含了著名的龙贝格积分,对数值分析领域的发展产生了重要的影响.1986 年,他返回德国,直到 1978 年退休.

4.4 高斯公式

等距节点的插值型求积公式,虽然计算简单,使用方便,但是这种节点等距的限制却产生了不能有效提高求积公式的代数精度的问题.试想如果对划分的节点不加等距的限制,并选择合适的求积系数,很有可能会提高求积公式的精度.本节的高斯(Gauss)型求积公式是针对机械求积公式

$$\int_a^b f(x)\,dx=\sum_{k=0}^{n}A_k f(x_k) \tag{4-23}$$

在节点数固定时,适当地选取节点$\{x_k\}$以及求积系数$\{A_k\}$,使得求

积分公式具有最高精度.观察机械求积公式,可以看到公式中含有 $2n+2$ 个待定参数 $x_k, A_k(k=0,1,\cdots,n)$,选择适当的参数,有可能使得求积公式的代数精度提高到 $2n+1$ 次,这种类型的求积公式称为高斯公式.

4.4.1 高斯点

定义 4.4　如果求积公式(4-23)具有 $2n+1$ 次代数精度,则称其节点 $x_k(k=0,1,\cdots,n)$ 为高斯点.

定理 4.4　插值型求积公式的节点 $x_k(k=0,1,\cdots,n$,且 $a\leqslant x_0<x_1<\cdots<x_n\leqslant b)$ 是高斯点的充要条件是:以这些节点为零点的多项式

$$\omega_{n+1}(x)=(x-x_0)(x-x_1)\cdots(x-x_n),$$

与任何次数不超过 n 次的多项式 $P(x)$ 都正交,即

$$\int_a^b P(x)\omega_{n+1}(x)\,\mathrm{d}x=0. \tag{4-24}$$

证明　下面先证必要性.设存在多项式 $P(x)\in H_n$,则 $P(x)\omega_{n+1}(x)\in H_{2n+1}$.因此,如果 $x_0,x_1,\cdots,x_n$ 是高斯点,则 $f(x)=P(x)\omega_{n+1}(x)$ 对于求积公式(4-23)精确成立,也就是

$$\int_a^b P(x)\omega_{n+1}(x)\,\mathrm{d}x=\sum_{k=0}^{n}A_kP(x_k)\omega_{n+1}(x_k)=0$$

故式(4-24)成立.

下证充分性.对于 $\forall f(x)\in H_{2n+1}$,用 $\omega_{n+1}(x)$ 除 $f(x)$,结果为 $P(x)$,余项为 $q(x)$,即 $f(x)=P(x)\omega_{n+1}(x)+q(x)$,其中 $P(x),q(x)\in H_n$,由式(4-24)可知

$$\int_a^b f(x)\,\mathrm{d}x=\int_a^b q(x)\,\mathrm{d}x, \tag{4-25}$$

由于所给求积公式(4-23)是插值型的,前面已经知道对于插值型多项式,$q(x)\in H_n$ 是精确成立的,也就是

$$\int_a^b f(x)\,\mathrm{d}x=\int_a^b q(x)\,\mathrm{d}x=\sum_{k=0}^{n}A_kq(x_k),$$

又因为 $\omega_{n+1}(x_k)=0(k=0,1,\cdots,n)$,可知 $q(x_k)=f(x_k)(k=0,1,\cdots,n)$,从而由式(4-25)有

$$\int_a^b f(x)\,\mathrm{d}x=\sum_{k=0}^{n}A_kq(x_k)=\sum_{k=0}^{n}A_kf(x_k).$$

可见对一切次数不超过 $2n+1$ 的多项式求积公式(4-23)都精确成立,因此 $x_k(k=0,1,\cdots,n)$ 为高斯点.证毕.

接下来,考虑高斯求积公式的余项.设 $H(x)$ 为在节点 $x_k(k=0,1,\cdots,n)$ 处 $f(x)$ 的 $2n+1$ 次埃尔米特插值多项式,满足以下插值条件:

$$H_{2n+1}(x_k)=f(x_k),H'_{2n+1}(x_k)=f'(x_k),k=0,1,\cdots,n$$

由埃尔米特余项公式

$$f(x)-H(x)=\frac{f^{(2n+2)}(\xi)}{(2n+2)!}\omega_{n+1}^{2}(x),$$

有

$$\begin{aligned}R(f)&=\int_a^b f(x)\mathrm{d}x-\sum_{k=0}^{n}A_k f(x_k)\\&=\int_a^b f(x)\mathrm{d}x-\sum_{k=0}^{n}A_k H(x_k)\\&=\int_a^b f(x)\mathrm{d}x-\int_a^b H(x)\mathrm{d}x\\&=\int_a^b[f(x)-H(x)]\mathrm{d}x\\&=\int_a^b\frac{f^{(2n+2)}(\xi)}{(2n+2)!}\omega_{n+1}^{2}(x)\mathrm{d}x.\end{aligned}$$

定理 4.5　高斯公式的求积系数 $A_k(k=0,1,\cdots,n)$ 全是正的.

证明　设在高斯点 $x_k(k=0,1,\cdots,n)$ 处构造的高斯公式具有 $2n+1$ 次代数精度,因此对于多项式 $l_k(x)=\prod\limits_{\substack{j=0\\j\neq k}}^{n}\frac{x-x_j}{x_k-x_j}(k=0,1,\cdots,n)$,高斯公式都准确成立,即

$$\int_a^b l_k^2(x)\mathrm{d}x=\sum_{j=0}^{n}A_j l_k^2(x_j)=A_k\quad(k=0,1,\cdots,n)$$

推论　高斯公式是稳定的.

4.4.2　高斯-勒让德公式

下面通过高斯点的寻找,来构造高斯公式.于任意区间$[a,b]$,令 $x=\frac{b-a}{2}t+\frac{b+a}{2}$ 时,$\int_a^b f(x)\mathrm{d}x=\frac{b-a}{2}\int_{-1}^{1}f\left(\frac{b-a}{2}t+\frac{a+b}{2}\right)\mathrm{d}t$.因此,研究$[-1,1]$区间完全不失一般性.

研究$[-1,1]$区间上的高斯公式

$$\int_{-1}^{1}f(x)\mathrm{d}x\approx\sum_{k=0}^{n}A_k f(x_k).\tag{4-26}$$

取$[-1,1]$上的正交多项式 $P_{n+1}(x)$,多项式的零点就是式(4-26)的高斯点,构造出来的公式称为高斯公式.

在区间$[-1,1]$上,将$\{1,x,x^2,\cdots,x^n,\cdots\}$正交化得到一组正交多项式就称为勒让德(Legendre)多项式.

$$P_0(x)=1,P_n(x)=\frac{1}{2^n n!}\frac{\mathrm{d}^n}{\mathrm{d}x^n}\{(x^2-1)^n\}\quad(n=1,2,\cdots)$$

为勒让德多项式的一般表达式.下面以勒让德多项式为例构造高斯公式——高斯-勒让德(Gauss-Legendre)公式.取 $P_1(x)=x$,$x=0$ 为多项式的零点,零点作为高斯点构造求积公式

$$\int_{-1}^{1} f(x)\,\mathrm{d}x \approx A_0 f(0).$$

令它对 $f(x)=1$ 准确成立,可得 $A_0=2$.这样构造出的求积公式为一点高斯-勒让德公式,也是我们熟知的中矩形公式.

再取 $P_2(x)=\frac{1}{2}(3x^2-1)$,多项式有两个零点 $\pm\frac{1}{\sqrt{3}}$,利用这两个点作为高斯点构造求积公式,得

$$\int_{-1}^{1} f(x)\,\mathrm{d}x \approx A_0 f\left(-\frac{1}{\sqrt{3}}\right)+A_1 f\left(\frac{1}{\sqrt{3}}\right),$$

它对于 $f(x)=1,x$ 都精确成立,代入可得方程组

$$\begin{cases} A_0+A_1=2, \\ A_0\left(-\frac{1}{\sqrt{3}}\right)+A_1\left(\frac{1}{\sqrt{3}}\right)=0. \end{cases}$$

解出 $A_0=A_1=1$,故两点高斯-勒让德公式为 $\int_{-1}^{1} f(x)\,\mathrm{d}x \approx f\left(-\frac{1}{\sqrt{3}}\right)+f\left(\frac{1}{\sqrt{3}}\right)$.

4.5 数值微分

4.5.1 中点方法

在微分学中,求函数 $f(x)$ 的导数一般是容易的,但如果所给函数 $f(x)$ 是用表格形式给出的,$f'(x)$ 就不那么容易求了,这种情况下,对表格函数 $f(x)$ 求导数通常使用数值微分.

按照高等数学的定义,导数 $f'(a)$ 是差商 $\frac{f(a+h)-f(a)}{h}$ 当 $h\to 0$ 时的极限.如果对精度要求不高,可以用差商近似代替导数就是最简单的数值微分公式.

1) 向前差商

$$f'(x_0)\approx\frac{f(x_0+h)-f(x_0)}{h},$$

2) 向后差商

$$f'(x_0)\approx\frac{f(x_0)-f(x_0-h)}{h},$$

3) 中心差商

$$f'(x_0)\approx\frac{f(x_0+h)-f(x_0-h)}{2h}$$

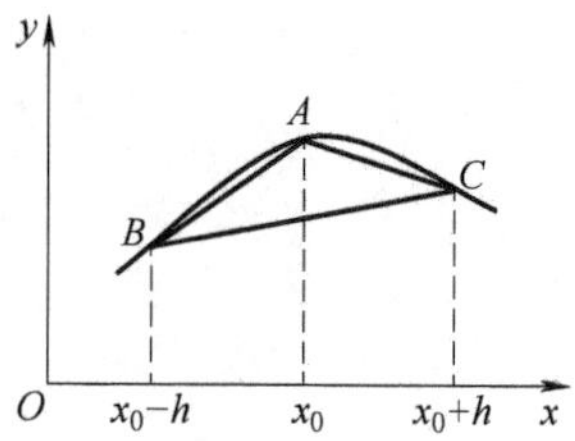

图 4-1 中点公式

从几何图形 4-1 上看，这三个差商分别表示弦 AC、AB 和 BC 的斜率，将这三条弦的斜率跟过 A 点的切线斜率比较，其中以 BC 的斜率更接近于 A 点的斜率 $f'(x_0)$，即

$$G(h)=\frac{f(x_0+h)-f(x_0-h)}{2h} \tag{4-27}$$

称为求 $f'(x_0)$ 的中点公式.从精度看，求导数中点公式更好一些.

上述三种数值微分方法，全都是将导数的计算变成计算函数 f 在若干点上的函数值的组合.这类求数值微分方法称为机械求导法.

从上面分析知，要利用中点公式(4-27)计算 $f'(x_0)$ 的近似值，必须选取合适的步长来使得结果更加精确.将 $f(x_0\pm h)$ 在 $x=x_0$ 处作泰勒展开，可得

$$f(x_0\pm h)=f(x_0)\pm hf'(x_0)+\frac{h^2}{2!}f''(x_0)\pm\frac{h^3}{3!}f'''(x_0)+$$
$$\frac{h^4}{4!}f^{(4)}(x_0)\pm\frac{h^5}{5!}f^{(5)}(x_0)+\cdots$$

代入式(4-27)

$$G(h)=f'(x_0)+\frac{h^2}{3!}f'''(x_0)+\frac{h^4}{5!}f^{(5)}(x_0)+\cdots$$

从而 $G(h)-f'(x_0)=\dfrac{h^2}{3}f'''(x_0)+\dfrac{h^4}{5!}f^{(5)}(x_0)+\cdots$ 得截断误差为 $O(h^2)$，步长 h 越小，计算结果越精确.

又考虑到步长 h 很小时，$f(x_0+h)$ 与 $f(x_0-h)$ 很接近，两个值相减可能会造成很大的舍入误差(参见 1.2 节).从这样的情况来看，步长 h 不宜取得太小.

4.5.2 实用的五点公式

对于列表函数 $y=f(x)$（见表 4-3），可以用插值法构造插值多项式 $y=P_n(x)$ 来近似列表函数关系 $y=f(x)$.对多项式求导是容易的，可以用 $P_n'(x)$ 的值近似 $f'(x)$ 的值，也就是

$$f'(x)\approx P_n'(x) \tag{4-28}$$

式(4-28)称为插值型的求导公式.

表 4-3 列表函数 $y=f(x)$

x_i	x_0	x_1	x_2	…	x_n
$y=f(x)$	y_0	y_1	y_2	…	y_n

需要指出的是，即使 $f(x)$ 与插值函数 $P_n(x)$ 的误差很小，节点处导数的值依然可能差别很大，因此在使用插值型求导公式(4-28)时需要特别注意误差的分析.

根据插值余项，求导公式(4-28)的余项为

$$f'(x)-P_n'(x)=\left(\frac{f^{(n+1)}(\xi)}{(n+1)!}\omega_{n+1}(x)\right)'$$

$$=\frac{f^{(n+1)}(\xi)}{(n+1)!}\omega_{n+1}'(x)+\frac{\omega_{n+1}(x)}{(n+1)!}\frac{\mathrm{d}}{\mathrm{d}x}f^{(n+1)}(\xi) \quad (4\text{-}29)$$

其中 $\omega_{n+1}(x)=\prod_{i=0}^{n}(x-x_i)$.

在上面余项公式中, ξ 是依赖于 x 的未知函数, 第二项 $\frac{\omega_{n+1}(x)}{(n+1)!}\frac{\mathrm{d}}{\mathrm{d}x}f^{(n+1)}(\xi)$ 无法做出判定.因此,对于任意点 x, $f'(x)-P_n'(x)$ 的误差是无法估计的.但是,如果限定在节点 x_k 上的导数值,那么式(4-29)第二项中 $\omega_{n+1}(x_k)=0$,这时有余项公式

$$f'(x_k)-P_n'(x_k)=\frac{f^{(n+1)}(\xi)}{(n+1)!}\omega_{n+1}'(x_k). \quad (4\text{-}30)$$

下面介绍的公式都只考虑节点处的导数值,并且假设所给的节点都是等距的.

1. 两点公式

考虑两个节点 x_0, x_1, 步长为 h, 构造线性插值函数

$$P_1(x)=\frac{x-x_1}{x_0-x_1}f(x_0)+\frac{x-x_0}{x_1-x_0}f(x_1),$$

对上式两端求导,有

$$P_1'(x)=\frac{1}{h}[-f(x_0)+f(x_1)],$$

因此,节点处导数有下列公式:

$$P_1'(x_0)=\frac{1}{h}[f(x_1)-f(x_0)], P_1'(x_1)=\frac{1}{h}[f(x_1)-f(x_0)],$$

利用余项公式(4-30)得带余项的两点公式为

$$f'(x_0)=\frac{1}{h}[f(x_1)-f(x_0)]-\frac{h}{2}f''(\xi_1),$$

$$f'(x_1)=\frac{1}{h}[f(x_1)-f(x_0)]+\frac{h}{2}f''(\xi_2).$$

2. 三点公式

下面考虑三个节点 x_0, $x_1=x_0+h$, $x_2=x_0+2h$, 构造二次插值函数

$$P_2(x)=\frac{(x-x_1)(x-x_2)}{(x_0-x_1)(x_0-x_2)}f(x_0)+\frac{(x-x_0)(x-x_2)}{(x_1-x_0)(x_1-x_2)}f(x_1)+\frac{(x-x_0)(x-x_1)}{(x_2-x_0)(x_2-x_1)}f(x_2),$$

令 $x=x_0+th$, 代入上式可得

$$P_2(t_0+th)=\frac{1}{2}(t-1)(t-2)f(x_0)-t(t-2)f(x_1)+\frac{1}{2}t(t-1)f(x_2),$$

两端对 t 求导,有

$$P_2'(x_0+th)=\frac{1}{2h}[(2t-3)f(x_0)-(4t-4)f(x_1)+(2t-1)f(x_2)].$$

(4-31)

对式(4-31)分别取 $t=0,1,2$,得到以下 3 个三点公式:

$$P_2'(x_0)=\frac{1}{2h}[-3f(x_0)+4f(x_1)-f(x_2)],$$

$$P_2'(x_1)=\frac{1}{2h}[-f(x_0)+f(x_2)],$$

$$P_2'(x_2)=\frac{1}{2h}[f(x_0)-4f(x_1)+3f(x_2)].$$

根据余项公式(4-30)得三点求导公式为

$$f'(x_0)=\frac{1}{2h}[-3f(x_0)+4f(x_1)-f(x_2)]+\frac{h^2}{3}f'''(\xi),$$

$$f'(x_1)=\frac{1}{2h}[-f(x_0)+f(x_2)]-\frac{h^2}{6}f'''(\xi),$$

$$f'(x_2)=\frac{1}{2h}[f(x_0)-4f(x_1)+3f(x_2)]+\frac{h^2}{3}f'''(\xi).$$

另外,用插值多项式函数 $P_n(x)$ 近似函数 $f(x)$,还可以得出高阶数值微分公式

$$f^{(k)}(x)\approx P_n^{(k)}(x),k=1,2,\cdots$$

例如,对式(4-31)再求导一次,有

$$P_2''(x_0+th)=\frac{1}{h^2}[f(x_0)-2f(x_1)+f(x_2)],$$

就得到

$$P_2''(x_1)=\frac{1}{h^2}[f(x_1-h)-2f(x_1)+f(x_1+h)],$$

带余项的二阶三点公式为

$$f''(x_1)=\frac{1}{h^2}[f(x_1-h)-2f(x_1)+f(x_1+h)]-\frac{h^2}{12}f^4(\xi).$$

3. 五点公式

设 $f(x)$ 为区间 $[a,b]$ 上的函数,在等距节点 $a=x_0<x_1<x_2<x_3<x_4=b$ 处的函数值为 $f(x_k)(k=0,1,2,3,4)$,且 $x_{k+1}-x_k=h$.在区间 $[a,b]$ 上构造 $f(x)$ 的 4 次拉格朗日插值函数 $P_4(x)$,将 $x=x_0+th$ 代入 $P_4(x)$,并将方程两端对 t 求两次导数,分别把 $t=0,1,2,3,4$ 代入求导后的公式,即可得到 $x_k(k=0,1,2,3,4)$ 节点一阶导数和二阶导数的五点数值微分公式.一阶五点公式如下:

$$P'(x_0)=\frac{1}{12h}[-25f(x_0)+48f(x_1)-36f(x_2)+16f(x_3)-3f(x_4)],$$

$$P'(x_1)=\frac{1}{12h}[-3f(x_0)-10f(x_1)+18f(x_2)-6f(x_3)+f(x_4)],$$

$$P'(x_2)=\frac{1}{12h}[f(x_0)-8f(x_1)+8f(x_3)-f(x_4)],$$

$$P'(x_3)=\frac{1}{12h}[-f(x_0)+6f(x_1)-18f(x_2)+10f(x_3)+3f(x_4)],$$

$$P'(x_4)=\frac{1}{12h}[3f(x_0)-16f(x_1)+36f(x_2)-48f(x_3)+25f(x_4)].$$

带余项的五点公式如下：

$$f'(x_0)=\frac{1}{12h}[-25f(x_0)+48f(x_1)-36f(x_2)+16f(x_3)-3f(x_4)]+\frac{h^4}{5}f^{(5)}(\xi),$$

$$f'(x_1)=\frac{1}{12h}[-3f(x_0)-10f(x_1)+18f(x_2)-6f(x_3)+f(x_4)]-\frac{h^4}{20}f^{(5)}(\xi),$$

$$f'(x_2)=\frac{1}{12h}[f(x_0)-8f(x_1)+8f(x_3)-f(x_4)]+\frac{h^4}{30}f^{(5)}(\xi),$$

$$f'(x_3)=\frac{1}{12h}[-f(x_0)+6f(x_1)-18f(x_2)+10f(x_3)+3f(x_4)]-\frac{h^4}{20}f^{(5)}(\xi),$$

$$f'(x_4)=\frac{1}{12h}[3f(x_0)-16f(x_1)+36f(x_2)-48f(x_3)+25f(x_4)]+\frac{h^4}{5}f^{(5)}(\xi).$$

二阶五点公式如下：

$$P''(x_0)=\frac{1}{12h^2}[35f(x_0)-104f(x_1)+114f(x_2)-56f(x_3)+11f(x_4)],$$

$$P''(x_1)=\frac{1}{12h^2}[11f(x_0)-20f(x_1)+6f(x_2)+4f(x_3)-f(x_4)],$$

$$P''(x_2)=\frac{1}{12h^2}[-f(x_0)+16f(x_1)-30f(x_2)+16f(x_3)-f(x_4)],$$

$$P''(x_3)=\frac{1}{12h^2}[-f(x_0)+4f(x_1)+6f(x_2)-20f(x_3)+11f(x_4)],$$

$$P''(x_4)=\frac{1}{12h^2}[11f(x_0)-56f(x_1)+114f(x_2)-104f(x_3)+35f(x_4)].$$

对于给定的一份数据表格，用五点公式求节点上的一阶导数和二阶导数值一般精度都可以达到要求.5 个相邻节点的选择方法，一般是在所求节点的两侧各取两个节点，如果一侧的节点少于两个，则可以取另一侧的节点.

例 4.6　用三点公式和五点公式分别求 $f(x)=\frac{1}{(1+x)^2}$ 在 $x=1.0,1.1,1.2$ 处的导数值，并估计误差.$f(x)$ 的值见表 4-4.

表 4-4　$f(x)$ 函数值

x	1.0	1.1	1.2	1.3	1.4
$f(x)$	0.2500	0.2268	0.2066	0.1890	0.1736

解　三点公式：

$$f'(1.0)=\frac{1}{2\times0.1}[-3f(1.0)+4f(1.1)-f(1.2)]=-0.247,$$

$$f'(1.1)=\frac{1}{2\times0.1}[-f(1.0)+f(1.2)]=-0.217,$$

$$f'(1.2)=\frac{1}{2\times0.1}[-f(1.1)+f(1.3)]=-0.189,$$

$$f'(x)=-2(1+x)^{-3},f''(x)=6(1+x)^{-4},f'''(x)=-24(1+x)^{-5}.$$

$f'(1.0)$的误差为

$$|R_1|=\left|\frac{h^2}{3}f'''(\xi)\right|\leqslant\frac{0.1^2}{3}\times24\times(1+1.2)^{-5}=1.55\times10^{-3},$$

$f'(1.1)$的误差为

$$|R_2|=\left|-\frac{h^2}{6}f'''(\xi)\right|\leqslant\frac{0.1^2}{6}\times24\times(1+1.2)^{-5}=7.8\times10^{-4},$$

$f'(1.2)$的误差为

$$|R_3|=\left|\frac{h^2}{3}f'''(\xi)\right|\leqslant1.55\times10^{-3}.$$

五点公式：

$$f'(1.0)=\frac{1}{12\times0.1}[-25f(1.0)+48f(1.1)-36f(1.2)+16f(1.3)-3f(1.4)]$$
$$=-0.2483,$$

$$f'(1.1)=\frac{1}{12\times0.1}[-3f(1.0)-10f(1.1)+18f(1.2)-6f(1.3)+f(1.4)]$$
$$=-0.2163,$$

$$f'(1.2)=\frac{1}{12\times0.1}[f(1.0)-8f(1.1)+8f(1.3)-f(1.4)]$$
$$=-0.1883,$$

误差分别为$|R_1|\leqslant1.7\times10^{-3}$，$|R_2|\leqslant3.4\times10^{-4}$，$|R_3|\leqslant4.7\times10^{-4}$.

4.6 案例及 MATLAB 程序

对于解析函数，MATLAB 软件提供了相应的符号指令求解函数的不定积分和定积分，相应使用格式见表 4-5.

表 4-5 求解不定积分和定积分的 MATLAB 命令

符号命令	含义
int(f,t)	函数 f 对符号变量 t 求不定积分
int(f,x,a,b)	函数 f 对符号变量 x 求从 a 到 b 的定积分
dblquad(@(x,y)f(x,y),x1,x2,y1,y2)	计算二重积分
quad2d(@(x,y)f(x,y),a,b,y1(x),y2(x))	计算二重积分，其中 y1(x),y2(x)为 y 的上、下限函数

除了符号函数外，MATLAB 还提供了几个数值积分函数计算积分，分别对应数值积分中常用的梯形公式、自适应辛普森算法，其使用格式分别为

命令 1 `trapz(Y)`

采用梯形公式计算积分($h=1$)，Y 为 $f_k(k=0,1,\cdots,n)$. 梯形公式是矩形公式取左端点和右端点积分后除以 2.

命令 2 `quad('fun',a,b,tol)`

采用自适应辛普森算法计算积分，其中 fun 为被积函数；tol 是可选项，表示绝对误差；a，b 为积分的上、下限.

例 4.7 分别利用梯形公式、自适应辛普森算法计算 $\int_0^2 \frac{\ln(2+x)}{(3-x)^2}dx$，并与其精确值比较.

解 先对积分作符号运算，然后将其计算结果转换为数值型，再将其与这两种方法求得的数值解比较，其 MATLAB 指令为

```
syms x
y0=simple(int((log(2+x))/(3-x)^2,0,2));
                                %符号积分得到其精确值
vpa(y0,8)                       %按一定精度显示定积分的精确值
x=[0:0.01:2];
y1=log(2+x)./(3-x).^2;
y1=trapz(x,y1);
vpa(y1,8)
y2=quad('log(2+x)./(3-x).^2',0,2);
vpa(y2,8)
err1=vpa(abs(y1-y0),8)
err2=vpa(abs(y2-y0),8)
输出结果:
ans=0.79689341
ans=0.7969177
ans=0.79689347
err1=0.2429689e-4
err2=0.82289938e-7
```

由两者误差可见，自适应辛普森算法较准确，梯形公式较差，但也能精确到小数点后 5 位数.

例 4.8 使用龙贝格积分，对于 $\int_0^{30}\sqrt{1+(\sin x)^2}\,dx$ 计算下列各近似值.

1）确定 $R_{1,1}, R_{2,1}, R_{3,1}, R_{4,1}, R_{5,1}$；

2）确定 $R_{2,2}, R_{3,3}, R_{4,4}, R_{5,5}$；

3）确定 $R_{6,1},R_{6,2},R_{6,3},R_{6,4},R_{6,5},R_{6,6}$；

4）确定 $R_{7,7},R_{8,8},R_{9,9},R_{10,10}$.

解　MATLAB 程序如下：

```
n=5;
a=0;
b=30;
h(1,1)=b-a;
fa=sqrt(1+(sin(a))^2);
fb=sqrt(1+(sin(b))^2);
r(1,1)=h(1,1)/2*(fa+fb);
disp('R11,R21,R31,R41,R51 分别为');
disp(r(1,1));
for i=2:n
    h(i,1)=(b-a)/(2^(i-1));
    sum=0;
    for k=1:2^(i-2)
        x=a+(2*k-1)*h(i,1);
        sum=sum+sqrt(1+(sin(x)).^2);
    end
    r(i,1)=0.5*(r(i-1,1)+h(i-1,1)*sum);
    disp(r(i,1));
end
disp('R22,R33,R44,R55 分别为');
for k=2:n
    for j=2:k
        r(k,j)=r(k,j-1)+(r(k,j-1)-r(k-1,j-1))/(4^(j-1)-1);
    end
    disp(r(k,k));
end
disp('R61,R62,R63,R64,R65,R66 分别为');
n=6;
for i=2:n
    h(i,1)=(b-a)/(2^(i-1));
    sum=0;
    for k=1:2^(i-2)
        x=a+(2*k-1)*h(i,1);
        sum=sum+sqrt(1+(sin(x)).^2);
    end
```

```
    r(i,1)=0.5*(r(i-1,1)+h(i-1,1)*sum);
end
for k=2:n
    for j=2:k
        r(k,j)=r(k,j-1)+(r(k,j-1)-r(k-1,j-1))/(4^(j-1)-1);
    end
end
for i=1:n
    disp(r(6,i));
end
disp('R77,R88,R99,R10,10 分别为');
n=10;
for i=2:n
    h(i,1)=(b-a)/(2^(i-1));
    sum=0;
    for k=1:2^(i-2)
        x=a+(2*k-1)*h(i,1);
        sum=sum+sqrt(1+(sin(x)).^2);
    end
    r(i,1)=0.5*(r(i-1,1)+h(i-1,1)*sum);
end
for k=2:n
    for j=2:k
        r(k,j)=r(k,j-1)+(r(k,j-1)-r(k-1,j-1))/(4^(j-1)-1);
    end
end
for i=7:10
    disp(r(i,i));
    end
```

输出结果:

```
R11,R21,R31,R41,R51 分别为
    36.0866  35.9360 36.5937 36.6456  36.4539
R22,R33,R44,R55 分别为
    35.8857  36.8748  36.6494  36.3662
R61,R62,R63,R64,R65,R66 分别为
    36.5017  36.5177  36.5262  36.5286  36.5293  36.5294
R77,R88,R99,R10,10 分别为
    36.5099  36.5105  36.5105  36.5105
```

例 4.9 卫星轨道是一个椭圆,椭圆周长的计算公式是

$$S=4a\int_0^{\frac{\pi}{2}}\sqrt{1-\left(\frac{c}{a}\right)^2\sin^2\theta}\,\mathrm{d}\theta$$

其中,a 为椭圆半长轴,c 为地球中心与轨道中心(椭圆中心)的距离.记 h 为近地点距离,H 为远地点距离,$R=6371\text{km}$ 为地球半径,则

$$a=(2R+H+h)/2,c=(H-h)/2$$

我国第一颗人造地球卫星近地点距离 $h=439\text{km}$,远地点距离 $H=2384\text{km}$,试用复化梯形公式求卫星轨道周长.

解 先计算$\int_0^{\frac{\pi}{2}}\sqrt{1-\left(\frac{c}{a}\right)^2\sin^2\theta}\,\mathrm{d}\theta$,取 $n=30$,则

$$S\approx 1.2177\times 10^4.$$

MATLAB 程序如下:

```
a=(2*6371+2384+439)/2;c=(2384-439)/2;
s=a*quadl(@(theta)sqrt(1-(c./a).^2.*sin
(theta).^2),0,pi/2)
调用后结果为
s=1.217685962770449e+04
```

例 4.10 含有未知函数的偏导数的方程称为偏微分方程.当研究的问题需要用多个自变量的函数来描述时,就会遇到偏微分方程.与常微分方程相比,偏微分方程的定解区域至少是二维的,常常是三维甚至更高维的.由于定解区域的复杂性,求解偏微分方程比求解常微分方程问题要困难得多,计算复杂度也高得多,这就对数值求解方法的选择和设计提出了较高的要求.本书第 8 章我们仅介绍常微分方程数值解法,而对于更广泛的偏微分方程数值解法没有讨论,本节我们将作为数值微分的案例简单介绍一下后者.

目前,在数值求解偏微分方程方面较为成熟的方法主要包括有限差分法、有限元法等方法.本节主要介绍有限差分法在偏微分方程求解中的应用.

利用数值微分的有限差分法是应用于偏微分方程定解问题求解的一种最广泛的数值方法,其基本思想是用离散的只含有有限个未知量的差分方程组去近似代替连续变量的偏微分方程和定解条件,并把差分方程组的解作为偏微分方程定解问题的近似解.一般来说,有限差分法求解偏微分方程定解问题主要包括如下三步:

1) 将求解区域进行网格剖分,一般可采用平行于坐标轴的直线形成的网覆盖求解区域,数值生成网格后依据网格点信息将定解区域离散化;

2) 将偏微分方程及其定解条件离散为代数方程组;

3) 求解第 2)步得到的代数方程组.

本节主要讨论数值微分在求解椭圆形方程中的应用.具体地，考虑如下矩形区域内的二维泊松方程第一类边值问题：

$$\begin{cases} -\left(\dfrac{\partial^2 u}{\partial x^2}+\dfrac{\partial^2 u}{\partial y^2}\right)=f(x,y), & (x,y)\in\Omega, \\ u(x,y)=g(x,y), & (x,y)\in\partial\Omega. \end{cases} \tag{4-32}$$

其中,$\Omega=\{(x,y)\mid 0<x,y<1\}$,$\partial\Omega$ 为 Ω 的边界,我们用差分方法近似求解问题(4-32).

解　用直线 $x=x_i,y=y_j$ 在 Ω 上打上网格,其中

$$x_i=ih,y_j=jh,h=\frac{1}{N+1},\quad i,j=0,1,\cdots N+1$$

分别记网格内点和边界点的集合为

$$\Omega_h=\{(x_i,y_j)\mid i,j=1,2,\cdots,N\},$$

$$\partial\Omega_h=\{(x_k,0),(x_k,1),(0,y_l),(1,y_l)\mid k,l=0,1,2,\cdots,N+1\},$$

利用泰勒公式,可以用网格点上的差商表示二阶偏导数：

$$\left.\frac{\partial^2 u}{\partial x^2}\right|_{(x_i,y_j)}=\frac{1}{h^2}[u(x_{i+1},y_j)-2u(x_i,y_j)+u(x_{i-1},y_j)]+O(h^2),$$

$$\left.\frac{\partial^2 u}{\partial y^2}\right|_{(x_i,y_j)}=\frac{1}{h^2}[u(x_i,y_{j+1})-2u(x_i,y_j)+u(x_i,y_{j-1})]+O(h^2),$$

略去 $O(h^2)$ 项,并用 u_{ij} 表示 $u(x_i,y_j)$ 的近似值,则微分方程可以离散化为如下差分方程：

$$-\left(\frac{u_{i+1,j}-2u_{ij}+u_{i-1,j}}{h^2}+\frac{u_{i,j+1}-2u_{ij}+u_{i,j-1}}{h^2}\right)=f_{ij},$$

其中,$f_{ij}=f(x_i,y_j)$,上式经进一步整理,得到

$$4u_{ij}-u_{i+1,j}-u_{i-1,j}-u_{i,j+1}-u_{i,j-1}=h^2f_{ij}, \tag{4-33}$$

其中,(i,j) 对应 $(x_i,y_j)\in\Omega_h$,该式称为泊松方程的五点差分格式.若式(4-33)左端有某项对应 $(x_k,y_l)\in\partial\Omega_h$,则该项 $u_{kl}=g(x_k,y_l)$.为将差分方程写成矩阵形式,把网格点按逐行自左至右、自下至上的自然次序记为

$$\boldsymbol{u}=(u_{11},u_{21},\cdots,u_{N1},u_{12},\cdots,u_{N2},\cdots,u_{1N},\cdots,u_{NN})^{\mathrm{T}}$$

则式(4-33)可写成矩阵形式

$$\boldsymbol{Au}=\boldsymbol{b}. \tag{4-34}$$

其中,向量 $\boldsymbol{b}$ 由 $h,f(x,y)$ 以及边界条件 $g(x,y)$ 决定,系数矩阵 $\boldsymbol{A}$ 按分块形式写成

$$\boldsymbol{A}=\begin{pmatrix} \boldsymbol{D}_{11} & -\boldsymbol{I} & & & \\ -\boldsymbol{I} & \boldsymbol{D}_{22} & -\boldsymbol{I} & & \\ & \ddots & \ddots & \ddots & \\ & & & & -\boldsymbol{I} \\ & & & -\boldsymbol{I} & \boldsymbol{D}_{NN} \end{pmatrix}\in\mathbb{R}^{N2\times N2}$$

其中

$$D_{ii}=\begin{pmatrix} 4 & -1 & & & \\ -1 & 4 & -1 & & \\ & \ddots & \ddots & \ddots & \\ & & & & -1 \\ & & & -1 & 4 \end{pmatrix}\in\mathbb{R}^{N\times N},i=1,2,\cdots,N$$

这样 $\boldsymbol{A}$ 的每行最多只有五个非零元，而一般 N 是个较大的数，所以 $\boldsymbol{A}$ 是一个大型稀疏矩阵.

对于稀疏线性方程组(4-34)，可考虑用第 5 章和第 6 章解线性方程组的方法进行求解.

习题 4

1. 试确定机械求积公式 $\int_{-h}^{h}f(x)\,\mathrm{d}x\approx af(-h)+bf(0)+cf(h)$，使它的代数精度尽可能高.

2. 已知函数 $f\in C^3[0,2]$，给定求积公式 $\int_0^2 f(x)\,\mathrm{d}x\approx Af(0)+Bf(x_0)$，确定参数 A,B,x_0 使该求积公式的代数精度尽可能高，并指出代数精度的次数.

3. 判断数值积分公式 $\int_0^3 f(x)\,\mathrm{d}x\approx\frac{3}{2}[f(1)+f(2)]$，是否为插值型的求积公式?并求出该公式的代数精度.

4. 用复化求积分公式计算下列积分 $I=\int_0^1 \mathrm{e}^{-x}\,\mathrm{d}x$，要求计算结果有四位有效数字，$n$ 应取多大?

5. 用复化梯形公式求解 $\int_1^2 \frac{1}{x}\mathrm{d}x$，$n=4$，并估计方法的误差.

6. 用龙贝格方法计算积分值 $I=\int_0^1 \frac{\sin x}{x}\mathrm{d}x$.

7. 对于函数 $f(x)=\mathrm{e}^x$，已知点 2.5，2.6，2.7，2.8，2.9 处的函数值，用两点公式求 $x=2.7$ 处的一阶导数，用三点公式求 $x=2.7$ 处的二阶导数值.

8. 程序设计：分别利用梯形公式、自适应辛普森算法计算 $\int_0^1 \mathrm{e}^{-x^2}\mathrm{d}x$，并与精确值比较.

9. 程序设计：用龙贝格求积公式计算 $\int_0^{1.5}\frac{1}{1+2x}\mathrm{d}x$，取精度为 10^{-7}，估计误差.

第 5 章 方程的近似解法

5.1 引　言

在许多实际问题中,我们常会遇到

$$f(x)=0 \tag{5-1}$$

的求解问题.$f(x)$可以是代数多项式,也可以是超越函数.例如代数方程 $x^4-6x-3=0$ 及超越方程 $0.25+e^x-6\cos x=0$.

对于次数不高于 4 次的代数方程已经有求根公式,而高于 4 次的代数方程则没有;对于超越方程一般没有求根公式.因此,研究方程的数值解法是十分必要的.

一般情况下,非线性方程(5-1)的求根过程分为两个步骤进行:一是对根的搜索,分析方程根的个数,并找出各根的存在区间(区间内只包含方程的一个根);二是对根的精确化,即从有根区间内根的近似值出发,利用数值方法求得满足一定精度要求的近似根.

本章主要介绍利用数值计算求方程根的几种常用方法,如二分法、迭代法、牛顿法等.

5.2 二　分　法

设方程$f(x)=0$,若有 x^* 使$f(x^*)=0$,则称 x^* 为方程$f(x)=0$的根或函数$f(x)$的零点.

首先,设$f(x)=0$在区间$[a,b]$上连续,且$f(a)\cdot f(b)<0$,假定方程$f(x)=0$在区间$[a,b]$内有唯一的实根 x^*.

考察有根区间$[a,b]$,取中点 $x_0=(a+b)/2$ 将它分为两半,如果分点$f(x_0)=0$,则 x_0 是根;如果 x_0 不是$f(x)=0$的根,检查$f(x_0)$与$f(a)$是否同号,如确系同号,说明所求的根 x^* 在 x_0 的右侧,这时令 $a_1=x_0$,$b_1=b$;否则 $a_1=a$,$b_1=x_0$.新的有根区间的长度是原区间长度的一半.

对有根区间$[a_1,b_1]$,又可以如法炮制,用中点 $x_1=(a_1+b_1)/2$

将$[a_1,b_1]$再分两半，然后通过根的搜索判定所求的根在x_1的哪一侧，从而又确定一个新的有根区间$[a_2,b_2]$，其长度是$[a_1,b_1]$的一半，如图 5-1 所示.

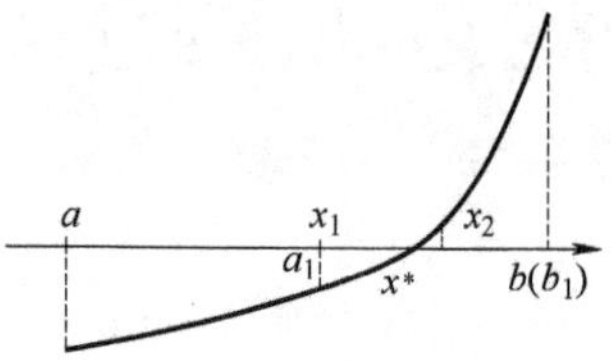

图 5-1 二分法

反复进行以上步骤，便可得到方程的有根区间序列且满足：

$$(a_1,b_1)\supset(a_2,b_2)\supset\cdots\supset(a_n,b_n)\supset\cdots$$

$$f(a_n)f(b_n)<0$$

$$b_n-a_n=\frac{1}{2^n}(b-a)\quad(n=1,2,\cdots)$$

当n充分大时，(a_n,b_n)的长度缩小到充分小，此时它的中点x_n与x^*夹在a_n和b_n之间，且

$$|x_n-x^*|\leqslant\frac{1}{2}(b_n-a_n)=\frac{1}{2^{n+1}}(b-a)$$

上式表明

$$\lim_{n\to\infty}x_n=x^*$$

对于所给精度ε，若取n使得$\frac{1}{2^{n+1}}(b-a)\leqslant\varepsilon$，则有$|x_n-x^*|\leqslant\varepsilon$.

二分法

例 5.1 求方程$f(x)=x^3-x-1=0$在区间$[1,2]$内的实根.若采用二分法求解，需要二分多少次，才能使误差不超过10^{-2}.

解 已知$f(1)=-1<0$，$f(2)=5>0$，由零点定理，方程$f(x)=x^3-x-1=0$在区间$[1,2]$上存在实根.

令$x_1=\frac{1+2}{2}=1.5$，计算$f(1.5)=0.875>0$，区间$(1,1.5)$上有根；

令$x_2=\frac{1+1.5}{2}=1.25$，计算$f(1.25)=-0.29688<0$，区间$(1.25,1.5)$上有根；

令$x_3=\frac{1.25+1.5}{2}=1.375$，计算$f(1.375)=0.224609>0$，区间$(1.25,1.375)$上有根；

⋮

如此反复二分下去，我们预先估计一下二分的次数，按误差估计式

$$|x^*-x_k|\leqslant\frac{b_k-a_k}{2}=\frac{1}{2^{k+1}}\leqslant10^{-2},k\geqslant\log_2 100-1\approx5.7.$$

即只要二分 6 次，即达要求.计算结果见表 5-1.

表 5-1 二分法的计算结果

k	a_k	b_k	x_k	$f(x_k)$的符号
0	1	2	1.5	+
1	1	1.5	1.25	−
2	1.25	1.5	1.375	+

（续）

k	a_k	b_k	x_k	$f(x_k)$的符号
3	1.25	1.375	1.3125	-
4	1.3125	1.375	1.3438	+
5	1.3125	1.3438	1.3281	+
6	1.3125	1.3281	1.3203	-

人物介绍

牛顿(Isaac Newton, 1643—1727)英国伟大的数学家、物理学家、天文学家和自然哲学家.在牛顿的全部科学贡献中,其数学成就占有突出的地位.他数学生涯中的第一项创造性成果就是发现了二项式定理.而微积分的创立是牛顿最卓越的数学成就,他出版了巨著《自然哲学的数学原理》.牛顿在临终前对自己的生活道路是这样总结的:"我不知道在别人看来,我是什么样的人;但在我自己看来,我不过就像是一个在海边玩耍的小孩,为不时发现比寻常更为光滑的一块卵石或比寻常更为美丽的一片贝壳而沾沾自喜,而对于展现在我面前的浩瀚的真理的海洋,却全然没有发现".

5.3　迭代法及其收敛性

迭代法是解方程近似解的一类典型方法,它是解代数方程、超越方程、微分方程等的一种基本而重要的数值方法,不仅能用于方程求根,还能用于方程组求解、矩阵求特征值等方面.

迭代法的基本思想是一种逐次逼近的方法,首先取一个初始近似值,然后用某个迭代公式反复校正所取初值,直到满足预先给定的精度要求为止.对迭代法研究的主要内容包括:迭代格式的构造、迭代格式的收敛性分析、迭代收敛速度的估计以及加速收敛的技巧等.

5.3.1　迭代格式的基本思想

设方程(5-1)在区间$[a,b]$上有唯一根x^*.将方程$f(x)=0$构造成一个与之等价的方程

$$x=\varphi(x), \tag{5-2}$$

从某个近似根x_0出发,令

$$x_{n+1}=\varphi(x_n), \quad (n=0,1,2,\cdots), \tag{5-3}$$

可得序列$\{x_n\}$,若$\{x_n\}$收敛,即

$$\lim_{n\to\infty}x_n=x^*.$$

只要$\varphi(x)$连续,有

$$\lim_{n\to\infty} x_{n+1} = \lim_{n\to\infty} \varphi(x_n) = \varphi(\lim_{n\to\infty} x_n),$$

也即

$$x^* = \varphi(x^*).$$

从而可知 x^* 是方程 $x=\varphi(x)$ 的根，也就是 $f(x)=0$ 的根.此迭代方法也称为不动点迭代方法.

迭代法

例 5.2 求方程 $f(x)=x^2-3=0$ 的一个根.

解 本题我们将通过三种方法构造迭代格式，因为 $f(0)=-3<0$，$f(2)=1>0$，由零点定理知方程在 $[0,2]$ 中必有一个实根，将原方程改为如下三个同解方程：

$$x=\varphi_1(x)=x^2+x-3,\quad x=\varphi_2(x)=x-\frac{1}{4}(x^2-3),$$

$$x=\varphi_3(x)=\frac{1}{2}\left(x+\frac{3}{x}\right)$$

对应的迭代公式分别为

$$x_{k+1}=x_k^2+x_k-3,\quad x'_{k+1}=x'_k-\frac{1}{4}(x'^2_k-3),$$

$$x''_{k+1}=\frac{1}{2}\left(x''_k+\frac{3}{x''_k}\right)\quad (k=0,1,2,\cdots)$$

取初始值 $x_0=2$，可逐次算得

1）对于 $x_{k+1}=x_k^2+x_k-3$，$x_1=3$，$x_2=9$，$x_3=87$，…；

2）对于 $x'_{k+1}=x'_k-\frac{1}{4}(x'^2_k-3)$，$x'_1=1.75$，$x'_2=1.734375$，$x'_3=1.7323608$，…；

3）对于 $x''_{k+1}=\frac{1}{2}\left(x''_k+\frac{3}{x''_k}\right)$，$x''_1=1.75$，$x''_2=1.732143$，$x''_3=1.732051$，….

此方程有唯一实根 $x^*=1.7320508\cdots$.显然，第一个迭代公式结果越来越大，不可能趋于某个极限，称这种不收敛的迭代过程为发散的.第二个和第三个迭代公式收敛，且第三个迭代公式收敛速度快于第二个公式.

5.3.2 迭代过程的收敛性

如果在 $[a,b]$ 中任意选取初值 x_0，均能保证某迭代公式的收敛性，则称该迭代公式具有全局收敛性.一般情况下，对于迭代格式 $x_{k+1}=\varphi(x_k)$，由拉格朗日中值定理可知

$$\frac{x_{k+1}-x_k}{x_k-x_{k-1}}=\frac{\varphi(x_k)-\varphi(x_{k-1})}{x_k-x_{k-1}}=\varphi'(\xi_k),\tag{5-4}$$

其中 ξ_k 在 x_k 和 x_{k-1} 之间，所以序列 $\{x_k\}$ 的收敛速度取决于曲线 $y=\varphi(x)$ 在根附近的斜率 $\varphi'(x)$.在根 x^* 附近，若 $|\varphi'(x)|$ 恒小于 1，则此迭代序列收敛；若 $|\varphi'(x)|\geqslant 1$，则此序列发散.由此得到以下全

局收敛性定理：

定理 5.1　如果 $\varphi(x)\in C^1[a,b]$ 满足下列两个条件：

1）当 $x\in[a,b]$ 时，$\varphi(x)\in[a,b]$；

2）当任意 $x\in[a,b]$ 时，若存在常数 $0<L<1$，使

$$\max_{a\leqslant x\leqslant b}|\varphi'(x)|\leqslant L<1$$

则方程 $x=\varphi(x)$ 在 $[a,b]$ 上有唯一的根 x^*，且对任意初值 $x_0\in[a,b]$，

1）迭代序列 $x_{k+1}=\varphi(x_k)(k=0,1,\cdots)$ 收敛于 x^*；

2）$$|x^*-x_k|\leqslant\frac{L}{1-L}|x_k-x_{k-1}|(k=1,2,\cdots);\tag{5-5}$$

3）$$|x^*-x_k|\leqslant\frac{L^k}{1-L}|x_1-x_0|(k=1,2,\cdots);\tag{5-6}$$

4）$$\lim_{k\to\infty}\frac{x_k-x^*}{x_{k-1}-x^*}=\varphi'(x^*).\tag{5-7}$$

证明　构造函数 $f(x)=\varphi(x)-x$，显然 $f'(x)$ 在 $[a,b]$ 上连续，且有

$$f(a)=\varphi(a)-a\geqslant 0,\quad f(b)=\varphi(b)-b\leqslant 0.$$

若 $f(a)=0$ 或 $f(b)=0$，则 $f(x)$ 在 $[a,b]$ 上至少有一个零点；若 $f(a)>0$ 且 $f(b)<0$，则由零点定理可知 $f(x)$ 在 $[a,b]$ 上至少有一个零点.又因为 $f'(x)=\varphi'(x)-1\leqslant L-1<0$，故由函数 $f(x)$ 的单调性可知，存在唯一的 $x^*\in[a,b]$ 使方程 $x=\varphi(x)$ 成立，即方程 $x=\varphi(x)$ 在 $[a,b]$ 上有唯一的根 x^*.

1）由于 $x^*=\varphi(x^*)$，根据拉格朗日中值定理得

$$x^*-x_{k+1}=\varphi(x^*)-\varphi(x_k)=\varphi'(\xi_k)(x^*-x_k),\tag{5-8}$$

其中，ξ_k 在 x^* 与 x_k 之间，由式(5-8)得

$$\begin{aligned}|x^*-x_{k+1}|&=|\varphi(x^*)-\varphi(x_k)|=|\varphi'(\xi_k)|\;|x^*-x_k|\\&\leqslant L|x^*-x_k|\leqslant L^2|x^*-x_{k-1}|\leqslant\cdots\leqslant L^{k+1}|x^*-x_0|,\end{aligned}$$

因为 $0<L<1$，由 $\lim\limits_{k\to\infty}L^{k+1}=0$ 知

$$|x^*-x_{k+1}|\to 0,\quad(k\to\infty)$$

所以 $\lim\limits_{k\to\infty}x_k=x^*$，即 $x_{k+1}=\varphi(x_k)$ 收敛.

2）由式(5-3)可知

$$\begin{aligned}|x_{k+1}-x_k|&=|\varphi(x_k)-\varphi(x_{k-1})|=|\varphi'(\eta_k)|\;|x_k-x_{k-1}|\\&\leqslant L|x_k-x_{k-1}|,\end{aligned}$$

一般地，

$$|x_{k+r}-x_{k+r-1}|\leqslant L^r|x_k-x_{k-1}|,$$

于是，对于任意正整数 p，有

$$\begin{aligned}|x_{k+p}-x_k|&=|x_{k+p}-x_{k+p-1}+x_{k+p-1}-x_{k+p-2}+x_{k+p-2}-\cdots-x_k|\\&\leqslant|x_{k+p}-x_{k+p-1}|+|x_{k+p-1}-x_{k+p-2}|+\cdots+|x_{k+1}-x_k|\\&\leqslant L^p|x_k-x_{k-1}|+L^{p-1}|x_k-x_{k-1}|+\cdots+L|x_k-x_{k-1}|\\&=(L^p+L^{p-1}\cdots+L)|x_k-x_{k-1}|\end{aligned}$$

固定 k,令 $p\to\infty$,得

$$|x^*-x_k|\leqslant\frac{L}{1-L}|x_k-x_{k-1}|$$

3) 由 1) 和式(5-4)可得

$$|x^*-x_k|\leqslant\frac{L^2}{1-L}|x_{k-1}-x_{k-2}|\leqslant\cdots\leqslant\frac{L^k}{1-L}|x_1-x_0|,$$

4) 由式(5-8),当 $x_k\neq x^*$ 时,可得

$$\frac{x^*-x_{k+1}}{x^*-x_k}=\varphi'(\xi_k)\quad(k=0,1,2,\cdots),$$

注意到 $\varphi(x)$ 在 $[a,b]$ 上连续,且 $\lim\limits_{k\to\infty}\xi_k=x^*$,得

$$\lim_{k\to\infty}\frac{x^*-x_{k+1}}{x^*-x_k}=\varphi'(x^*).\quad \text{证毕.}$$

估计式(5-5)称为误差后验估计式,由此可以得到迭代次数 k 的值应取多大,但这样得到的 k 值往往偏大;估计式(5-6)称为误差先验估计式,是用刚算出来的序列来估计误差的,它可用较小的迭代运算得到满足精度的近似解;估计式(5-7)称为渐近误差估计式.在实际运算过程中,用前后两次迭代值 x_{k-1} 和 x_k 是否满足 $|x_k-x_{k-1}|\leqslant\varepsilon$ 来作为终止条件,它通常也能求出满足精度的根.

例 5.3 对于例 5.2 的前两种迭代公式,讨论它们的收敛性.

解 对于迭代公式 $x_{k+1}=x_k^2+x_k-3(k=0,1,2,\cdots)$,导数 $\varphi_1'(x)=2x+1$,容易验证,对于 $x\in[0,2]$,显然有 $\varphi_1'(x)>1$,所以只要初值 $x_0\neq x^*$,该迭代公式就发散.

对于迭代公式 $x'_{k+1}=x'_k-\frac{1}{4}(x'^2_k-3)(k=0,1,2\cdots)$,有

$$0<\varphi_2'(x)=1-\frac{x}{2}<1,x\in(0,2)$$

因此,对于任何初值 $x_0\in(0,2)$,该迭代公式收敛.

定理 5.1 的条件有时是不易于检验的,且对较大的含根区间可能不满足,在实际计算中,总是在根 x^* 的附近范围内考虑.为此,我们需要研究迭代法的局部收敛性,因此在方程根的附近有以下定理:

定理 5.2 设 x^* 是迭代函数 $\varphi(x)$ 的不动点,$\varphi'(x)$ 在点 x^* 的某个邻域内连续,且 $|\varphi'(x^*)|<1$,则迭代公式 $x_{k+1}=\varphi(x_k)$ 局部收敛.

证明 由 $|\varphi'(x^*)|<1$ 和 $\varphi'(x)$ 在点 x^* 处连续性,存在一个正实数 $L<1$ 和 x^* 的某个闭邻域 $U(x_0,\delta)=(x_0-\delta,x_0+\delta)$,使 $x\in U(x_0,\delta)$ 时,有 $|\varphi'(x)|\leqslant L<1$ 成立.当 $x\in U(x_0,\delta)$ 时,由 $x^*=\varphi(x^*)$ 及拉格朗日中值定理有

$$\begin{aligned}|\varphi(x)-x^*|&=|\varphi(x)-\varphi(x^*)|=|\varphi'(\xi)(x-x^*)|\\&\leqslant L|x-x^*|\leqslant|x-x^*|<\delta,\end{aligned}$$

所以 $x\in U(x_0,\delta)$ 时，有 $\varphi(x)\in U(x_0,\delta)$. 因此，$x_{k+1}=\varphi(x_k)$ 对任意 $x_0\in U(x_0,\delta)$ 产生的迭代序列都收敛于不动点 x^*，迭代格式 $x_{k+1}=\varphi(x_k)$ 局部收敛.

定理 5.1 对初值选取的要求较高. 如果已知 x^* 的大概位置，而 x_0 充分靠近 x^*，则可用 $|\varphi'(x_0)|<1$ 代替 $|\varphi'(x^*)|<1$，用 $|\varphi'(x_0)|>1$ 代替 $|\varphi'(x^*)|>1$，再利用定理 5.2 判断格式 $x_{k+1}=\varphi(x_k)$ 的局部收敛性.

5.3.3 迭代过程的收敛速度

一种迭代公式要具有实用意义，就必须是收敛的. 收敛速度有快有慢，可以用收敛阶来衡量其收敛速度.

定义 5.1　设序列 $\{x_k\}$ 收敛于 x^*，若存在实数 $p\geqslant 1$ 和常数 $C>0$，使得

$$\lim_{k\to\infty}\frac{|x^*-x_{k+1}|}{|x^*-x_k|^p}=\lim_{k\to\infty}\frac{e_{k+1}}{e_k^p}=C$$

则称 $\{x_k\}$ 的收敛阶为 p. 当 $p=1$ 时，称 $\{x_k\}$ 是线性收敛的；当 $p=2$ 时，称 $\{x_k\}$ 是平方收敛的；$p>1$ 时，称序列是超线性收敛的.

显然，p 的大小反映了序列 $\{x_k\}$ 收敛的快慢，p 越大，收敛速度越快，方法越好. 在定理 5.2 中，若 $\varphi'(x)$ 连续，且 $\varphi'(x^*)\neq 0$，则迭代格式 $x_{k+1}=\varphi(x_k)$ 必为线性收敛. 因为由

$$|x^*-x_{k+1}|=|\varphi(x^*)-\varphi(x_k)|=|\varphi'(\xi)|\ |x^*-x_k|$$

得

$$\lim_{k\to\infty}\frac{|x^*-x_{k+1}|}{|x^*-x_k|}=\lim_{k\to\infty}|\varphi'(\xi)|=|\varphi'(x^*)|\neq 0$$

如果 $\varphi'(x^*)=0$，则收敛速度就不止是线性的了.

例 5.4　设一个迭代格式是线性收敛的，且满足 $\dfrac{e_{k+1}}{e_k}=\dfrac{1}{4}$，$k=0,1,2,\cdots$，并设 $e_0=1.5$. 若取精度 $\varepsilon=10^{-12}$，试估计这个迭代格式所需迭代次数.

解　根据 $\dfrac{e_{k+1}}{e_k}=\dfrac{1}{4}(k=0,1,2,\cdots)$ 及 $e_0=1.5$ 得到

$$e_k=\frac{1}{4}e_{k-1}=\cdots=\frac{1}{4^k}e_0=\frac{1.5}{4^k}$$

要使 $|e_k|\leqslant 10^{-12}$，只要 $\dfrac{1.5}{4^k}\leqslant 10^{-12}$ 或 $4^k\geqslant 1.5\times 10^{12}$，将其两边取对数得

$$k\lg 4\geqslant 12+\lg 1.5\Rightarrow k\geqslant 20.224$$

因而要使迭代值满足给定精度，应迭代 21 次.

关于迭代格式

$$x_{k+1}=\varphi(x_k),k=0,1,2,\cdots$$

的收敛阶,有如下定理:

定理 5.3 对于迭代公式 $x_{k+1}=\varphi(x_k)$,如果 $\varphi^{(p)}(x)$ 在 x^* 附近连续,且有

$$\varphi'(x^*)=\varphi''(x^*)=\cdots=\varphi^{(p-1)}(x^*)=0,\varphi^{(p)}(x^*)\neq 0$$

则该迭代公式在 x^* 附近是 p 阶局部收敛的,且

$$\lim_{k\to\infty}\frac{e_{k+1}}{e_k^p}=\lim_{k\to\infty}\frac{|x_{k+1}-x^*|}{|x_k-x^*|^p}=\frac{|\varphi^{(p)}(x^*)|}{p!}\neq 0.$$

如果 $p=1$ 时,要求 $0<|\varphi'(x^*)|<1$.

证明 充分性:由 $\varphi'(x^*)=0$ 及定理 5.2 知,迭代过程 $x_{k+1}=\varphi(x_k)$ 在 x^* 的附近具有局部收敛性,再将 $\varphi(x_k)$ 在 x^* 处作泰勒展开,则有

$$\begin{aligned}x_{k+1}&=\varphi(x_k)\\&=\varphi(x^*)+\varphi'(x^*)(x_k-x^*)+\cdots+\frac{\varphi^{(p-1)}(x^*)}{(p-1)!}(x_k-x^*)^{p-1}+\\&\quad\frac{\varphi^{(p)}(\xi_p)}{p!}(x_k-x^*)^p\\&=\varphi(x^*)+\frac{\varphi^{(p)}(\xi_p)}{p!}(x_k-x^*)^p\quad(\xi_p\text{ 介于 }x_k\text{ 和 }x^*\text{之间})\end{aligned}$$

注意到 $x^*=\varphi(x^*)$,从而有

$$x_{k+1}-x^*=\frac{\varphi^{(p)}(\xi_p)}{p!}(x_k-x^*)^p,$$

故 $\lim\limits_{k\to\infty}\frac{e_{k+1}}{e_k^p}=\lim\limits_{k\to\infty}\frac{|x_{k+1}-x^*|}{|x_k-x^*|^p}=\frac{|\varphi^p(x^*)|}{p!}\neq 0$,迭代公式在 x^* 附近是 p 阶收敛的.

必要性:设迭代格式 $x_{k+1}=\varphi(x_k)$ 是 p 阶收敛的,则有 $\lim\limits_{k\to\infty}x_k=x^*$. 由 $\varphi(x)$ 在 x^* 邻域内的连续性可知,$x^*=\lim\limits_{k\to\infty}x_k=\lim\limits_{k\to\infty}\varphi(x_{k-1})=\varphi(x^*)$.

若 $\varphi'(x^*)=\varphi''(x^*)=\cdots=\varphi^{(p-1)}(x^*)=0,\varphi^{(p)}(x^*)\neq 0$ 不成立,则必有最小正整数 p_0 使得 $\varphi'(x^*)=\varphi''(x^*)=\cdots=\varphi^{(p_0-1)}(x^*)=0,\varphi^{(p_0)}(x^*)\neq 0$,其中 $p_0\neq p$.

类似于充分性的证明,有 $x_{k+1}=\varphi(x_k)=x^*+\frac{\varphi^{(p_0)}(\xi_{p_0})}{p_0!}(x_k-x^*)^{p_0}$,

从而有 $\lim\limits_{k\to\infty}\frac{e_{k+1}}{e_k^{p_0}}=\frac{|\varphi^{p_0}(x^*)|}{p_0!}\neq 0$,即迭代格式 $p_0(p_0\neq p)$ 阶收敛.这与迭代格式 p 阶收敛矛盾,因此必有 $p_0=p$,证毕

例 5.5　设 $x_0>0$，证明：迭代公式 $x_{k+1}=\dfrac{x_k(x_k^2+6)}{3x_k^2+2}$ 是计算 $\sqrt{2}$ 的三阶方法，并计算 $\lim\limits_{k\to\infty}\dfrac{\sqrt{2}-x_{k+1}}{(\sqrt{2}-x_k)^3}$.

解　显然当 $x_0>0$ 时，$x_k>0(k=1,2,\cdots)$，令 $\varphi(x)=\dfrac{x(x^2+6)}{3x^2+2}$，则 $\varphi'(x)=\dfrac{3(x^2-2)^2}{(3x^2+2)^2}$. 因此，$\forall x>0$，有 $|\varphi'(x)|<1$，即迭代收敛. 设 $x_k\to x^*$，则有

$$x^*=\frac{x^*(x^{*2}+6)}{3x^{*2}+2},$$

解得 $x^*=0,\sqrt{2},-\sqrt{2}$，取 $x^*=\sqrt{2}$，则

$$\lim_{k\to\infty}\frac{\sqrt{2}-x_{k+1}}{(\sqrt{2}-x_k)^3}=\lim_{k\to\infty}\frac{\sqrt{2}-\dfrac{x_k^3+6x_k}{3x_k^2+2}}{(\sqrt{2}-x_k)^3}=\lim_{k\to\infty}\frac{(\sqrt{2}-x_k)^3}{(\sqrt{2}-x_k)^3(3x_k^2+2)}$$
$$=\lim_{k\to\infty}\frac{1}{3x_k^2+2}=\frac{1}{8},$$

故该迭代公式是三阶收敛的.

5.4　牛　顿　法

5.4.1　牛顿公式

牛顿迭代法

将非线性方程 $f(x)=0$ 逐步线性化而形成迭代公式——泰勒(Taylor)展开式. 取 $f(x)=0$ 的近似根 x_k，将 $f(x)$ 在点 x_k 处作一阶泰勒展开，得

$$f(x)=f(x_k)+f'(x_k)(x-x_k)+\frac{f''(\xi)}{2!}(x-x_k)^2,$$

其中，ξ 介于 x 与 x_k 之间. 将 $\dfrac{f''(\xi)}{2!}(x-x_k)^2$ 看成高阶小量，则

$$0=f(x)\approx f(x_k)+f'(x_k)(x-x_k).$$

设 $f'(x_k)\neq 0$，于是有 $x=x_k-\dfrac{f(x_k)}{f'(x_k)}$.

取 x 作为新的近似根 x_{k+1}，即

$$x_{k+1}=x_k-\frac{f(x_k)}{f'(x_k)},k=0,1,2,\cdots \tag{5-9}$$

称式(5-9)为牛顿(Newton)公式，相应的迭代函数为 $\varphi(x)=x-\dfrac{f(x)}{f'(x)}$. 用牛顿公式求非线性方程 $f(x)=0$ 的根的方法称为牛顿法，牛顿法是解代数方程和超越方程的有效方法之一.

5.4.2 牛顿法的几何意义

$f(x)$过点$(x_k,f(x_k))$的切线方程为$y-f(x_k)=f'(x_k)(x-x_k)$，该切线与x轴的交点是$x_k-f(x_k)/f'(x_k)$，记作x_{k+1}并作为下一次迭代点，故牛顿法也叫作切线法，如图 5-2 所示.

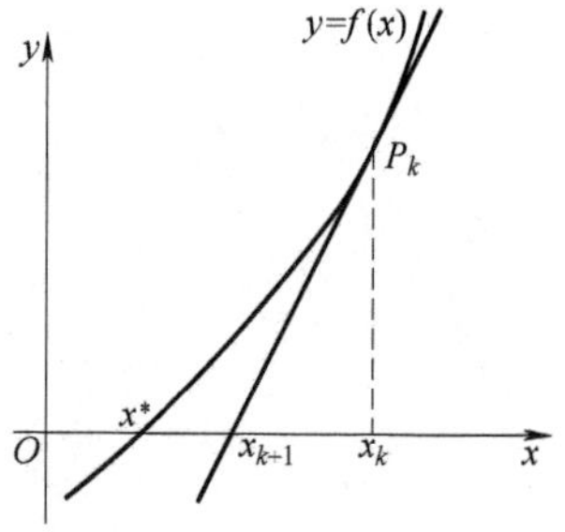

图 5-2 牛顿法的几何意义

例 5.6 用牛顿法求$f(x)=x^3+x-3$在$[1,2]$上根的近似值，精确到 0.00001.

解 $f(x)=x^3+x-3$，$f'(x)=3x^2+1$，且$f'(x)>0$，所以$f(x)$在$(1,2)$上为单调增加函数.又$f(1)=-1<0$，$f(2)=7>0$，则$f(x)=0$在$[1,2]$上有且仅有一根.

迭代公式为$x_{k+1}=x_k-\dfrac{f(x_k)}{f'(x_k)}=x_k-\dfrac{x_k^3+x_k-3}{3x_k^2+1}$.取初始值$x_0=1.5$，其计算结果见表 5-2.

表 5-2 例 5.6 牛顿法的计算结果

k	0	1	2	3	4
x_k	1.5	1.258064516	1.214705333	1.213412786	1.213411663

由表 5-2 可知$|x_4-x_3|=0.000001123<0.00001$，所以$x^*\approx 1.213411663$.

例 5.7 用牛顿法建立求$\sqrt{c}$ $(c>0)$的迭代公式，用该公式求$\sqrt{105}$.

解 1）设$f(x)=x^2-c$，$x>0$，所以由牛顿公式得

$$x_{k+1}=x_k-\frac{x_k^2-c}{2x_k} \quad 或 \quad x_{k+1}=\frac{1}{2}\left(x_k+\frac{c}{x_k}\right)$$

2）$\sqrt{105}$为$x^2-105=0$的正根，相应的牛顿公式为

$$x_{k+1}=\frac{1}{2}\left(x_k+\frac{105}{x_k}\right).$$

取初值$x_0=10$，其计算结果见表 5-3，经 3 次迭代得近似值$\sqrt{115}\approx 10.246950766$.

表 5-3 例 5.7 牛顿法的计算结果

k	x_k	$f(x_k)$
0	10	-5
1	10.25	0.0625
2	10.2469512195	9.29481253×10^{-6}
3	10.246950766	8.27981239×10^{-10}

5.4.3 牛顿法的收敛性

现在考察牛顿法的收敛性，牛顿法的迭代函数是

$$\varphi(x)=x-\frac{f(x)}{f'(x)}.$$

设 x^* 是方程 $f(x)=0$ 的单根,且 $f(x)$ 在 x^* 附近存在三阶连续导数,对 $\varphi(x)$ 求导,有

$$\varphi'(x)=\frac{f(x)f''(x)}{[f'(x)]^2},$$

$$\varphi''(x)=\frac{f''(x)}{f'(x)}+f(x)\left(\frac{f''(x)}{[f'(x)]^2}\right)',$$

因此,$\varphi'(x^*)=0,\varphi''(x^*)=\dfrac{f''(x^*)}{f'(x^*)}$.因此根据定理 5.3 可知牛顿法在计算单根时至少是二阶局部收敛的.

5.4.4 牛顿下山法

根据牛顿法的局部收敛性知,牛顿法对初始值 x_0 的选取不能偏离 x^* 太远,否则牛顿法就可能发散.为扩大收敛范围,使得对任意 x_0,迭代公式都收敛,通常可引入参数,将牛顿公式修改为

$$x_{k+1}=x_k-\lambda\frac{f(x_k)}{f'(x_k)}\quad(k=0,1,2,\cdots)$$

其中,λ 是一个参数,用试算的方法选取 λ 为 $1,\dfrac{1}{2},\dfrac{1}{2^2},\dfrac{1}{2^3},\cdots$,使 $|f(x_{k+1})|<|f(x_k)|$ 成立.满足上述要求的算法为牛顿下山法,λ 称为下山因子.

牛顿下山法不但放宽了初始值 x_0 的选取范围,且有时对某一初始值,虽然用牛顿法不收敛,但用牛顿下山法却可能收敛.

牛顿下山法

例 5.8　已知方程 $f(x)=2x^3-5x-1=0$ 的一个根为 $x^*=1.469617$,若取初值 $x_0=0.8$,用牛顿法 $x_1=x_0-\dfrac{f(x_0)}{f'(x_0)}=-3.976000$,反而比 $x_0=0.8$ 更偏离根 x^*.若改用牛顿下山法

$$x_{k+1}=x_k-\lambda\frac{f(x_k)}{f'(x_k)}\quad(k=0,1,2,\cdots)$$

仍取 $x_0=0.8$,计算结果见表 5-4.

表 5-4　例 5.8 牛顿下山法的计算结果

k	λ	x_k	$f(x_k)$
0	1	0.8	−3.976000
1	1/2	−0.913793	2.042898
2	$1/2^9$	−1.308572	1.061366
3	1	−1.509811	−0.334259
4	1	−1.471289	−0.013328
5	1	−1.469621	−0.000025
6	1	−1.469617	−0.000000

由此可见，牛顿下山法使迭代过程收敛加速.

5.5 其他迭代法

5.5.1 弦截法

牛顿法虽然有较高的收敛速度，但要计算导数值$f'(x_k)$，这对复杂的函数$f(x)$来说是不方便的，因此构造既有较高的收敛速度，又不含有$f(x)$的导数的迭代公式是十分必要的.

弦截法又称割线法，是用差商$\dfrac{f(x_k)-f(x_{k-1})}{x_k-x_{k-1}}$代替牛顿公式中的微商$f'(x_k)$；或者说是用$f(x)$在点$(x_{k-1},f(x_{k-1}))$和$(x_k,f(x_k))$处的割线的零点作为新的迭代点，即

$$x_{k+1}=x_k-\frac{f(x_k)}{f(x_k)-f(x_{k-1})}(x_k-x_{k-1}),\tag{5-10}$$

由式(5-10)确定的迭代法称为弦截法.弦截法的几何意义如图 5-3 所示，它是用弦P_kP_{k-1}与x轴交点的横坐标代替曲线$y=f(x)$与x轴交点的横坐标x^*.

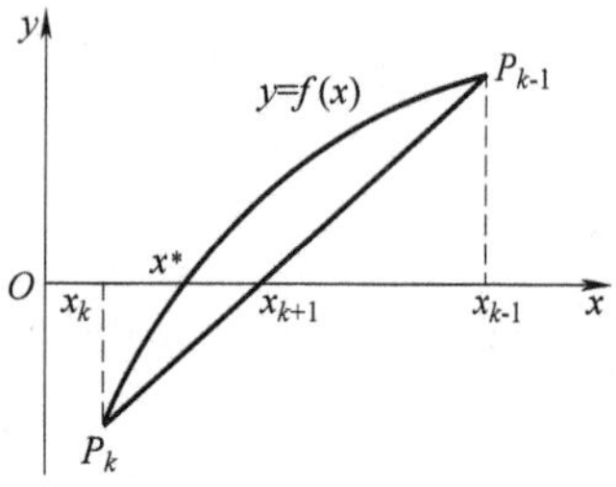

图 5-3　弦截法的几何意义

弦截法的收敛性与牛顿法一样，即在根的某个邻域内，$f(x)$有直至二阶的连续导数，且$f'(x)\neq 0$，具有局部收敛性.同时在邻域内任取初始值x_0,x_1迭代均收敛.可以证明，弦截法具有超线性收敛速度，收敛阶为$\frac{1}{2}(1+\sqrt{5})\approx 1.618$.

例 5.9　用弦截法求方程$x^3-x-1=0$在$[1,2]$内根的近似值，精确到10^{-3}.

解　设$f(x)=x^3-x-1$，则$f(1)=-1<0$，$f(2)=5>0$.因此，在区间$[1,2]$内方程$f(x)=0$有根，且$f'(x)=3x^2-1>0$，即$f(x)$在$[1,2]$上为单调增加函数.

取$x_0=1$，$x_1=2$，代入式(5-10)，计算结果见表 5-5.

表 5-5　例 5.9 弦截法的计算结果

k	x_k	$f(x_k)$
0	1	−1
1	2	5
2	1.66666667	−0.57870369
3	1.253112023	−0.28536302
4	1.337206444	0.053880579
5	1.323850096	−0.0036981168
6	1.324707936	-4.273521×10^{-5}
7	1.324717965	3.79×10^{-8}

所以方程根的近似值为 $x^* \approx x_7 = 1.324717965$.

5.5.2 埃特金加速法

对于收敛的迭代过程,如果不考虑误差的积累和计算机硬件的限制,理论上迭代次数足够多,就可以使结果达到任意高的精度,但有时迭代过程缓慢会使计算量增大,因此十分需要建立加速迭代收敛的算法.

由迭代格式 $x_{k+1}=\varphi(x_k)$,$(k=0,1,2,\cdots)$ 构造产生收敛速度较快的迭代格式 $x_{k+1}=\Phi(x_k)$ $(k=0,1,2,\cdots)$ 的方法通常称为加速法,下面来讨论一个很重要的加速方法——埃特金(Aitken)加速法.

设迭代格式 $x_{k+1}=\varphi(x_k)$,$(k=0,1,2,\cdots)$ 是收敛的,则根据定理 5.1有

$$\lim_{k\to\infty}\frac{x^*-x_{k+1}}{x^*-x_k}=\varphi'(x^*),$$

因而当 k 适当大时,有

$$\frac{x^*-x_{k+2}}{x^*-x_{k+1}}\approx\frac{x^*-x_{k+1}}{x^*-x_k},$$

由此解出

$$x^*\approx\frac{x_kx_{k+2}-x_{k+1}^2}{x_k-2x_{k+1}+x_{k+2}},$$

将 $x_{k+1}=\varphi(x_k)$,$x_{k+2}=\varphi(\varphi(x_k))$ 代入上式可得

$$x^*\approx\frac{x_k\varphi(\varphi(x_k))-\varphi^2(x_k)}{x_k-2\varphi(x_k)+\varphi(\varphi(x_k))}.$$

若把上式右端所得的值作为新的近似值,则得到一个新的迭代格式

$$x_{k+1}=\Phi(x_k),k=0,1,2,\cdots,\tag{5-11}$$

其中,$\Phi(x)=\dfrac{x\varphi(\varphi(x))-\varphi^2(x)}{x-2\varphi(x)+\varphi(\varphi(x))}$,这个格式称为埃特金加速法,下面给出迭代格式(5-11)的收敛阶:

定理 5.4　设方程 $x=\varphi(x)$ 有根 x^*,且在 x^* 附近有二阶连续导数,如果迭代格式 $x_{k+1}=\varphi(x_k)$,$k=0,1,2,\cdots$ 是线性收敛的,则迭代格式(5-11)至少是平方收敛的.

证明　由定理 5.1 和定理 5.3 知,如果迭代格式 $x_{k+1}=\varphi(x_k)$,$k=0,1,2,\cdots$ 线性收敛,则

$$\varphi'(x^*)\neq 0,\ |\varphi'(x^*)|<1.$$

根据泰勒展开式有

$$\varphi(x^*+h)=\varphi(x^*)+h\varphi'(x^*)+\frac{1}{2}h^2\varphi''(x^*+\theta h),$$

其中,h 为小量,$0<\theta<1$.

记 $A=\varphi'(x^*)$，$B(h)=\dfrac{1}{2}\varphi''(x^*+\theta h)$，则 $A\neq 0$，$|A|<1$，$B(0)=\dfrac{1}{2}\varphi''(x^*)$，且

$$\varphi(x^*+h)=\varphi(x^*)+Ah+B(h)h^2=x^*+Ah+B(h)h^2.$$

再令 $\delta=Ah+B(h)h^2$，则有 $\varphi(x^*+h)=x^*+\delta$. 由此可得

$$\begin{aligned}
\Phi(x^*+h)&=\frac{(x^*+h)\varphi(\varphi(x^*+h))-\varphi^2(x^*+h)}{(x^*+h)-2\varphi(x^*+h)+\varphi(\varphi(x^*+h))}\\
&=\frac{(x^*+h)\varphi(x^*+\delta)-(x^*+\delta)^2}{(x^*+h)-2(x^*+\delta)+\varphi(x^*+\delta)}\\
&=\frac{(x^*+h)(x^*+A\delta+B(\delta)\delta^2)-(x^*+\delta)^2}{(x^*+h)-2(x^*+\delta)+(x^*+A\delta+B(\delta)\delta^2)}\\
&=\frac{[h+A\delta+B(\delta)\delta^2-2\delta]x^*+h[A\delta+B(\delta)\delta^2]-\delta^2}{h-2\delta+A\delta+B(\delta)\delta^2}\\
&=x^*+\frac{h[A\delta+B(\delta)\delta^2]-\delta^2}{h+(A-2)\delta+B(\delta)\delta^2}\\
&=x^*+h^2\,\frac{A^2B(\delta)-AB(h)+O(h)}{(1-A)^2+O(h)}.
\end{aligned}$$

所以 $\lim\limits_{x\to x^*}\Phi(x)=\lim\limits_{h\to 0}\Phi(x^*+h)=x^*\equiv\Phi(x^*)$，于是

$$\begin{aligned}
\lim_{x\to x^*}\Phi'(x)&=\lim_{h\to 0}\frac{\Phi(x^*+h)-\Phi(x^*)}{h}\\
&=\lim_{h\to 0}\left[h\,\frac{A^2B(\delta)-AB(h)+O(h)}{(1-A)^2+O(h)}\right]=0
\end{aligned}$$

因为迭代格式(5-9)是局部收敛的，同时又因为

$$\begin{aligned}
\lim_{k\to\infty}\frac{x^*-x_{k+1}}{(x^*-x_k)^2}&=\lim_{k\to\infty}\frac{x^*-\Phi(x_k)}{(x^*-x_k)^2}=\lim_{k\to\infty}\frac{x^*-\Phi(x^*+(x_k-x^*))}{(x^*-x_k)^2}\\
&=\lim_{h\to 0}\frac{x^*-\Phi(x^*+h)}{h^2}=\lim_{h\to 0}\frac{-A^2B(\delta)+AB(h)+O(h)}{(1-A)^2+O(h)}\\
&=\frac{AB(0)}{1-A}=\frac{1}{2}\,\frac{\varphi'(x^*)\varphi''(x^*)}{1-\varphi'(x^*)}.
\end{aligned}$$

根据定理 5.3 可知迭代格式(5-11)至少是二阶收敛的，定理得证.

例 5.10 用埃特金加速法求解 $x^3-x-1=0$ 在 $x_0=1.5$ 附近的根 x^*.

解 这个方程求根用迭代格式 $x_{k+1}=x_k^3-1$ 来计算是发散的，现在以这个公式为基础形成埃特金加速法，即

$$\tilde{x}_{k+1}=x_k^3-1,\ \bar{x}_{k+1}=\tilde{x}_{k+1}^3-1,\ x_{k+1}=\bar{x}_{k+1}-\frac{(\bar{x}_{k+1}-\tilde{x}_{k+1})^2}{\bar{x}_{k+1}-2\tilde{x}_{k+1}+x_k}.$$

取 $x_0=1.5$，计算结果见表 5-6.

表 5-6　例 5.10 埃特金加速法的计算结果

k	$\tilde{x}_k$	$\bar{x}_k$	x_k
0	—	—	1.5
1	2.37500	12.3965	1.41629
2	1.84092	5.23888	1.35565
3	1.49140	2.31728	1.32895
4	1.34710	1.44435	1.32480
5	1.32518	1.32714	1.32472

由表 5-6 可以看出,将发散的迭代公式通过埃特金加速法处理后,反而获得了相当好的收敛性.

5.6　案例及 MATLAB 程序

程序　用二分法求方程 $f(x)=0$ 在区间 $[a,b]$ 内的根.

```
function [x,k]=demimethod(a,b,f,emg)
%a,b 表示求解区间[a,b]的端点,f 表示所求解方程的函数名,emg 是精度指标
%x 表示所求近似解,k 表示循环次数
fa=feval(f,a);
fab=feval(f,(a+b)/2);
k=0;
while abs(b-a)>emg
    if fab==0
        x=(a+b)/2;
        return;
    Else if fa*fab<0
        b=(a+b)/2;
    else
        a=(a+b)/2;
    end
    fa=feval(f,a);
    fab=feval(f,(a+b)/2);
    k=k+1;
end
x=(a+b)/2;
```

例 5.11　用二分法求解方程 $2x^3+5x-8=0$ 在区间 $[1,2]$ 内的根,要求误差不大于 0.0005.

解　其 MATLAB 程序如下：

```
fun0=inline('2*x^3+5*x-8');
  demimethod(1,2,fun0,0.0005)
输出结果:
ans=1.9998.
```

例 5.12　用牛顿法求解 $xe^{-x}+2=0$，精度为 0.5×10^{-4} 迭代终止.

解　程序如下：

```
f=inline('x*exp(-x)+2');                           %定义在线函数
fbar=inline('(1-x)*exp(-x)');                      %定义在线函数(导数)
epsilon=0.5*10^(-4);                               %精度,控制迭代终止
k=0;x0=-0.5;                                       %迭代次数,初值
%画图 y=xe^(-x)+2
x=-1:0.0001:1;
y=x.*exp(-x)+2;
plot(x,y)
legend('y=xe^(-x)+2')                              %注明函数
hold on
%迭代第一次
f0=f(x0);fbar0=fbar(x0);                           %代入初值
x1=x0-f0/fbar0;                                    %牛顿迭代
disp('迭代次数(k)  x(k-1)      x(k)')
%进入迭代循环
while abs(x1-x0)>epsilon                           %精度
   k=k+1;                                          %迭代次数+1
   plot(x0,f(x0),'*b')                             %描点
   text(x0,f(x0),num2str(x0))                      %描点注明 x 值
   grid on
   fprintf('    %1d   %10.5f  %10.5f\n',k,x0,x1)
   if fbar0==0                                     %f'(x)为 0,即分母为 0
   fprintf('导数为零,牛顿法失效!')
   end
   x0=x1;                                          %将 x1 赋值给 x0
   f0=f(x0);                                       %代入表达式 f(x)
   fbar0=fbar(x0);                                 %代入表达式 f'(x)
   x1=x0-f0/fbar0;                                 %牛顿迭代
end
fprintf('xe^(-x)+2=0 在 x=0.50 附近的近似值是:      %2f\n',x1)
plot(x1,f(x1),'*b')                                %描点
text(x1,f(x1),num2str(x1))                         %描点注明 x 值
```

```
title('牛顿迭代法求解 x*e^(-x)+2=0 的逼近图')
xlabel('x 轴');ylabel('y 轴');
    输出结果:
    迭代次数(k)    x(k-1)       x(k)
          1       -0.50000     0.97537
          2       -0.97537    -0.86336
          3       -0.86336    -0.85269
          4       -0.85269    -0.85261
xe^x-1=0 在 x=0.50 附近的近似值是:-0.852606
```

MATLAB 输出的图形如图 5-4 所示.

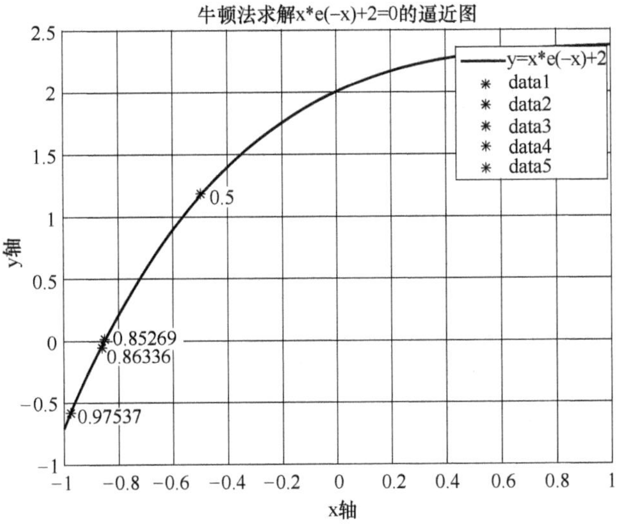

图 5-4　牛顿法

例 5.13　圆形断面由于具有受力条件好、适应地形能力强、水力条件好等优点,已成为农田灌溉、城市给水排水等工程较常采用的断面形式.

相应于断面单位能量最小值的水深称为临界水深,其计算公式为

$$h_c = \frac{d}{2}\left[1-\cos\left(\frac{\theta}{2}\right)\right] \tag{5-12}$$

需满足的临界流方程为

$$a\frac{Q^2}{g} = \frac{A_c^3}{B_c} \tag{5-13}$$

其中

$$A_c = \frac{d^2}{8}(\theta-\sin\theta),B_c = d\sin\frac{\theta}{2} \tag{5-14}$$

式中,d 为洞径;θ 为临界水深对应的圆心角;a 为流速分布不均匀系数(不特殊说明时取 1.0);Q 为流量;g 为重力加速度;A_c,B_c 分别

为临界流对应的过水断面面积和水面宽度.

将式(5-14)代入式(5-13)得

$$\frac{Q^2}{gd^5}=\frac{(\theta-\sin\theta)^3}{8^3\sin\dfrac{\theta}{2}}, \tag{5-15}$$

将式(5-15)整理即得临界水深的非线性方程

$$f(\theta)=\theta-\sin\theta-8\left(\frac{Q^2}{gd^5}\sin\frac{\theta}{2}\right)^{\frac{1}{3}}=0. \tag{5-16}$$

由此可知,式(5-16)为 θ 的高次隐函数方程,且未知量包含在三角函数中.即圆形断面临界水深的求解转化为为式(5-16)的求根问题,然后代入式(5-12).试求 $d=3.0\text{m}$,流量 $Q=8.0\text{m}^3/\text{s}$ 时的临界水深.

解　令 $k=\dfrac{Q^2}{gd^5}=\dfrac{(\theta-\sin\theta)^3}{8^3\sin\dfrac{\theta}{2}}$,由牛顿法可得

$$\theta_{k+1}=\theta_k-\frac{f(\theta_k)}{f'(\theta_k)}=\theta_k-\frac{\theta_k-\sin\theta_k-8\left(k\sin\dfrac{\theta_k}{2}\right)^{\frac{1}{3}}}{1-\cos\theta_k-\dfrac{4}{3}k^{\frac{1}{3}}\left(\sin\dfrac{\theta_k}{2}\right)^{-\frac{2}{3}}\cos\dfrac{\theta_k}{2}},$$

特别地,θ 近似公式为

$$\theta=4.53k^{0.14}+k+0.023,0\leqslant k\leqslant 0.5044. \tag{5-17}$$

将 Q,g,d 代入式(5-17)可得初值 $k=0.02685$,$\theta_0=2.779736$,牛顿迭代三次后 $\theta_3=2.7569$,从而由式(5-12)计算临界水深为 1.2133m.

MATLAB 程序如下:

```
f=inline('x-sin(x)-8*(0.0268750*sin(x/2))^(1/3)');     %定义在线函数
fbar=inline('1-cos(x)-(4/3)*0.0268750^(1/3)*(sin(x/2))^(-2/3)*cos
(x/2)');                                                %定义在线函数(导数)
k=0;x0=4.53*0.02686^(0.14)+0.02685+0.023;               %迭代次数,初值
f0=f(x0);
fbar0=fbar(x0);                                         %代入初值
x1=x0-f0/fbar0;                                         %牛顿迭代
while k>4
   k=k+1;                                               %迭代次数+1
   x0=x1;                                               %将 x1 赋值给 x0
   f0=f(x0);                                            %代入表达式 f(x)
   fbar0=fbar(x0);                                      %代入表达式 f'(x)
   x1=x0-f0/fbar0;                                      %牛顿迭代
end
x1
```

```
h=3/2*(1-cos(x1/2))
调用后结果为
x1=2.756895865605726
h=1.213253242606729
```

习题 5

1. 方程 $x^3-x^2-1=0$ 在 $x=1.5$ 附近有根，把方程写成下面不同的等价形式，并建立相应的迭代公式：

1）$x=1+\frac{1}{x^2}$，迭代公式 $x_{k+1}=1+\frac{1}{x_k^2}$；

2）$x^3=1+x^2$，迭代公式 $x_{k+1}=\sqrt[3]{1+x_k^2}$；

3）$x^2=\frac{1}{x-1}$，迭代公式 $x_{k+1}=\sqrt{\frac{1}{x_k-1}}$.

试分析每种迭代公式的收敛性，并选取一种收敛迭代公式求出具有 4 位有效数字的近似根.

2. 能否用迭代法求解下列方程？若不能，试将原方程改写成能用迭代法求解的形式.

1）$x=\varphi_1(x)=\frac{1}{4}(\sin x+\cos x)$；

2）$x=\varphi_2(x)=4-2^x$.

3. 设有方程 $f(x)=0$，其中 $f'(x)$ 存在，且 $0<m\leqslant f'(x)\leqslant M$，构造迭代过程

$$x_{k+1}=x_k-\lambda f(x_k)\quad(k=0,1,\cdots)$$

试证明：当 λ 满足 $0<\lambda<\frac{2}{M}$ 时，对任取初值 x_0，上述迭代公式收敛.

4. 设 $f(x)=(x^3-a)^2$，求解以下问题：

1）构造求解方程 $f(x)=0$ 的牛顿公式；

2）证明此迭代公式是线性收敛的.

5. 用牛顿法求解方程 $x^3+2x^2+10x-20=0$ 在 $x_0=1$ 附近的一个实根，要求 $|x_{k+1}-x_k|<10^{-6}$.

6. 程序设计：用二分法求解方程 $f(x)=\sqrt{2x^2+3}-\tan x$ 在区间 $[0,\pi/2]$ 内的实根，使精度达到10^{-5}.

7. 程序设计：用牛顿法求解方程 $2x^3-x^2+x-7=0$ 在区间 $[1,2]$ 内的一个实根，取绝对误差限为10^{-4}.

第 6 章 线性方程组的直接解法

6.1 引　　言

在科学与工程计算中,大量的问题都可归结为求解线性方程组的问题,有些问题的数学模型中虽不直接表现为线性方程组,但能够通过数值解法将问题"离散化"或"线性化"为线性方程组.例如,电学中的网络问题、船体数学放样中建立三次样条函数问题、最小二乘法用于求解实验数据的曲线拟合问题、求解非线性方程组问题、用差分法或有限元法求解常微分方程边值问题及偏微分方程的定解问题,都可演化为求解一个或若干个线性方程组的问题.

设具有 n 个未知数的 n 个方程的线性方程组为

$$\boldsymbol{A}\boldsymbol{x}=\boldsymbol{b} \tag{6-1}$$

其中

$$\boldsymbol{A}=\begin{pmatrix} a_{11} & a_{12} & \cdots & a_{1n} \\ a_{21} & a_{22} & \cdots & a_{2n} \\ \vdots & \vdots & & \vdots \\ a_{n1} & a_{n2} & \cdots & a_{nn} \end{pmatrix},\boldsymbol{x}=\begin{pmatrix} x_1 \\ x_2 \\ \vdots \\ x_n \end{pmatrix},\boldsymbol{b}=\begin{pmatrix} b_1 \\ b_2 \\ \vdots \\ b_n \end{pmatrix}.$$

求解线性方程组(6-1)在理论上并不存在困难.若 $r(\boldsymbol{A})=n$,即 $\boldsymbol{A}$ 为非奇异(可逆)矩阵,它的行列式 $D=\det\boldsymbol{A}\neq 0$,则应用克拉默法则可求得

$$x_i=\frac{D_i}{D}\quad (i=1,2,\cdots,n).$$

其中,D_i 是用 $\boldsymbol{b}$ 代替 $\boldsymbol{A}$ 中第 i 列而得到的相应的行列式.然而在实际中,当未知数的个数 n 比较大时,按克拉默法则进行计算,其工作量就会大得惊人,因而该方法在实际操作中并不可行.n 阶行列式共有 $n!$项,每项都有 n 个因子,所以计算一个 n 阶行列式需要做 $(n-1)\cdot n!$次乘法,共需要计算 $(n+1)$ 个行列式,要计算出 x_i,还要再做 n 次除法.因此,用克拉默法则求解线性方程组(6-1)就要做

$$N=(n+1)\cdot(n-1)\cdot n!+n=(n^2-1)\cdot n!+n$$

次乘除法(不计加减法).如 $n=10$ 时,$N=359251210$;当 $n=20$ 时,

$N\approx 9.7073\times 10^{20}$.如此大的计算量在计算机(千万亿/s)上计算需要11.23 天.可见,在实际计算中克拉默法则几乎没有什么用处.本章的主要目的就是介绍求解线性方程组(6-1)的有效算法.

有关线性方程组解的存在性和唯一性等理论,在“线性代数”课程中已进行了详细介绍.在求解线性方程组的算法中,有两类最基本的算法.一类是直接法(也称精确解法),就是经过有限步算术运算,无须迭代就可直接求得方程组精确解的方法,如高斯消元法、LU 分解法.另一类是迭代解法,它是一个逐步求得近似解的过程,这种方法便于编制解题程序,但存在着迭代是否收敛及收敛速度快慢的问题.如雅可比(Jacobi)迭代法、高斯-赛德尔迭代法(G-S 迭代法)、超松弛法(SOR 法).在迭代过程中,由于极限过程一般不可能进行到底,因此只能得到满足一定精度要求的近似解.

直接法的优点是计算量小,并且可以实现估计计算量,缺点是所需存储单元较多,编写程序较复杂;迭代法的优点是原始系数矩阵始终不变,因而算法简单,编写程序较方便,且所需存储单元也较少,缺点是只有近似解序列收敛时才能被采用,而且存在收敛性和收敛速度的问题.

本章主要介绍几种直接法,迭代法将在下一章讨论.

6.2　高斯及主元素消元法

6.2.1　高斯消元法

高斯消元法是一个古老的直接解法,最早见于我国古代数学名著《九章算术》.

目前计算机上常用于求低阶稠密矩阵方程组的有效方法就是选主元的消元法,通过消元将一般线性方程组的求解问题转化为三角方程组的求解问题.高斯消元法的求解过程可分为两个阶段:首先,把原方程组化为上三角方程组,这称之为消元过程;然后,逆次序逐一求出三角方程组(原方程组的等价方程组)的解,这称之为回代过程.为便于叙述,先以三阶线性方程组为例说明高斯消元法的基本思想.现有三阶线性方程组为

$$\begin{pmatrix}10 & -7 & 0\\ 5 & -1 & 5\\ -3 & 2 & 6\end{pmatrix}\begin{pmatrix}x_1\\ x_2\\ x_3\end{pmatrix}=\begin{pmatrix}7\\ 6\\ 4\end{pmatrix},$$

对应的联立方程组为

$$\begin{cases}10x_1-7x_2=7, & (6\text{-}2\text{a})\\ 5x_1-x_2+5x_3=6, & (6\text{-}2\text{b})\\ -3x_1+2x_2+6x_3=4. & (6\text{-}2\text{c})\end{cases}$$

把方程(6-2a)乘$\left(-\frac{1}{2}\right)$后加到方程(6-2b)上去,把方程(6-2a)乘$\frac{3}{10}$后加到方程(6-2c)上去,即可消去第二行和第三行方程中的x_1,得同解方程组为

$$\begin{cases}10x_1-7x_2=7, & (6\text{-}3a)\\ 2.5x_2+5x_3=2.5, & (6\text{-}3b)\\ -0.1x_2+6x_3=6.1. & (6\text{-}3c)\end{cases}$$

然后,在此同解方程组中将方程(6-3b)乘$\frac{0.1}{2.5}$后加于方程(6-3c),得

$$\begin{cases}10x_1-7x_2=7, & (6\text{-}4a)\\ 2.5x_2+5x_3=2.5, & (6\text{-}4b)\\ 6.2x_3=6.2. & (6\text{-}4c)\end{cases}$$

由方程组(6-4)得 $x_3=1,x_2=-1,x_1=0$.

由以上可知,高斯消元法就是将方程组通过$(n-1)$步消元,使其转化为上三角方程组,再回代求此方程组的解.

下面记增广矩阵$(\boldsymbol{A}^{(1)} \mid \boldsymbol{b}^{(1)})=(\boldsymbol{A} \mid \boldsymbol{b})$,即

$$(\boldsymbol{A}^{(1)} \mid \boldsymbol{b}^{(1)})=\left(\begin{array}{cccc|c}a_{11}^{(1)} & a_{12}^{(1)} & \cdots & a_{1n}^{(1)} & b_1^{(1)}\\ a_{21}^{(1)} & a_{22}^{(1)} & \cdots & a_{2n}^{(1)} & b_2^{(1)}\\ \vdots & \vdots & & \vdots & \vdots\\ a_{n1}^{(1)} & a_{n2}^{(1)} & \cdots & a_{nn}^{(1)} & b_n^{(1)}\end{array}\right).$$

第1步:设$a_{11}^{(1)}\neq 0$,计算$l_{i1}=\frac{a_{i1}^{(1)}}{a_{11}^{(1)}}$,$r_i-r_1\times l_{i1}$,$i=2,3,\cdots,n$,可消去$a_{i1}^{(1)}(i=2,3,\cdots,n)$,使$a_{11}^{(1)}$下方元素均为0,即

$$\begin{pmatrix}a_{11}^{(1)} & a_{12}^{(1)} & \cdots & a_{1n}^{(1)}\\ & a_{22}^{(2)} & \cdots & a_{2n}^{(2)}\\ & \vdots & & \vdots\\ & a_{n2}^{(2)} & \cdots & a_{nn}^{(2)}\end{pmatrix}\begin{pmatrix}x_1\\ x_2\\ \vdots\\ x_n\end{pmatrix}=\begin{pmatrix}b_1^{(1)}\\ b_2^{(2)}\\ \vdots\\ b_n^{(2)}\end{pmatrix}.$$

其中,$a_{ij}^{(2)}=a_{ij}^{(1)}-l_{i1}a_{1j}^{(1)}$,$b_i^{(2)}=b_j^{(1)}-l_{i1}b_1^{(1)}$,$i,j=2,3,\cdots,n$.

一般地,假定已完成了$(k-1)$步消元,即已将$(\boldsymbol{A}^{(1)} \mid \boldsymbol{b}^{(1)})$转化为以下形式:

$$(\boldsymbol{A}^{(k)} \mid \boldsymbol{b}^{(k)})=\left(\begin{array}{cccccc|c}a_{11}^{(1)} & a_{12}^{(1)} & \cdots & a_{1k}^{(1)} & \cdots & a_{1n}^{(1)} & b_1^{(1)}\\ & a_{22}^{(2)} & \cdots & a_{2k}^{(2)} & \cdots & a_{2n}^{(2)} & b_2^{(2)}\\ & & \ddots & \vdots & & \vdots & \vdots\\ & & & a_{kk}^{(k)} & \cdots & a_{kn}^{(k)} & b_k^{(k)}\\ & & & \vdots & & \vdots & \vdots\\ & & & a_{nk}^{(k)} & \cdots & a_{nn}^{(k)} & b_n^{(k)}\end{array}\right)\to$$

$$\begin{pmatrix} a_{kk}^{(k)} & a_{k,k+1}^{(k)} & \cdots & a_{kn}^{(k)} & \vdots & b_k^{(k)} \\ & a_{k+1,k+1}^{(k+1)} & \cdots & a_{k+1,n}^{(k+1)} & \vdots & b_{k+1}^{(k+1)} \\ & \vdots & & \vdots & & \vdots \\ & a_{n,k+1}^{(k+1)} & \cdots & a_{nn}^{(k+1)} & \vdots & b_n^{(k+1)} \end{pmatrix}$$

第 k 步,假定 $a_{kk}^{(k)} \neq 0$,计算 $l_{ik} = \dfrac{a_{ik}^{(k)}}{a_{kk}^{(k)}}, r_i - r_k \times l_{ik}(i=k+1,\cdots,n)$,

其中

$$\begin{cases} a_{ij}^{(k+1)} = a_{ij}^{(k)} - l_{ik} a_{kj}^{(k)}, i,j=k+1,\cdots,n, \\ b_i^{(k+1)} = b_i^{(k)} - l_{ik} b_k^{(k)}, i=k+1,\cdots,n. \end{cases}$$

当 $k=1,2,\cdots,n-1$ 时,可得到$(\boldsymbol{A}^{(n)} \mid \boldsymbol{b}^{(n)})$,即方程组

$$\begin{pmatrix} a_{11}^{(1)} & a_{12}^{(1)} & \cdots & a_{1n}^{(1)} \\ & a_{22}^{(2)} & \cdots & a_{2n}^{(2)} \\ & & \ddots & \vdots \\ & & & a_{nn}^{(n)} \end{pmatrix} \begin{pmatrix} x_1 \\ x_2 \\ \vdots \\ x_n \end{pmatrix} = \begin{pmatrix} b_1^{(1)} \\ b_2^{(2)} \\ \vdots \\ b_n^{(n)} \end{pmatrix}.$$

直接回代解得

$$x_n = \frac{b_n^{(n)}}{a_{nn}^{(n)}}, x_k = \left(b_k^{(k)} - \sum_{j=k+1}^{n} a_{kj}^{(k)} x_j\right) \Big/ a_{kk}^{(k)} \quad (k=n-1,n-2,\cdots,1)$$

并且有 $\det\boldsymbol{A} = a_{11}^{(1)} a_{22}^{(2)} \cdots a_{nn}^{(n)} \neq 0$.以上由消元过程和回代过程合起来求出线性方程组(6-1)的解的过程就称为高斯消元法.

下面,统计一下高斯消元法的工作量.可以看出,消元过程的第 k 步共含有除法运算$(n-k)$次,乘法和减法运算各$(n-k)(n+1-k)$次,所以消元过程共含有乘除法次数为

$$\sum_{k=1}^{n-1}(n-k) + \sum_{k=1}^{n-1}(n-k)(n+1-k) = \frac{n^3}{3} + \frac{n^2}{2} - \frac{5n}{6},$$

含加减法次数为

$$\sum_{k=1}^{n-1}(n-k)(n+1-k) = \frac{n^3}{3} - \frac{n}{3}.$$

而回代过程含乘除法次数为$\dfrac{n(n+1)}{2}$,加减法次数为$\dfrac{n(n-1)}{2}$,所以高斯消元法总的乘除法次数为$\dfrac{n^3}{3}+n^2-\dfrac{n}{3} \approx \dfrac{n^3}{3}$,加减法次数为$\dfrac{n^3}{3}+\dfrac{n^2}{2}-\dfrac{5n}{6} \approx \dfrac{n^3}{3}$.

当 $n=20$ 时,用克拉默法则需要 9.707×10^{20} 乘除法运算,而用高斯消元法仅需 3060 次乘除法运算,相比之下,高斯消元法的运算量小得多.

从上面的消元过程可以看出,高斯消元法的步骤能顺序进行的条件是 $a_{11}^{(1)}, a_{22}^{(2)}, \cdots, a_{n-1,n-1}^{(n-1)}$ 全不为 0.设矩阵 $\boldsymbol{A}$ 的顺序主子式为

Δ_i,即

$$\Delta_i=\begin{vmatrix} a_{11} & \cdots & a_{1i} \\ \vdots & & \vdots \\ a_{i1} & \cdots & a_{ii} \end{vmatrix} \quad (i=1,2,\cdots,n)$$

则有下面的定理.

定理 6.1 $a_{ii}^{(i)}$(其中 $i=1,2,\cdots,k$)全不为 0 的充分必要条件是 $\boldsymbol{A}$ 的顺序主子式 $\Delta_i\neq0(i=1,2,\cdots,k)(k\leqslant n)$.

证明 设 $a_{ii}^{(i)}\neq0,i=1,2,\cdots,k$,则可以进行高斯消元法的 $(k-1)$ 步,每步的 $\boldsymbol{A}^{(m)}$ 由 $\boldsymbol{A}$ 逐次实行 $(-l_{ij}\boldsymbol{E}_j+\boldsymbol{E}_i)\to(\boldsymbol{E}_i)$ 的运算得到,这些运算不改变相应顺序主子式的值,所以有

$$\Delta_m=\begin{vmatrix} a_{11}^{(1)} & a_{12}^{(1)} & \cdots & a_{1m}^{(1)} \\ & a_{22}^{(2)} & \cdots & a_{2m}^{(2)} \\ & & \ddots & \vdots \\ & & & a_{mm}^{(m)} \end{vmatrix}=a_{11}^{(1)}a_{22}^{(2)}\cdots a_{mm}^{(m)}.$$

这样便有 $\Delta_m\neq0(m=1,2,\cdots,k)$,必要性得证.

用归纳法证明充分性.$k=1$ 时命题显然成立,设命题对 $(k-1)$ 成立.现设 $\Delta_1\neq0,\cdots,\Delta_{k-1}\neq0,\Delta_k\neq0$,由归纳假设有 $a_{11}^{(1)}\neq0,\cdots,a_{k-1,k-1}^{(k-1)}\neq0$,高斯消元法就可以进行第 $(k-1)$ 步,$\boldsymbol{A}$ 约化为

$$\boldsymbol{A}^{(k)}=\begin{pmatrix} \boldsymbol{A}_{11}^{(k)} & \boldsymbol{A}_{12}^{(k)} \\ \boldsymbol{O} & \boldsymbol{A}_{22}^{(k)} \end{pmatrix},$$

其中,$\boldsymbol{A}_{11}^{(k)}$ 是对角元素为 $a_{11}^{(1)},a_{22}^{(2)},\cdots,a_{k-1,k-1}^{(k-1)}$ 的上三角矩阵.因为 $\boldsymbol{A}^{(k)}$ 是通过高斯消元法由 $\boldsymbol{A}$ 逐步得到的,$\boldsymbol{A}$ 的 k 阶顺序主子式等于 $\boldsymbol{A}^{(k)}$ 的 k 阶顺序主子式,即

$$\Delta_k=\begin{vmatrix} \boldsymbol{A}_{11}^{(k)} & * \\ \boldsymbol{0} & a_{kk}^{(k)} \end{vmatrix}=a_{11}^{(1)}\cdots a_{k-1,k-1}^{(k-1)}a_{kk}^{(k)}.$$

由 $\Delta_k\neq0$ 可推出 $a_{kk}^{(k)}\neq0$.于是充分性也得证.

定理 6.2 对方程组 $\boldsymbol{Ax}=\boldsymbol{b}$,其中 $\boldsymbol{A}$ 为非奇异矩阵,若 $\boldsymbol{A}$ 的顺序主子式均不为 0,则可由高斯消元法求出方程组的解.

6.2.2 列主元消元法

前面的消元过程中,未知量是按其出现于方程组中的自然顺序进行高斯消元的,所以又叫作顺序消元法,实际上人们已经发现顺序消元法有很大的缺点.设用作除数的 $a_{kk}^{(k-1)}$ 为主元素,首先,消元过程中可能出现 $a_{kk}^{(k-1)}$ 为 0 的情况,此时消元过程就无法进行下去;其次,如果主元素 $a_{kk}^{(k-1)}$ 很小,由于舍入误差和有效位数消失等因素,其本身常常有较大的相对误差,用其作除数,会导致其他元素数量级的严重增长和舍入误差的扩散,使得所求的解误差过大,以致失真.

我们来看一个例子.假设有一方程组为

$$\begin{cases}0.0001x_1+1.00x_2=1.00,\\ 1.00x_1+1.00x_2=2.00.\end{cases}$$

它的精确解为

$$\begin{cases}x_1=\dfrac{10000}{9999},\\ x_2=\dfrac{9998}{9999},\end{cases}$$

用顺序消元法,第一步以 0.0001 为主元,从第二个方程中消去 x_1 后可得

$$(1-10000)x_2=(2-10000)$$

$$(0.00001\times10^5-0.1\times10^5)x_2=(0.00002\times10^5-0.1\times10^5)$$

由于在 4 位浮点数系中相加,大数吃小数,得到

$$-10000x_2=-10000,x_2=1.00,$$

回代可得 $x_1=0.00$,显然这不是解.

造成这个现象的原因是:第一步中的主元素太小,使得消元后所得的三角形方程组很不准确.

如果选第二个方程中 x_1 的系数 1.00 为主元素来消去第一个方程中的 x_1,则得出如下方程式

$$1.00x_1=1.00,x_1=1.00$$

这是真解的 3 位正确舍入值.

从上述例子中可以看出,在消元过程中适当选取主元素是十分必要的.

在列主元高斯消元法中,未知数仍然是按顺序消去的,但是把各方程中要消去的那个未知数的系数按绝对值最大值作为主元素,然后用顺序消元法的公式求解.

例 **6.1**　用列主元高斯消去法求解方程组

$$\begin{pmatrix}1&2&3\\3&1&5\\2&5&2\end{pmatrix}\begin{pmatrix}x_1\\x_2\\x_3\end{pmatrix}=\begin{pmatrix}14\\20\\18\end{pmatrix}.$$

解　$$\overline{\boldsymbol{A}}=\begin{pmatrix}1&2&3&14\\3&1&5&20\\2&5&2&18\end{pmatrix}\xrightarrow{r_1\leftrightarrow r_2}\begin{pmatrix}3&1&5&20\\1&2&3&14\\2&5&2&18\end{pmatrix}\xrightarrow[r_3-\frac{2}{3}r_1]{r_2-\frac{1}{3}r_1}$$

$$\begin{pmatrix}3&1&5&20\\0&\frac{5}{3}&\frac{4}{3}&\frac{22}{3}\\0&\frac{13}{3}&-\frac{4}{3}&\frac{14}{3}\end{pmatrix}\xrightarrow{r_2\leftrightarrow r_3}\begin{pmatrix}3&1&5&20\\0&\frac{13}{3}&-\frac{4}{3}&\frac{14}{3}\\0&\frac{5}{3}&\frac{4}{3}&\frac{22}{3}\end{pmatrix}\xrightarrow{r_3-\frac{5}{13}r_2}$$

$$\begin{pmatrix} 3 & 1 & 5 & 20 \\ 0 & \frac{13}{3} & -\frac{4}{3} & \frac{14}{3} \\ 0 & 0 & \frac{72}{39} & \frac{216}{39} \end{pmatrix}$$

可得等价方程组为

$$\begin{cases} 3x_1 + x_2 + 5x_3 = 20, \\ \frac{13}{3}x_2 - \frac{4}{3}x_3 = \frac{14}{3}, \\ \frac{72}{39}x_3 = \frac{216}{39}, \end{cases}$$

回代得 $x_1=1, x_2=2, x_3=3$.

定义 6.1 设 $\boldsymbol{A}=(a_{ij})_{n\times n}$,只有:

1) 如果 $\boldsymbol{A}$ 的元素满足 $|a_{ii}|>\sum\limits_{\substack{j=1\\j\neq i}}^{n}|a_{ij}|\ (i=1,2,\cdots,n)$,则称 $\boldsymbol{A}$ 为按行严格对角占优矩阵;如果 $|a_{jj}|>\sum\limits_{\substack{i=1\\i\neq j}}^{n}|a_{ij}|\ (j=1,2,\cdots,n)$,则称 $\boldsymbol{A}$ 为按列严格对角占优矩阵.按行严格对角占优矩阵或按列严格对角占优矩阵统称为严格对角占优矩阵.

2) 如果 $\boldsymbol{A}$ 的元素满足 $|a_{ii}|\geqslant\sum\limits_{\substack{j=1\\j\neq i}}^{n}|a_{ij}|\ (i=1,2,\cdots,n)$,且上式至少有一个不等式严格成立,则称 $\boldsymbol{A}$ 为按行弱对角占优矩阵;如果 $\boldsymbol{A}$ 的元素满足 $|a_{jj}|\geqslant\sum\limits_{\substack{i=1\\i\neq j}}^{n}|a_{ij}|\ (j=1,2,\cdots,n)$,且上式至少有一个不等式严格成立,则称 $\boldsymbol{A}$ 为按列弱对角占优矩阵.

需要指出的是,系数矩阵为对称正定或严格对角占优的方程组按高斯消元法计算是稳定的,因而也就不必选主元.该证明从略,但此结论是重要的.

列主元高斯消元法的运算量除选主元及行交换外,与高斯消元法是相同的.

6.2.3 全主元高斯消元法

在列主元高斯消元法的过程中,不是按列来选主元素,而是在 $\boldsymbol{A}^{(k)}$ 右下角的 $(n-k+1)$ 阶子矩阵中选主元 $a_{i_kj_k}^{(k)}$,即 $|a_{i_kj_k}^{(k)}|=\max\limits_{\substack{k\leqslant i\leqslant n\\k\leqslant j\leqslant n}}|a_{ij}^{(k)}|$,然后将 $(\boldsymbol{A}^{(k)}\mid\boldsymbol{b}^{(k)})$ 的第 i_k 行与第 k 行、第 j_k 列与

第 k 列交换,再进行消元运算.值得注意的是,用全主元计算时,系数矩阵进行列变换,需要把未知数和相应列对应.最后将原方程组化为

$$\begin{pmatrix} a_{11} & a_{12} & \cdots & a_{1n} \\ & a_{22} & \cdots & a_{2n} \\ & & \ddots & \vdots \\ & & & a_{nn} \end{pmatrix}\begin{pmatrix} y_1 \\ y_2 \\ \vdots \\ y_n \end{pmatrix}=\begin{pmatrix} b_1 \\ b_2 \\ \vdots \\ b_n \end{pmatrix},$$

其中,$y_1,y_2,\cdots,y_n$ 的次序为未知数 $x_1,x_2,\cdots,x_n$ 调换后的次序.回代求解得

$$\begin{cases} y_n=b_n/a_{nn}, \\ y_i=\left(b_i-\sum\limits_{j=i+1}^{n} a_{ij}y_j\right)\bigg/ a_{ii}, i=n-1,\cdots,2,1. \end{cases}$$

全主元高斯消元法(完全主元消元法)比列主元高斯消元法运算量大得多,可以证明列主元高斯消元法的舍入误差一般比较小,在实际计算中多用列主元高斯消元法.

6.3　矩阵的三角分解

6.3.1　矩阵的 LU 分解法

下面讨论高斯消元过程中用矩阵运算表示的形式.

首先,令 $\boldsymbol{A}^{(1)}=\boldsymbol{A}$, $\boldsymbol{L}_1=\begin{pmatrix} 1 & & & \\ -l_{21} & 1 & & \\ \vdots & & \ddots & \\ -l_{n1} & \cdots & & 1 \end{pmatrix}$,第一步消元实质上相当于 $\boldsymbol{A}$ 左乘矩阵 $\boldsymbol{L}_1$,即 $\boldsymbol{L}_1\boldsymbol{A}^{(1)}=\boldsymbol{A}^{(2)}$.

设 $(k-1)$ 步后系数矩阵化为 $\boldsymbol{A}^{(k)}$,其分块形式写成

$$\boldsymbol{L}_{k-1}\boldsymbol{L}_{k-2}\cdots\boldsymbol{L}_1\boldsymbol{A}^{(1)}=\boldsymbol{A}^{(k)}=\begin{pmatrix} \boldsymbol{A}_{11}^{(k)} & \boldsymbol{A}_{12}^{(k)} \\ 0 & \boldsymbol{A}_{22}^{(k)} \end{pmatrix}$$

其中,$\boldsymbol{A}_{11}^{(k)}$ 为上三角的 $(k-1)$ 阶方阵(行数和列数相等的矩阵),$\boldsymbol{A}_{22}^{(k)}$ 为 $(n-k+1)$ 阶方阵,设其左上角元素 $a_{kk}^{(k)}\neq 0$,则下一步的乘数为 $l_{ik}=a_{ik}^{(k)}/a_{kk}^{(k)}$, $i=k+1,\cdots,n$.第 k 步中系数矩阵的约化可用矩阵运算描述为

$$\boldsymbol{L}_k\boldsymbol{A}^{(k)}=\boldsymbol{A}^{(k+1)}=\begin{pmatrix} \boldsymbol{A}_{11}^{(k+1)} & \boldsymbol{A}_{12}^{(k+1)} \\ \boldsymbol{O} & \boldsymbol{A}_{22}^{(k+1)} \end{pmatrix},$$

其中,$\boldsymbol{A}_{11}^{(k+1)}$ 是上三角的 k 阶方阵,$\boldsymbol{A}_{22}^{(k+1)}$ 是 $(n-k)$ 阶方阵,而

$$L_k=\begin{pmatrix}1 & & & & & \\ & \ddots & & & & \\ & & 1 & & & \\ & & -l_{k+1,k} & 1 & & \\ & & \vdots & & \ddots & \\ & & -l_{nk} & \cdots & & 1\end{pmatrix}.$$

这样,经过$(n-1)$步得到$L_{n-1}L_{n-2}\cdots L_1A^{(1)}=A^{(n)}$,这里的$A^{(n)}$是上三角矩阵.

可以验证

$$L_k^{-1}=\begin{pmatrix}1 & & & & & \\ & \ddots & & & & \\ & & 1 & & & \\ & & l_{k+1,k} & 1 & & \\ & & \vdots & & \ddots & \\ & & l_{nk} & \cdots & & 1\end{pmatrix},$$

$$(L_{n-1}\cdots L_1)^{-1}=\begin{pmatrix}1 & & & & \\ l_{21} & 1 & & & \\ l_{31} & l_{32} & 1 & & \\ \vdots & \vdots & \ddots & \ddots & \\ l_{n1} & l_{n2} & \cdots & l_{n,n-1} & 1\end{pmatrix}$$

记$L=(L_{n-1}\cdots L_1)^{-1}$,则$L$是一个对角线元素全为1的下三角矩阵,这种矩阵称为单位下三角矩阵,L的对角线以下元素就是各步消元的乘数.最后我们可以得到$A=LU$,其中L是一个单位下三角矩阵,U是一个上三角矩阵.

定义 6.2 将矩阵A分解为一个下三角矩阵L和一个上三角矩阵U的乘积($A=LU$),称为对矩阵A的LU分解或三角分解.当L是单位下三角矩阵时,称为杜里克尔(Doolittle)分解.当U是单位上三角矩阵时,称为克洛特(Crout)分解.

由上面的分析过程知,高斯消元法的实质是将系数矩阵分解为一个下三角矩阵和一个上三角矩阵相乘,即将系数矩阵进行LU分解.

在矩阵A的LU分解$A=LU$中,将U写成$U=D\overline{U}$,其中D是对角矩阵,$\overline{U}$是单位上三角矩阵,进一步记$\overline{L}=LD$,它是一个下三角矩阵,这样有

$$A=LU=LD\overline{U}=(LD)\overline{U}=\overline{L}\,\overline{U},$$

其中,$\overline{L}$是一个下三角矩阵,$\overline{U}$是单位上三角矩阵,此即A的克洛特分解.

在矩阵 $\boldsymbol{A}$ 的杜里克尔分解 $\boldsymbol{A}=\boldsymbol{LU}$ 中，将上三角矩阵 $\boldsymbol{U}$ 写成 $\boldsymbol{DU}$ 的形式，这里的 $\boldsymbol{D}$ 为对角阵，$\boldsymbol{U}$ 为单位上三角矩阵，这样得到 $\boldsymbol{A}=\boldsymbol{LDU}$，其中 $\boldsymbol{L}$ 为单位下三角矩阵，$\boldsymbol{D}$ 为对角阵，$\boldsymbol{U}$ 为单位上三角矩阵，称其为 $\boldsymbol{A}$ 的 LDU 分解.

定理 6.3　设非奇异矩阵 $\boldsymbol{A}\in\mathbf{R}^{n\times n}$，若其顺序主子式 $\Delta_i(i=1,2,\cdots,n-1)$ 都不等于 0，则存在唯一的单位下三角矩阵 $\boldsymbol{L}$ 和上三角矩阵 $\boldsymbol{U}$，使 $\boldsymbol{A}=\boldsymbol{LU}$.

证明　上面的分析过程已经说明了非奇异矩阵 $\boldsymbol{A}$ 可作 LU 分解，下面只需证明分解的唯一性.

设 $\boldsymbol{A}$ 有两个分解式 $\boldsymbol{A}=\boldsymbol{L}_1\boldsymbol{U}_1$ 和 $\boldsymbol{A}=\boldsymbol{L}_2\boldsymbol{U}_2$，其中 $\boldsymbol{L}_1,\boldsymbol{L}_2$ 都是单位下三角矩阵，$\boldsymbol{U}_1,\boldsymbol{U}_2$ 都是上三角矩阵，则有 $\boldsymbol{L}_1\boldsymbol{U}_1=\boldsymbol{L}_2\boldsymbol{U}_2$. 因为 $\boldsymbol{A}$ 为非奇异矩阵，从而 $\boldsymbol{L}_1,\boldsymbol{L}_2,\boldsymbol{U}_1,\boldsymbol{U}_2$ 都可逆. 故在 $\boldsymbol{L}_1\boldsymbol{U}_1=\boldsymbol{L}_2\boldsymbol{U}_2$ 两边同时左乘 $\boldsymbol{L}_1^{-1}$ 和右乘 $\boldsymbol{U}_2^{-1}$，这样得到 $\boldsymbol{U}_1\boldsymbol{U}_2^{-1}=\boldsymbol{L}_1^{-1}\boldsymbol{L}_2$. 因为 $\boldsymbol{U}_2^{-1}$ 仍为上三角矩阵，故 $\boldsymbol{U}_1\boldsymbol{U}_2^{-1}$ 也是上三角矩阵，同理可得 $\boldsymbol{L}_1^{-1}\boldsymbol{L}_2$ 是单位下三角矩阵，结合 $\boldsymbol{U}_1\boldsymbol{U}_2^{-1}=\boldsymbol{L}_1^{-1}\boldsymbol{L}_2$ 知，只可能 $\boldsymbol{U}_1\boldsymbol{U}_2^{-1}=\boldsymbol{L}_1^{-1}\boldsymbol{L}_2=\boldsymbol{I}$，即有 $\boldsymbol{L}_1=\boldsymbol{L}_2$，$\boldsymbol{U}_1=\boldsymbol{U}_2$. 证毕

定理 6.3 得到了 $\boldsymbol{A}$ 存在唯一的 LU 分解，如何快速有效地实现分解?实际上并不用高斯消元法来实现 LU 分解，下面介绍一个更有效的紧凑算法.

$$
\text{设 }\boldsymbol{A}=\begin{pmatrix}1 & & & & \\ l_{21} & 1 & & & \\ l_{31} & l_{32} & 1 & & \\ \vdots & \vdots & \ddots & \ddots & \\ l_{n1} & l_{n2} & \cdots & l_{n,n-1} & 1\end{pmatrix}\begin{pmatrix}u_{11} & u_{12} & \cdots & u_{1,n-1} & u_{1,n} \\ & u_{22} & \cdots & u_{2,n-1} & u_{2,n} \\ & & \ddots & \vdots & \vdots \\ & & & u_{n-1,n-1} & u_{n-1,n} \\ & & & & u_{nn}\end{pmatrix}
$$

由矩阵乘法法则、$\boldsymbol{L}$ 的单位下三角结构和 $\boldsymbol{U}$ 的上三角结构易知杜里克尔分解公式如下：

$$
u_{ij}=a_{ij}-\sum_{k=1}^{i-1}l_{ik}u_{kj}\quad(j=i,i+1,\cdots,n),
$$

$$
l_{ij}=\frac{a_{ij}-\sum\limits_{k=1}^{j-1}l_{ik}u_{kj}}{u_{jj}}\quad(i=j+1,\cdots,n),
$$

由上面两式交替使用可逐步求出 $\boldsymbol{U}$ 和 $\boldsymbol{L}$ 的元素，所以矩阵 $\boldsymbol{A}$ 的 LU 分解的计算步骤如图 6-1 所示.

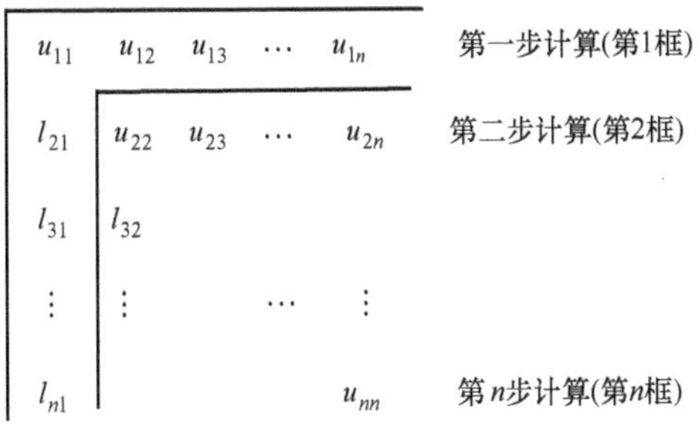

图 6-1　矩阵 A 的 LU 分解的计算步骤

由此可以看出，计算是按一框一框地做下去的(这里一框包括 $\boldsymbol{U}$ 的一行和 $\boldsymbol{L}$ 的一列)；即先计算 $\boldsymbol{U}$ 的第一行，$\boldsymbol{L}$ 的第一列；然后计算 $\boldsymbol{U}$ 的第二行，$\boldsymbol{L}$ 的第二列；以此类推. 再注意到，上面的计算是通过已知 $\boldsymbol{A}$ 的元素和已经求出的 $\boldsymbol{U}$ 和 $\boldsymbol{L}$ 的元素来求得 u_{ij} 和 l_{ij}，

而且一旦计算出 u_{ij} 和 l_{ij}，a_{ij} 便不再使用，因此计算过程中不需要记录中间结果，而且 $\boldsymbol{U}$ 可以存放在 $\boldsymbol{A}$ 的上三角，$\boldsymbol{L}$ 可以存放在 $\boldsymbol{A}$ 的下三角，因此这种算法称为紧凑格式.

有了 $\boldsymbol{A}$ 的三角分解，那么求解 $\boldsymbol{AX}=\boldsymbol{b}$ 就等价于求解两个三角形矩阵方程组，即：

1）在方程 $\boldsymbol{Ly}=\boldsymbol{b}$ 中求 $\boldsymbol{y}$；

2）在方程 $\boldsymbol{Ux}=\boldsymbol{y}$ 中求 $\boldsymbol{x}$.

求 $\boldsymbol{Ly}=\boldsymbol{b}$ 的递推公式为

$$\begin{cases} y_1=b_1, \\ y_i=b_i-\sum\limits_{k=1}^{i-1} l_{ik}y_k, \quad (i=2,3,\cdots,n). \end{cases}$$

求 $\boldsymbol{Ux}=\boldsymbol{y}$ 的递推公式为

$$\begin{cases} x_n=\dfrac{y_n}{u_{nn}}, \\ x_i=\left(y_i-\sum\limits_{k=i+1}^{n} u_{ik}x_k\right)\Big/ u_{ii}, \quad (i=n-1,\cdots,2,1). \end{cases}$$

LU 分解例题

例 6.2 用 LU 分解法解如下方程：

$$\begin{pmatrix} 3 & 1 & 0 \\ 2 & 4 & 1 \\ 0 & 2 & 5 \end{pmatrix}\begin{pmatrix} x_1 \\ x_2 \\ x_3 \end{pmatrix}=\begin{pmatrix} -1 \\ 7 \\ 9 \end{pmatrix}.$$

解 设系数矩阵做了如下三角分解：

$$\begin{pmatrix} 3 & 1 & 0 \\ 2 & 4 & 1 \\ 0 & 2 & 5 \end{pmatrix}=\begin{pmatrix} 1 & 0 & 0 \\ l_{21} & 1 & 0 \\ l_{31} & l_{32} & 1 \end{pmatrix}\begin{pmatrix} u_{11} & u_{12} & u_{13} \\ 0 & u_{22} & u_{23} \\ 0 & 0 & u_{33} \end{pmatrix}.$$

根据矩阵乘法可得

$$1\times u_{11}=3 \Rightarrow u_{11}=3, 1\times u_{12}=1 \Rightarrow u_{12}=1, 1\times u_{13}=0 \Rightarrow u_{13}=0,$$

$$l_{21}u_{11}=2 \Rightarrow l_{21}=\frac{2}{3}, l_{31}u_{11}=0 \Rightarrow l_{31}=0,$$

$$l_{21}u_{12}+u_{22}=4 \Rightarrow u_{22}=\frac{10}{3}, l_{21}u_{13}+u_{23}=1 \Rightarrow u_{23}=1,$$

$$l_{31}u_{12}+l_{32}u_{22}=2 \Rightarrow l_{32}=\frac{3}{5}, l_{31}u_{13}+l_{32}u_{23}+u_{33}=5 \Rightarrow u_{33}=\frac{22}{5}.$$

于是原方程组可表示为

$$\begin{pmatrix} 1 & 0 & 0 \\ \frac{2}{3} & 1 & 0 \\ 0 & \frac{3}{5} & 1 \end{pmatrix}\begin{pmatrix} 3 & 1 & 0 \\ 0 & \frac{10}{3} & 1 \\ 0 & 0 & \frac{22}{5} \end{pmatrix}\begin{pmatrix} x_1 \\ x_2 \\ x_3 \end{pmatrix}=\begin{pmatrix} -1 \\ 7 \\ 9 \end{pmatrix}.$$

求解

$$\begin{pmatrix}1&0&0\\ \frac{2}{3}&1&0\\ 0&\frac{3}{5}&1\end{pmatrix}\begin{pmatrix}y_1\\ y_2\\ y_3\end{pmatrix}=\begin{pmatrix}-1\\ 7\\ 9\end{pmatrix},$$

得 $\boldsymbol{y}=\left(-1,\frac{23}{3},\frac{22}{5}\right)^{\mathrm{T}}$.

求解

$$\begin{pmatrix}3&1&0\\ 0&\frac{10}{3}&1\\ 0&0&\frac{22}{5}\end{pmatrix}\begin{pmatrix}x_1\\ x_2\\ x_3\end{pmatrix}=\begin{pmatrix}-1\\ \frac{23}{3}\\ \frac{22}{5}\end{pmatrix},$$

得 $\boldsymbol{x}=(-1,2,1)^{\mathrm{T}}$.

6.3.2 追赶法

在许多科学计算问题中,所要求解的方程组常常为三对角方程组,即 $\boldsymbol{Ax}=\boldsymbol{f}$,其中

$$\boldsymbol{A}=\begin{pmatrix}b_1&c_1&&&\\ a_2&b_2&c_2&&\\ &\ddots&\ddots&\ddots&\\ &&&&c_{n-1}\\ &&&a_n&b_n\end{pmatrix},\ \boldsymbol{f}=\begin{pmatrix}f_1\\ f_2\\ \vdots\\ f_n\end{pmatrix},$$

并满足条件 $\begin{cases}|b_1|>|c_1|>0,\\ |b_i|\geqslant|a_i|+|c_i|,a_ic_i\neq0,i=2,3,\cdots,n-1,\\ |b_n|>|a_n|>0.\end{cases}$ 称 $\boldsymbol{A}$ 为对角占优的三对角矩阵,对这种简单方程可通过对 $\boldsymbol{A}$ 的三角分解建立计算量更少的求解公式.现将 $\boldsymbol{A}$ 分解为下三角矩阵 $\boldsymbol{L}$ 及单位上三角矩阵 $\boldsymbol{U}$ 的乘积,即 $\boldsymbol{A}=\boldsymbol{LU}$(将三对角方程组化成两个二对角方程组的求解),其中

$$\boldsymbol{L}=\begin{pmatrix}\alpha_1&&&\\ \gamma_2&\alpha_2&&\\ &\ddots&\ddots&\\ &&\gamma_n&\alpha_n\end{pmatrix},\ \boldsymbol{U}=\begin{pmatrix}1&\beta_1&&\\ &1&\ddots&\\ &&\ddots&\beta_{n-1}\\ &&&1\end{pmatrix},$$

直接用矩阵乘法公式可得

$$b_1=\alpha_1,c_1=\alpha_1\beta_1\Rightarrow\beta_1=\frac{c_1}{b_1}$$

$$\begin{cases}\gamma_i=a_i,i=2,3,\cdots,n,\\ b_1=\alpha_1,b_i=\alpha_i+\gamma_i\beta_{i-1},i=2,3,\cdots,n,\\ c_i=\alpha_i\beta_i,i=1,2,\cdots,n-1.\end{cases}$$

于是有

$$\begin{cases}\gamma_i=a_i,i=2,3,\cdots,n,\\ \alpha_1=b_1,\alpha_i=b_i-a_i\beta_{i-1},i=2,3,\cdots,n,\\ \beta_i=\dfrac{c_i}{\alpha_i},i=1,2,\cdots,n-1.\end{cases}$$

或

$$\begin{cases}\gamma_i=a_i,i=2,3,\cdots,n,\\ \beta_1=\dfrac{c_1}{b_1},\beta_i=\dfrac{c_i}{b_i-a_i\beta_{i-1}},i=2,3,\cdots,n,\\ \alpha_1=b_1,\alpha_i=b_i-a_i\beta_{i-1},i=2,3,\cdots,n.\end{cases}$$

由此可见，将 $\boldsymbol{A}$ 分解为 $\boldsymbol{L}$ 及 $\boldsymbol{U}$，只需计算 $\{\alpha_i\}$ 及 $\{\beta_i\}$ 两组数，然后解 $\boldsymbol{Ly}=\boldsymbol{f}$（二对角方程组），计算公式为

$$y_1=\frac{f_1}{\alpha_1},y_i=\frac{f_i-a_iy_{i-1}}{\alpha_i}\quad(i=2,3,\cdots,n)$$

再解 $\boldsymbol{Ux}=\boldsymbol{y}$，则得

$$x_n=y_n,x_i=y_i-\beta_ix_{i+1}\quad(i=n-1,n-2,\cdots,1)$$

整个求解过程是先求 $\{\alpha_i\}$，$\{\beta_i\}$ 及 $\{y_i\}$，这时 $i=1,2,\cdots,n$，是“追”的过程；再求出 $\{x_i\}$，这时 $i=n,n-1,\cdots,1$，是往回“赶”的过程，故求解方程组的整个过程称为追赶法. 它只用 $(5n-4)$ 次乘除法运算，计算量只是 $O(n)$，而通常方程组求解计算量为 $O(n^3)$. 追赶法是一种计算量少、数值稳定的好算法.

例 6.3 用追赶法求解线性方程组 $\boldsymbol{Ax}=\boldsymbol{f}$，其中

$$\boldsymbol{A}=\begin{pmatrix}1&0&&\\1&2&1&\\&2&5&2\\&&1&2\end{pmatrix},\quad \boldsymbol{x}=\begin{pmatrix}x_1\\x_2\\x_3\\x_4\end{pmatrix},\quad \boldsymbol{f}=\begin{pmatrix}1\\6\\13\\5\end{pmatrix},$$

解 令

$$\boldsymbol{A}=\begin{pmatrix}b_1&c_1&&\\a_2&b_2&c_2&\\&a_3&b_3&c_3\\&&a_4&b_4\end{pmatrix}=\begin{pmatrix}\alpha_1&&&\\\gamma_2&\alpha_2&&\\&\gamma_3&\alpha_3&\\&&\gamma_4&\alpha_4\end{pmatrix}\begin{pmatrix}1&\beta_1&&\\&1&\beta_2&\\&&1&\beta_3\\&&&1\end{pmatrix}$$

由

$$\begin{cases}\alpha_1=b_1,\beta_1=\dfrac{c_1}{\alpha_1}\\ \gamma_i=a_i,\alpha_i=b_i-\gamma_i\beta_{i-1},\quad i=2,3,4\\ \beta_i=\dfrac{c_i}{\alpha_i}=,\quad i=2,3\end{cases}$$

得

$$\begin{cases}\alpha_1=1,\beta_1=0\\ \gamma_2=1,\alpha_2=2-1\times0=2,\beta_2=\dfrac{1}{2}\\ \gamma_3=2,\alpha_3=5-2\times\dfrac{1}{2}=4,\beta_3=\dfrac{1}{2}\\ \gamma_4=1,\alpha_4=2-1\times\dfrac{1}{2}=\dfrac{3}{2}\end{cases},$$

由

$$\begin{cases}y_1=\dfrac{f_1}{b_1}\\ y_i=\dfrac{f_i-a_iy_{i-1}}{b_i-a_i\beta_{i-1}},i=2,3,4\end{cases}$$

得

$$y_1=1,\quad y_2=\frac{6-1\times1}{2-1\times0}=\frac{5}{2},\quad y_3=\frac{13-2\times\dfrac{5}{2}}{5-2\times\dfrac{1}{2}}=2,\quad y_4=\frac{5-1\times2}{2-1\times\dfrac{1}{2}}=2.$$

由

$$\begin{cases}x_4=y_4\\ x_i=y_i-\beta_ix_{i+1},i=3,2,1\end{cases}$$

得

$$x_4=2,\quad x_3=2-\frac{1}{2}\times2=1,\quad x_2=\frac{5}{2}-\frac{1}{2}\times1=2,\quad x_1=1-0\times2=1.$$

从而方程组的解为$\begin{pmatrix}1\\2\\1\\2\end{pmatrix}$.

6.3.3 平方根法和改进的平方根法

在科学研究和工程技术的实际计算中遇到的线性代数方程组,其系数矩阵往往具有对称正定性.对于系数矩阵具有这种特殊性质的方程组,上面介绍的直接三角分解法还可以简化为平方根法.下面讨论对称正定矩阵的三角分解.

定理 6.4 [对称正定矩阵的三角分解或楚列斯基(Cholesky)分解]如果 $\boldsymbol{A}$ 为对称正定矩阵,则存在一个实的非奇异下三角矩阵 $\boldsymbol{L}_1$,使 $\boldsymbol{A}=\boldsymbol{L}_1\boldsymbol{L}_1^{\mathrm{T}}$,且当限定 $\boldsymbol{L}_1$ 的对角元素为正时,这种分解是唯一的.

证明　由 $\boldsymbol{A}$ 的对称正定性,则 $\boldsymbol{A}$ 的顺序主子式 $\Delta_k\neq0(k=1,2,\cdots,n)$,总存在唯一的 LU 分解,即 $\boldsymbol{A}=\boldsymbol{LU}$.为了利用 $\boldsymbol{A}$ 的对称性,将 $\boldsymbol{U}$ 再分解,即

$$U=\begin{pmatrix} u_{11} & & & \\ & u_{22} & & \\ & & \ddots & \\ & & & u_{nn} \end{pmatrix}\begin{pmatrix} 1 & \frac{u_{12}}{u_{11}} & \cdots & \frac{u_{1n}}{u_{11}} \\ & \ddots & \ddots & \vdots \\ & & & \frac{u_{n-1,n}}{u_{n-1,n-1}} \\ & & & 1 \end{pmatrix}=DU_0$$

即 $A=LU=LDU_0$.又 $A=A^{\mathrm{T}}=U_0^{\mathrm{T}}(DL^{\mathrm{T}})$,由分解的唯一性即得 $U_0^{\mathrm{T}}=L$,从而

$$A=LDL^{\mathrm{T}} \tag{6-5}$$

设 $D=\mathbf{diag}(d_1,d_2,\cdots,d_n)$,因为 D 是正定矩阵,所以 $d_j>0(j=1,2,\cdots,n)$.现设 $D^{\frac{1}{2}}=\mathbf{diag}(\sqrt{d_1},\sqrt{d_2},\cdots,\sqrt{d_n})$.注意,在这里 $D^{\frac{1}{2}}$ 的对角元素全取为正数,即

$$D=\begin{pmatrix} d_1 & & & \\ & d_2 & & \\ & & \ddots & \\ & & & d_n \end{pmatrix}$$

$$=\begin{pmatrix} \sqrt{d_1} & & & \\ & \sqrt{d_2} & & \\ & & \ddots & \\ & & & \sqrt{d_n} \end{pmatrix}\begin{pmatrix} \sqrt{d_1} & & & \\ & \sqrt{d_2} & & \\ & & \ddots & \\ & & & \sqrt{d_n} \end{pmatrix}$$

则

$$A=LDL^{\mathrm{T}}=LD^{\frac{1}{2}}D^{\frac{1}{2}}L^{\mathrm{T}}=(LD^{\frac{1}{2}})(LD^{\frac{1}{2}})^{\mathrm{T}}=L_1L_1^{\mathrm{T}}.$$

其中,$L_1=LD^{\frac{1}{2}}$,显然是对角元素全为正数的非奇异的下三角矩阵.

由于分解式 $A=LDL^{\mathrm{T}}$ 是唯一的,又限定 $D^{\frac{1}{2}}$ 的对角元素为正数,从而分解 $D=D^{\frac{1}{2}}D^{\frac{1}{2}}$ 是唯一的,所以说在限定 L 的对角元素皆为正数时,三角分解是唯一的.

对称正定矩阵 A 的三角分解 $A=L_1L_1^{\mathrm{T}}$,又称 LL^{T} 分解.那么解线性代数方程组 $Ax=b$ 等价于解 $Ly=b$,$L^{\mathrm{T}}x=y$.

下面给出用平方根法解线性代数方程组的公式.

1)对矩阵 A 进行楚列斯基分解,即 $A=LL^{\mathrm{T}}$,由矩阵乘法可知,对于 $i=1,2,\cdots,n$ 的计算公式为

$$l_{ii}=\left(a_{ii}-\sum_{k=1}^{i-1}l_{ik}^2\right)^{\frac{1}{2}}, \tag{6-6}$$

$$l_{ij}=\left(a_{ij}-\sum_{k=1}^{j-1}l_{ik}l_{jk}\right)\Big/ l_{jj}, \quad (j=1,2,\cdots,i-1) \tag{6-7}$$

2)求解下三角方程组 $Ly=b$ 的公式为

$$y_i=\left(b_i-\sum_{k=1}^{i-1}l_{ik}y_k\right)\Big/ l_{ii},\quad (i=1,2,\cdots,n).$$

3）求解 $\boldsymbol{L}^{\mathrm{T}}\boldsymbol{x}=\boldsymbol{y}$ 的公式为

$$x_i=\left(y_i-\sum_{k=i+1}^{n}l_{ki}x_k\right)\Big/ l_{ii},\quad (i=n,n-1,\cdots,1).$$

由于此法要将矩阵 $\boldsymbol{A}$ 作 $\boldsymbol{LL}^{\mathrm{T}}$ 三角分解，且在分解过程中含有开平方运算，故称该方式为 $\boldsymbol{LL}^{\mathrm{T}}$ 分解法或平方根法.

由于 $\boldsymbol{L}^{\mathrm{T}}$ 是 $\boldsymbol{L}$ 的转置矩阵，所以计算量只是一般直接三角分解的一半多一点.另外，由于 $\boldsymbol{A}$ 的对称性，计算过程只用到矩阵 $\boldsymbol{A}$ 的下三角部分的元素，而且一旦求出 l_{ij}后，a_{ij}就不需要了，所以 $\boldsymbol{L}$ 的元素可以存储在 $\boldsymbol{A}$ 的下三角部分相应元素的位置，这样存储量就大大节省了.在计算机上进行计算时，只需用一维数组对应存放 $\boldsymbol{A}$ 的对角线以下部分$\dfrac{n(n+1)}{2}$个元素即可，且由

$$a_{ii}=\sum_{k=1}^{i}l_{ik}^2$$

可知 $|l_{ik}|\leqslant\sqrt{a_{ii}}\,(k=1,2,\cdots,n$ 且 $i=1,2,\cdots,n)$.

这表明 $\boldsymbol{L}$ 中元素的绝对值一般不会很大，所以计算是稳定的，这是楚列斯基分解的又一个优点；其缺点是需要做一些开平方运算.

例 6.4　用平方根法求解

$$\begin{pmatrix}4 & -1 & 1\\ -1 & 4.25 & 2.75\\ 1 & 2.75 & 3.5\end{pmatrix}\begin{pmatrix}x_1\\ x_2\\ x_3\end{pmatrix}=\begin{pmatrix}6\\ -0.5\\ 1.25\end{pmatrix}.$$

解　不难看出系数矩阵是对称正定的，利用式(6-6)和式(6-7)依次计算得

$$\boldsymbol{L}=\begin{pmatrix}2 & & \\ -0.5 & 2 & \\ 0.5 & 1.5 & 1\end{pmatrix}$$

解 $\boldsymbol{Ly}=\boldsymbol{b}$，可得 $\boldsymbol{y}=(3,0.5,-1)^{\mathrm{T}}$，再解 $\boldsymbol{L}^{\mathrm{T}}\boldsymbol{x}=\boldsymbol{y}$，可以得到 $\boldsymbol{x}=(2,1,-1)^{\mathrm{T}}$.

如果对矩阵 $\boldsymbol{A}$ 采用分解式(6-5)，即

$$\boldsymbol{A}=\begin{pmatrix}1 & & & & \\ l_{21} & 1 & & & \\ l_{31} & l_{32} & 1 & & \\ \vdots & \vdots & \ddots & \ddots & \\ l_{n1} & l_{n2} & \cdots & l_{n,n-1} & 1\end{pmatrix}\begin{pmatrix}d_1 & & & & \\ & d_2 & & & \\ & & \ddots & & \\ & & & d_{n-1} & \\ & & & & d_n\end{pmatrix}\begin{pmatrix}1 & l_{21} & l_{31} & \cdots & l_{n1}\\ & 1 & l_{32} & \cdots & l_{n2}\\ & & \ddots & & \vdots\\ & & & 1 & l_{n,n-1}\\ & & & & 1\end{pmatrix}$$

则可避免开平方运算，称为改进的平方根法.它既适用于求解对称正定方程组，也适用于求解 $\boldsymbol{A}$ 对称且其顺序主子式全不为零的方

程组.分解式的计算公式为

$$\begin{cases} d_j = a_{jj} - \sum_{k=1}^{j-1} l_{jk}^2 d_k, \\ l_{ij} = \left(a_{ij} - \sum_{k=1}^{j-1} d_k l_{ik} l_{jk} \right) \Big/ d_j, \quad (i=j+1, j+2, \cdots, n) \end{cases}$$

其中,$j=1$ 时,求和部分为零.这样,求解方程组 $\boldsymbol{Ax}=\boldsymbol{b}$ 化为求解 $\boldsymbol{Ly}=\boldsymbol{b}$ 和 $\boldsymbol{L}^{\mathrm{T}}\boldsymbol{x}=\boldsymbol{D}^{-1}\boldsymbol{y}$.

对于例 6.4,用改进的平方根法有

$$\boldsymbol{L}=\begin{pmatrix} 1 & & \\ -0.25 & 1 & \\ 0.25 & 0.75 & 1 \end{pmatrix}, \boldsymbol{D}=\begin{pmatrix} 4 & & \\ & 4 & \\ & & 1 \end{pmatrix}.$$

解 $\boldsymbol{Ly}=\boldsymbol{b}$,可得 $\boldsymbol{y}=(8,1,-1)^{\mathrm{T}}$,再解 $\boldsymbol{L}^{\mathrm{T}}\boldsymbol{x}=\boldsymbol{D}^{-1}\boldsymbol{y}$,可以得到 $\boldsymbol{x}=(2,1,-1)^{\mathrm{T}}$.

6.4 线性方程组的可靠性

当我们通过某种算法得到了方程组 $\boldsymbol{Ax}=\boldsymbol{b}$ 的解,就应判断一下得到的解的可靠程度,或者是得到的解与原方程组的准确解的误差.

对于线性方程组 $\begin{pmatrix} 3 & 1 \\ 3.0001 & 1 \end{pmatrix}\begin{pmatrix} x_1 \\ x_2 \end{pmatrix}=\begin{pmatrix} 4 \\ 4.0001 \end{pmatrix}$,其解为 $x_1=x_2=1$.若系数略有误差,成为 $\begin{pmatrix} 3 & 1 \\ 2.9999 & 1 \end{pmatrix}\begin{pmatrix} \tilde{x}_1 \\ \tilde{x}_2 \end{pmatrix}=\begin{pmatrix} 4 \\ 4.0002 \end{pmatrix}$,则其解为 $\tilde{x}_1=-2$,$\tilde{x}_2=10$.可见系数矩阵误差对解的准确性有很大影响.

所以我们需要对方程组本身所具有的形态进行讨论.为描述方程组的形态及进行误差分析,需使用范数这个工具.

6.4.1 向量的范数

下面给出 n 维空间中向量范数的概念.

定义 6.3 设 $\boldsymbol{X}=(x_1,x_2,\cdots,x_n)^{\mathrm{T}}\in\mathbf{R}^n$,$\|\boldsymbol{X}\|$ 表示定义在 $\mathbf{R}^n$ 上的一个实值函数,称之为 $\boldsymbol{X}$ 的范数,它具有下列性质:

1) 非负性:即对一切 $\boldsymbol{X}\in\mathbf{R}^n$,$\boldsymbol{X}\neq\boldsymbol{0}$,$\|\boldsymbol{X}\|>0$;

2) 齐次性:即对任何实数 $\alpha\in\mathbf{R}$,$\boldsymbol{X}\in\mathbf{R}^n$,有 $\|\alpha\boldsymbol{X}\|=|\alpha|\cdot\|\boldsymbol{X}\|$;

3) 三角不等式:即对任意两个向量 $\boldsymbol{X},\boldsymbol{Y}\in\mathbf{R}^n$,恒有 $\|\boldsymbol{X}+\boldsymbol{Y}\|\leqslant\|\boldsymbol{X}\|+\|\boldsymbol{Y}\|$.

下面给出 3 个常用的范数.设 $\boldsymbol{X}=(x_1,x_2,\cdots,x_n)^{\mathrm{T}}$,则有

1）向量的 1-范数：$\|\boldsymbol{X}\|_1=|x_1|+|x_2|+\cdots+|x_n|$；

2）向量的 2-范数：$\|\boldsymbol{X}\|_2=\sqrt{\boldsymbol{X}^{\mathrm{T}}\boldsymbol{X}}=\sqrt{x_1^2+x_2^2+\cdots+x_n^2}$；

3）向量的无穷范数：$\|X\|_\infty=\max\limits_{1\leqslant i\leqslant n}|x_i|$.

可以验证,上述 3 种范数都满足定义的条件,因此它们都是向量范数.

例 6.5　计算向量 $\boldsymbol{x}=(-5,2,-1)^{\mathrm{T}}$ 的各种范数.

解　$\|\boldsymbol{x}\|_1=8$, $\|\boldsymbol{x}\|_2=\sqrt{30}$, $\|\boldsymbol{x}\|_\infty=5$.

很显然,不同向量范数的数值是不一样的,但并不影响评价向量的大小,因为不同向量的不同范数之间都有一定的关系.下面给出范数等价的定义.

定义 6.4　$\|\cdot\|_p$ 和 $\|\cdot\|_q$ 是 $\mathbf{R}^n$ 上的两个向量范数,如果存在两个正常数 M 与 $m(M>m)$ 对一切 $\boldsymbol{X}\in\mathbf{R}^n$,不等式

$$m\|\boldsymbol{X}\|_p\leqslant\|\boldsymbol{X}\|_q\leqslant M\|\boldsymbol{X}\|_p$$

成立,则称 $\|\cdot\|_p$ 和 $\|\cdot\|_q$ 是等价的.

定理 6.5(向量范数的等价性)　在 $\mathbf{R}^n$ 上定义的任一向量范数 $\|\boldsymbol{X}\|$ 都与范数 $\|\boldsymbol{X}\|_1$ 等价.

证明　设 $\boldsymbol{\xi}\in\mathbf{R}^n$,则 $\boldsymbol{\xi}$ 的连续函数 $\|\boldsymbol{\xi}\|$ 在有界闭区域 $G=\{\boldsymbol{\xi}\mid\|\boldsymbol{\xi}\|_1=1\}$(单位球面)上有界,且一定能达到最大值及最小值.设其最大值为 M,最小值为 m,则有

$$m\leqslant\|\boldsymbol{\xi}\|\leqslant M,\boldsymbol{\xi}\in\mathbf{R}^n \tag{6-8}$$

考虑到 $\|\boldsymbol{\xi}\|$ 在 G 上大于 0,故 $m>0$.

设 $\boldsymbol{X}\in\mathbf{R}^n$ 为任意非零向量,则

$$\frac{\boldsymbol{X}}{\|\boldsymbol{X}\|_1}\in G,$$

代入式(6-8)得

$$m\leqslant\left\|\frac{\boldsymbol{X}}{\|\boldsymbol{X}\|_1}\right\|\leqslant M$$

所以 $m\|\boldsymbol{X}\|_1\leqslant\|\boldsymbol{X}\|\leqslant M\|\boldsymbol{X}\|_1$,证毕

此定理说明向量范数间具有等价性,因此以后只需就一种范数进行讨论.

后面研究迭代法解线性方程组时,需要讨论算法的收敛性.为此,先给出算法产生的迭代点列收敛的概念.

定义 6.5　设 $\boldsymbol{x}^{(k)}=(x_1^{(k)},x_2^{(k)}\cdots,x_n^{(k)})\in\mathbf{R}^n$, $\boldsymbol{x}^*=(x_1^*,x_2^*,\cdots,x_n^*)\in\mathbf{R}^n$,若 $\lim\limits_{k\to\infty}x_i^{(k)}=x_i^*(i=1,2,\cdots,n)$,则称点列 $\{\boldsymbol{x}^{(k)}\}$ 收敛于 $\boldsymbol{x}^*$,并记作 $\lim\limits_{k\to\infty}\boldsymbol{x}^{(k)}=\boldsymbol{x}^*$.

定理 6.6　向量序列 $\{\boldsymbol{x}^{(k)}\}$ 依坐标收敛于 $\boldsymbol{x}^*$ 的充分条件是

$$\lim_{k\to\infty}\|\boldsymbol{x}^{(k)}-\boldsymbol{x}^*\|=0.$$

即,如果一个向量序列$\{\boldsymbol{x}^{(k)}\}$与向量$\boldsymbol{x}^*$满足上式,就说向量序列$\{\boldsymbol{x}^{(k)}\}$依范数收敛于$\boldsymbol{x}^*$.

由向量范数的等价性知上述定义的向量序列的收敛性与具体取何种范数无关,因此以后只需就一种范数进行讨论.

6.4.2 矩阵的范数

为了用范数来表示线性方程组解的准确度,还需要对矩阵定义类似的数量表征.

定义 6.6　如果矩阵空间 $\mathbf{R}^{n\times n}$ 上的某个非负实值函数 $N(\boldsymbol{A})=\|\boldsymbol{A}\|$满足以下条件:

1）正定性:$\|\boldsymbol{A}\|\geqslant 0$,且$\|\boldsymbol{A}\|=0$等价于$\boldsymbol{A}=\boldsymbol{O}$;

2）齐次性:$\|c\boldsymbol{A}\|=|c|\,\|\boldsymbol{A}\|$,$c$为任意实数;

3）三角不等式:$\|\boldsymbol{A}+\boldsymbol{B}\|\leqslant\|\boldsymbol{A}\|+\|\boldsymbol{B}\|$

则称 $N(\boldsymbol{A})$为 $\mathbf{R}^{n\times n}$上的一个矩阵范数.

由于线性代数中经常需要作矩阵与向量的乘法运算,以及矩阵与矩阵的乘法运算,为此我们引进矩阵的算子范数.

矩阵的范数

定义 6.7　设$\boldsymbol{A}$为n阶矩阵,$\mathbf{R}^n$中已定义了向量范数$\|\cdot\|$,则称

$$\|\boldsymbol{A}\|=\max_{\substack{\boldsymbol{x}\in\mathbf{R}^n\\ \boldsymbol{x}\neq\boldsymbol{0}}}\frac{\|\boldsymbol{A}\boldsymbol{x}\|}{\|\boldsymbol{x}\|}$$

为矩阵$\boldsymbol{A}$的算子范数或模,记为$\|\boldsymbol{A}\|$.

可以证明定义 6.7 的矩阵算子范数不但满足矩阵范数的 3 个必要条件,还满足:

1）对任意向量$\boldsymbol{x}\in\mathbf{R}^n$和任意矩阵$\boldsymbol{A}\in\mathbf{R}^{n\times n}$,有

$$\|\boldsymbol{A}\boldsymbol{x}\|\leqslant\|\boldsymbol{A}\|\,\|\boldsymbol{x}\|. \tag{6-9}$$

2）对任意矩阵$\boldsymbol{A}\in\mathbf{R}^{n\times n}$和$\boldsymbol{B}\in\mathbf{R}^{n\times n}$,有$\|\boldsymbol{A}\boldsymbol{B}\|\leqslant\|\boldsymbol{A}\|\,\|\boldsymbol{B}\|$.

我们把式(6-9)称为矩阵范数和向量范数相容.本书讨论的矩阵范数均为矩阵算子范数,简称为矩阵范数.

由定义直接求矩阵范数$\|\boldsymbol{A}\|$是很困难的,下面给出几个常用矩阵范数的具体计算公式.

1）行范数,$\|\boldsymbol{A}\|_\infty=\max\limits_{\substack{\boldsymbol{x}\in\mathbf{R}^n\\ \boldsymbol{x}\neq\boldsymbol{0}}}\dfrac{\|\boldsymbol{A}\boldsymbol{x}\|_\infty}{\|\boldsymbol{x}\|_\infty}=\max\limits_{1\leqslant i\leqslant n}\sum\limits_{j=1}^{n}|a_{ij}|$;

2）列范数,$\|\boldsymbol{A}\|_1=\max\limits_{\substack{\boldsymbol{x}\in\mathbf{R}^n\\ \boldsymbol{x}\neq\boldsymbol{0}}}\dfrac{\|\boldsymbol{A}\boldsymbol{x}\|_1}{\|\boldsymbol{x}\|_1}=\max\limits_{1\leqslant j\leqslant n}\sum\limits_{i=1}^{n}|a_{ij}|$;

3）谱范数,$\|\boldsymbol{A}\|_2=\max\limits_{\substack{\boldsymbol{x}\in\mathbf{R}^n\\ \boldsymbol{x}\neq\boldsymbol{0}}}\dfrac{\|\boldsymbol{A}\boldsymbol{x}\|_2}{\|\boldsymbol{x}\|_2}=\sqrt{\lambda_{\max}(\boldsymbol{A}^{\mathrm{T}}\boldsymbol{A})}$,其中$\lambda_{\max}(\boldsymbol{A}^{\mathrm{T}}\boldsymbol{A})$

表示 A^TA 的最大特征值.

例 6.6　已知矩阵 $A=\begin{pmatrix}1 & -2\\ -3 & 4\end{pmatrix}$，求矩阵 A 的 3 种常用范数.

解　依题意可得

$$\|A\|_\infty=\max_i\sum_{j=1}^{2}|a_{ij}|=7,\ \|A\|_1=\max_j\sum_{i=1}^{2}|a_{ij}|=6,$$

$$A^TA=\begin{pmatrix}10 & -14\\ -14 & 20\end{pmatrix},\ |A^TA-\lambda E|=\begin{vmatrix}10-\lambda & -14\\ -14 & 20-\lambda\end{vmatrix}=\lambda^2-30\lambda+4,$$

求得 $\lambda_1=15+\sqrt{221}$，$\lambda_2=15-\sqrt{221}$，$\|A\|_2=\sqrt{\lambda_1}=\sqrt{15+\sqrt{221}}$.

矩阵范数同特征值之间有密切关系，我们先给出矩阵谱半径的定义.

定义 6.8　设 $A\in\mathbf{R}^{n\times n}$ 的特征值为 $\lambda_i(i=1,2,\cdots,n)$，称 $\rho(A)=\max\limits_{1\leqslant i\leqslant n}|\lambda_i|$ 为 A 的谱半径.

定理 6.7　设 $A\in\mathbf{R}^{n\times n}$，则 $\rho(A)\leqslant\|A\|$，即 A 的谱半径不超过 A 的任何一种范数.

证明　设 λ 是 A 的任一特征值，x 为相应的特征向量，则 $Ax=\lambda x$，$|\lambda|\,\|x\|=\|\lambda x\|=\|Ax\|\leqslant\|A\|\,\|x\|$，即 $|\lambda|\leqslant\|A\|$.

定理 6.8　如果 $A\in\mathbf{R}^{n\times n}$ 为对称矩阵，则 $\|A\|_2=\rho(A)$.

证明　由于 $A^T=A$，所以 $A^TA=A^2$，因此

$$\|A\|_2=\sqrt{\rho(A^TA)}=\sqrt{\rho(A^2)}=\rho(A)$$

证毕

定理 6.9　设 $B\in\mathbf{R}^{n\times n}$，则 $\lim\limits_{k\to\infty}B^k=\mathbf{O}$ 的充要条件是 $\rho(B)<1$.

证明从略.

6.4.3 误差分析及条件数

考虑线性方程组 $Ax=b$，其中 $A\in\mathbf{R}^{n\times n}$ 为非奇异矩阵，$b\neq\mathbf{0}$.

前面在进行误差分析时，有时研究近似公式的误差对结果的影响，有时研究舍入误差对解的影响.本节不考虑求解过程中的舍入误差，仅考虑当线性方程组的系数矩阵或右端项有舍入误差时，这些误差对方程组解的影响.

1）假设系数矩阵 A 精确，讨论右端项 b 的误差对方程组解的影响.

设 δb 为 b 的误差，而相应的解的误差是 δx，则有

$$A(x+\delta x)=b+\delta b,$$

所以

$$\delta x=A^{-1}\delta b,\ \|\delta x\|\leqslant\|A^{-1}\|\cdot\|\delta b\|.$$

但 $\|b\|=\|Ax\|\leqslant\|A\|\cdot\|x\|$，所以

$$\|\delta x\|\cdot\|b\|\leqslant\|A^{-1}\|\,\|\delta b\|\,\|A\|\cdot\|x\|=\|A\|\,\|A^{-1}\|\,\|x\|\,\|\delta b\|.$$

当 $\boldsymbol{b}\neq\boldsymbol{0},\boldsymbol{x}\neq\boldsymbol{0}$ 时,有

$$\frac{\|\delta\boldsymbol{x}\|}{\|\boldsymbol{x}\|}\leqslant\|\boldsymbol{A}\|\|\boldsymbol{A}^{-1}\|\frac{\|\delta\boldsymbol{b}\|}{\|\boldsymbol{b}\|},$$

即解 $\boldsymbol{x}$ 的相对误差是初始数据 $\boldsymbol{b}$ 的相对误差的 $\|\boldsymbol{A}\|\|\boldsymbol{A}^{-1}\|$ 倍.

2）假设右端 $\boldsymbol{b}$ 精确,系数矩阵 $\boldsymbol{A}$ 有误差,讨论 $\boldsymbol{A}$ 的误差对解的影响.

设矩阵 $\boldsymbol{A}$ 的误差为 $\delta\boldsymbol{A}$,而相应的解的误差为 $\delta\boldsymbol{x}$,则有

$$(\boldsymbol{A}+\delta\boldsymbol{A})(\boldsymbol{x}+\delta\boldsymbol{x})=\boldsymbol{b}$$

设 $\boldsymbol{A}$ 及 $(\boldsymbol{A}+\delta\boldsymbol{A})$ 为非奇异矩阵(当 $\|\boldsymbol{A}^{-1}\delta\boldsymbol{A}\|<1$ 时即可),则

$$\begin{aligned}&\boldsymbol{Ax}+(\delta\boldsymbol{A})\boldsymbol{x}+\boldsymbol{A}\delta\boldsymbol{x}+\delta\boldsymbol{A}\delta\boldsymbol{x}=\boldsymbol{b},\\&\boldsymbol{A}\delta\boldsymbol{x}=-(\delta\boldsymbol{A})\boldsymbol{x}-\delta\boldsymbol{A}\delta\boldsymbol{x},\\&\delta\boldsymbol{x}=-\boldsymbol{A}^{-1}(\delta\boldsymbol{A})\boldsymbol{x}-\boldsymbol{A}^{-1}\delta\boldsymbol{A}\delta\boldsymbol{x},\end{aligned}$$

根据范数性质 $\|\delta\boldsymbol{x}\|\leqslant\|\boldsymbol{A}^{-1}\|\|\delta\boldsymbol{A}\|\|\boldsymbol{x}\|+\|\boldsymbol{A}^{-1}\|\|\delta\boldsymbol{A}\|\|\delta\boldsymbol{x}\|$, $(1-\|\boldsymbol{A}^{-1}\|\|\delta\boldsymbol{A}\|)\|\delta\boldsymbol{x}\|\leqslant\|\boldsymbol{A}^{-1}\|\|\delta\boldsymbol{A}\|\|\boldsymbol{x}\|$,于是有

$$\frac{\|\delta\boldsymbol{x}\|}{\|\boldsymbol{x}\|}\leqslant\frac{\|\boldsymbol{A}^{-1}\|\|\delta\boldsymbol{A}\|}{1-\|\boldsymbol{A}^{-1}\|\|\delta\boldsymbol{A}\|}=\frac{\|\boldsymbol{A}^{-1}\|\|\boldsymbol{A}\|\dfrac{\|\delta\boldsymbol{A}\|}{\|\boldsymbol{A}\|}}{1-\|\boldsymbol{A}^{-1}\|\|\boldsymbol{A}\|\dfrac{\|\delta\boldsymbol{A}\|}{\|\boldsymbol{A}\|}}.$$

若 $\|\boldsymbol{A}^{-1}\|\|\boldsymbol{A}\|\dfrac{\|\delta\boldsymbol{A}\|}{\|\boldsymbol{A}\|}$ 很小,则 $\|\boldsymbol{A}^{-1}\|\|\boldsymbol{A}\|$ 表示相对误差的近似放大率.

定理 6.10　设 $\boldsymbol{Ax}=\boldsymbol{b}$,$\boldsymbol{A}$ 为非奇异矩阵,$\boldsymbol{b}\neq\boldsymbol{0}$,且 $\boldsymbol{A}$ 和 $\boldsymbol{b}$ 分别有误差 $\delta\boldsymbol{A}$ 和 $\delta\boldsymbol{b}$.若 $\boldsymbol{A}$ 的误差 $\delta\boldsymbol{A}$ 很小,使 $\|\boldsymbol{A}^{-1}\|\|\delta\boldsymbol{A}\|<1$,则有

$$\frac{\|\delta\boldsymbol{x}\|}{\|\boldsymbol{x}\|}\leqslant\frac{\|\boldsymbol{A}^{-1}\|\|\boldsymbol{A}\|}{1-\|\boldsymbol{A}^{-1}\|\|\boldsymbol{A}\|\dfrac{\|\delta\boldsymbol{A}\|}{\|\boldsymbol{A}\|}}\left(\frac{\|\delta\boldsymbol{b}\|}{\|\boldsymbol{b}\|}+\frac{\|\delta\boldsymbol{A}\|}{\|\boldsymbol{A}\|}\right).$$

证明　考察产生误差后的方程组为 $(\boldsymbol{A}+\delta\boldsymbol{A})(\boldsymbol{x}+\delta\boldsymbol{x})=\boldsymbol{b}+\delta\boldsymbol{b}$,将 $\boldsymbol{Ax}=\boldsymbol{b}$ 代入上式,整理后有

$$\delta\boldsymbol{x}=\boldsymbol{A}^{-1}(\delta\boldsymbol{b})-\boldsymbol{A}^{-1}(\delta\boldsymbol{A})\boldsymbol{x}-\boldsymbol{A}^{-1}(\delta\boldsymbol{A})(\delta\boldsymbol{x}).$$

将上式两端取范数,应用向量范数的三角不等式及矩阵和向量范数的相容性,有

$$\|\delta\boldsymbol{x}\|\leqslant\|\boldsymbol{A}^{-1}\|\|\delta\boldsymbol{b}\|+\|\boldsymbol{A}^{-1}\|\|\delta\boldsymbol{A}\|\|\boldsymbol{x}\|+\|\boldsymbol{A}^{-1}\|\|\delta\boldsymbol{A}\|\|\delta\boldsymbol{x}\|,$$

整理后,得

$$(1-\|\boldsymbol{A}^{-1}\|\|\delta\boldsymbol{A}\|)\|\delta\boldsymbol{x}\|\leqslant\|\boldsymbol{A}^{-1}\|(\|\delta\boldsymbol{b}\|+\|\delta\boldsymbol{A}\|\|\boldsymbol{x}\|).$$

由于 $\delta\boldsymbol{A}$ 足够小,使得 $\|\boldsymbol{A}^{-1}\|\|\delta\boldsymbol{A}\|<1$,所以 $\|\delta\boldsymbol{x}\|\leqslant\dfrac{\|\boldsymbol{A}^{-1}\|}{1-\|\boldsymbol{A}^{-1}\|\|\delta\boldsymbol{A}\|}(\|\delta\boldsymbol{b}\|+\|\delta\boldsymbol{A}\|\|\boldsymbol{x}\|)$.利用 $\dfrac{1}{\|\boldsymbol{x}\|}\leqslant\dfrac{\|\boldsymbol{A}\|}{\|\boldsymbol{b}\|}$,得

$$\frac{\|\delta\boldsymbol{x}\|}{\|\boldsymbol{x}\|}\leqslant\frac{\|\boldsymbol{A}^{-1}\|\|\boldsymbol{A}\|}{1-\|\boldsymbol{A}^{-1}\|\|\boldsymbol{A}\|\dfrac{\|\delta\boldsymbol{A}\|}{\|\boldsymbol{A}\|}}\left(\frac{\|\delta\boldsymbol{b}\|}{\|\boldsymbol{b}\|}+\frac{\|\delta\boldsymbol{A}\|}{\|\boldsymbol{A}\|}\right).$$

由该定理可知,$\boldsymbol{b}$ 及 $\boldsymbol{A}$ 有微小改动时,数 $\|\boldsymbol{A}^{-1}\|\|\boldsymbol{A}\|$ 可标志着

方程组解 $\boldsymbol{x}$ 的敏感程度.解 $\boldsymbol{x}$ 的相对误差可能随 $\|\boldsymbol{A}^{-1}\|\,\|\boldsymbol{A}\|$ 的增大而增大.这个数的大小对估算计算解的误差是十分重要的.

定义 6.9　设 $\boldsymbol{A}$ 为 n 阶非奇异矩阵,则称数 $\|\boldsymbol{A}^{-1}\|\,\|\boldsymbol{A}\|$ 为矩阵 $\boldsymbol{A}$ 的条件数,记为 $\mathrm{cond}(\boldsymbol{A})$.

如果矩阵范数取 2-范数,则记 $\mathrm{cond}_2(\boldsymbol{A})=\|\boldsymbol{A}^{-1}\|_2\,\|\boldsymbol{A}\|_2$,同样可以定义 $\mathrm{cond}_\infty(\boldsymbol{A})$, $\mathrm{cond}_1(\boldsymbol{A})$.条件数有下列性质是很容易证明的:

1) $\mathrm{cond}(\boldsymbol{A})\geqslant 1$, $\mathrm{cond}(\boldsymbol{A})=\mathrm{cond}(\boldsymbol{A}^{-1})$, $\mathrm{cond}(k\boldsymbol{A})=\mathrm{cond}(\boldsymbol{A})$, k 为非零常数;

2) 若 $\boldsymbol{U}$ 为正交矩阵,则 $\mathrm{cond}_2(\boldsymbol{U})=1$, $\mathrm{cond}_2(\boldsymbol{A})=\mathrm{cond}_2(\boldsymbol{AU})=\mathrm{cond}_2(\boldsymbol{UA})$;

3) 设 λ_1 与 λ_n 为 $\boldsymbol{A}$ 按绝对值最大和最小的特征值,则 $\mathrm{cond}(\boldsymbol{A})\geqslant\dfrac{|\lambda_1|}{|\lambda_n|}$.若 $\boldsymbol{A}$ 为对称矩阵,则 $\mathrm{cond}(\boldsymbol{A})=\dfrac{|\lambda_1|}{|\lambda_n|}$.

矩阵的条件数刻画了方程组的性态,条件数大的矩阵称为病态矩阵,相应的方程组称为病态方程组,条件数小的矩阵称为良态矩阵,相应的方程组称为良态方程组.

若方程组的系数矩阵为 n 阶希尔伯特(Hilbert)矩阵

$$\boldsymbol{H}_n=\begin{pmatrix}1 & \frac{1}{2} & \cdots & \frac{1}{n}\\ \frac{1}{2} & \frac{1}{3} & \cdots & \frac{1}{n+1}\\ \vdots & \vdots & & \vdots\\ \frac{1}{n} & \frac{1}{n+1} & \cdots & \frac{1}{2n-1}\end{pmatrix}$$

可以证明该矩阵为对称正定矩阵.计算条件数有

$$\mathrm{cond}_2(\boldsymbol{H}_4)=1.5514\times10^4,\ \mathrm{cond}_2(\boldsymbol{H}_8)=1.525\times10^{10}.$$

由此可见,随着 n 的增大 $\boldsymbol{H}_n$ 的条件数急剧增大,因此可知,以 $\boldsymbol{H}_n$ 为系数矩阵的方程组是病态方程组.$\boldsymbol{H}_n$ 常常在数据拟合和函数逼近中出现.

对于实际问题,判断矩阵是否病态是很重要的,若从定义出发,则需计算逆矩阵的范数,是一件麻烦事,所以条件数一般是很难计算的.下列现象可以作为判断方程组 $\boldsymbol{Ax}=\boldsymbol{b}$ 是病态的参考.

1) 如果矩阵 $\boldsymbol{A}$ 的按绝对值最大特征值与最小特征值之比很大,则 $\boldsymbol{A}$ 是病态的;

2) 如果系数矩阵 $\boldsymbol{A}$ 的元素间数量级相差很大,并且无一定规则,则 $\boldsymbol{A}$ 可能病态;

3) 如果系数矩阵 $\boldsymbol{A}$ 的某些行或列是近似线性相关的,或系数矩阵 $\boldsymbol{A}$ 的行列式值相对说很小,则 $\boldsymbol{A}$ 可能病态;

4）如果在 $\boldsymbol{A}$ 的三角化过程中出现小主元，或采用选主元技术时，主元素数量级相差悬殊，则 $\boldsymbol{A}$ 可能病态.

对于病态方程组的求解需十分小心，一般可采用下述方法：

1）用双精度进行计算，以便改善和减少病态矩阵的影响；

2）对方程组做预处理，以降低系数矩阵的条件数，即选择非奇异对角矩阵 $\boldsymbol{P}$ 和 $\boldsymbol{Q}$，使求解 $\boldsymbol{Ax}=\boldsymbol{b}$ 转化成求解等价方程组 $\boldsymbol{PAQ}(\boldsymbol{Q}^{-1}\boldsymbol{x})=\boldsymbol{Pb}$，同时 $\mathrm{cond}(\boldsymbol{PAQ})<\mathrm{cond}(\boldsymbol{A})$.

例如，对方程组

$$\begin{pmatrix} 1 & 10^5 \\ 1 & 1 \end{pmatrix}\begin{pmatrix} x_1 \\ x_2 \end{pmatrix}=\begin{pmatrix} 10^5 \\ 1 \end{pmatrix},$$

记为 $\boldsymbol{Ax}=\boldsymbol{b}$.

计算 $\boldsymbol{A}^{-1}=\dfrac{1}{10^5-1}\begin{pmatrix} -1 & 10^5 \\ 1 & -1 \end{pmatrix}$，于是

$$\mathrm{cond}(\boldsymbol{A})_\infty=\frac{(1+10^5)^2}{10^5-1}\approx 10^5,$$

取 $\boldsymbol{P}=\begin{pmatrix} 10^{-5} & 0 \\ 0 & 1 \end{pmatrix}$，则 $\boldsymbol{PA}=\begin{pmatrix} 10^{-5} & 1 \\ 1 & 1 \end{pmatrix}$，$(\boldsymbol{PA})^{-1}=\dfrac{1}{1-10^{-5}}\begin{pmatrix} -1 & 1 \\ 1 & -10^{-5} \end{pmatrix}$，则

$$\mathrm{cond}(\boldsymbol{PA})_\infty=\frac{4}{1-10^{-4}}\approx 4.$$

可见通过变换大大改善了系数矩阵的条件数，再用列主元消元法求解可得数值解 $\boldsymbol{x}=\begin{pmatrix} 1 \\ 1 \end{pmatrix}$，这是一个好的近似解.

6.4.4 方程组解的误差分析

线性方程组解的误差是由两方面原因产生的：一是输入数据的误差，二是计算过程中的舍入误差.下面的定理给出了解的误差的一种度量.

定理 6.11 设 $\boldsymbol{Ax}=\boldsymbol{b}$，$\boldsymbol{A}$ 非奇异，$\boldsymbol{b}\neq\boldsymbol{0}$，$\boldsymbol{x}$ 为方程组的精确解，$\bar{\boldsymbol{x}}$ 为求得的近似解，其剩余向量为 $\boldsymbol{r}=\boldsymbol{b}-\boldsymbol{A}\bar{\boldsymbol{x}}$，则有误差估计

$$\frac{\|\boldsymbol{x}-\bar{\boldsymbol{x}}\|}{\|\boldsymbol{x}\|}\leqslant \mathrm{cond}(\boldsymbol{A})\frac{\|\boldsymbol{r}\|}{\|\boldsymbol{b}\|}.$$

证明 由 $\boldsymbol{Ax}=\boldsymbol{b}$，得 $\|\boldsymbol{b}\|\leqslant\|\boldsymbol{A}\|\,\|\boldsymbol{x}\|$，即 $\dfrac{1}{\|\boldsymbol{x}\|}\leqslant\dfrac{\|\boldsymbol{A}\|}{\|\boldsymbol{b}\|}$，则有

$$\boldsymbol{A}(\boldsymbol{x}-\bar{\boldsymbol{x}})=\boldsymbol{Ax}-\boldsymbol{A}\bar{\boldsymbol{x}}=\boldsymbol{b}-\boldsymbol{A}\bar{\boldsymbol{x}}=\boldsymbol{r},$$

$$\boldsymbol{x}-\bar{\boldsymbol{x}}=\boldsymbol{A}^{-1}\boldsymbol{r},$$

$$\|\boldsymbol{x}-\bar{\boldsymbol{x}}\|\leqslant\|\boldsymbol{A}^{-1}\|\,\|\boldsymbol{r}\|,$$

所以

$$\frac{\|\boldsymbol{x}-\bar{\boldsymbol{x}}\|}{\|\boldsymbol{x}\|}\leqslant\frac{\|\boldsymbol{A}^{-1}\|\,\|\boldsymbol{A}\|\,\|\boldsymbol{r}\|}{\|\boldsymbol{b}\|}=\mathrm{cond}(\boldsymbol{A})\frac{\|\boldsymbol{r}\|}{\|\boldsymbol{b}\|}.$$

从上述误差估计式可以看出，当系数矩阵的条件数很大时，即使剩余向量 $\boldsymbol{r}$ 的范数很小，也不能保证解的相对误差很小.因此用剩余向量 $\boldsymbol{r}$ 的大小来检验近似解精确程度的办法仅对良态方程组适用，对于病态方程组是不适用的.

例如，$\boldsymbol{A}=\begin{pmatrix}1 & 1.001\\ 1 & 1\end{pmatrix}$，其逆矩阵 $\boldsymbol{A}^{-1}=10^3\begin{pmatrix}-1 & 1.001\\ 1 & -1\end{pmatrix}$，则 $\mathrm{cond}\,(A)_\infty=4004.001$.此条件数很大，从而 $\boldsymbol{A}$ 是病态矩阵.对于方程组

$$\begin{pmatrix}1 & 1.001\\ 1 & 1\end{pmatrix}=\begin{pmatrix}2.001\\ 2\end{pmatrix}$$

其准确解为 $\boldsymbol{x}^*=\begin{pmatrix}1\\1\end{pmatrix}$.若设近似解为 $\tilde{\boldsymbol{x}}=\begin{pmatrix}2\\0\end{pmatrix}$，虽然剩余向量为 $\boldsymbol{r}=\begin{pmatrix}0.001\\0\end{pmatrix}$，但解与 $\boldsymbol{x}^*$ 相差很大.

如果用直接解法得到的近似解误差较大，我们可以用迭代改善的办法对近似解进行修正.设 $\tilde{\boldsymbol{x}}$ 是方程组 $\boldsymbol{Ax}=\boldsymbol{b}$ 的近似解，剩余向量 $\boldsymbol{r}=\boldsymbol{b}-\boldsymbol{A}\tilde{\boldsymbol{x}}$，解方程组 $\boldsymbol{A}\Delta\boldsymbol{x}=\boldsymbol{r}$ 得解 $\bar{\boldsymbol{x}}$.则

$$\boldsymbol{A}\bar{\boldsymbol{x}}=\boldsymbol{A}(\tilde{\boldsymbol{x}}+\Delta\boldsymbol{x})=\boldsymbol{b}-\boldsymbol{r}+\boldsymbol{r}=\boldsymbol{b}.$$

这说明 $\bar{\boldsymbol{x}}$ 是原方程组的精确解.但由于 $\boldsymbol{A}\Delta\boldsymbol{x}=\boldsymbol{r}$ 难以精确求解，所以 $\Delta\boldsymbol{x}$ 也不精确，$\bar{\boldsymbol{x}}$ 是 $\tilde{\boldsymbol{x}}$ 的改进.将 $\bar{\boldsymbol{x}}$ 作为 $\tilde{\boldsymbol{x}}$ 继续上述步骤，不断对所得的近似解进行改进，这就是迭代改善法.

具体算法步骤如下：对 A 进行 LU 分解，解 $\boldsymbol{Ly}=\boldsymbol{b}$，$\boldsymbol{Ux}=\boldsymbol{y}$ 得 $\boldsymbol{x}^{(k)}$.计算残差 $\boldsymbol{r}^{(k)}=\boldsymbol{b}-\boldsymbol{Ax}^{(k)}$，解 $\boldsymbol{Ly}=\boldsymbol{r}^{(k)}$，$\boldsymbol{Ux}=\boldsymbol{y}$ 得 $\bar{\boldsymbol{x}}$，并修正解 $\boldsymbol{x}^{(k+1)}=\boldsymbol{x}^{(k)}+\bar{\boldsymbol{x}}$.如果 $\dfrac{\|\bar{\boldsymbol{x}}\|}{\|\boldsymbol{x}^{(k+1)}\|}<\varepsilon$，结束，输出解 $\boldsymbol{x}^{(k+1)}$；否则，继续修正.

6.5　案例及 MATLAB 程序

程序 1　用高斯消元法解线性方程组 $\boldsymbol{Ax}=\boldsymbol{b}$.

```
function[RA,RB,n,X]=gaus(A,b)
%输入的量:系数矩阵 A 和常系数向量 b
  %输出的量:系数矩阵 A 和增广矩阵 B 的秩 RA,RB,方程组中未知量的个数 n 和有关方程
         组解 X 及其解的信息
    B=[A b];n=length(b);RA=rank(A);
    RB=rank(B);zhica=RB-RA;
    if zhica>0
    disp('请注意:因为 RA~=RB,所以此方程组无解.')
```

```
    return
  end
  if RA==RB
    if RA==n
        disp('请注意:因为 RA=RB=n,所以此方程组有唯一解.')
      X=zeros(n,1);C=zeros(1,n+1);
     for p=1:n-1
        for k=p+1:n
           m=B(k,p)/ B(p,p);B(k,p:n+1)=B(k,p:n+1)-m* B(p,p:n+1);
        end
     end
        b=B(1:n,n+1);A=B(1:n,1:n);X(n)=b(n)/A(n,n);
     for q=n-1:-1:1
        X(q)=(b(q)-sum(A(q,q+1:n)*X(q+1:n)))/A(q,q);
     end
    else
        disp('请注意:因为 RA=RB<n,所以此方程组有无穷多解.')
  end
end
```

例 6.7 用高斯消元法求解线性方程组

$$\begin{cases}1.183x_1+0.304x_2+4.234x_3=1.127,\\-0.347x_1-2.712x_2+3.623x_3=1.137,\\-2.835x_1+1.072x_2+5.643x_3=3.035\end{cases}$$

的 MATLAB 程序.

解 MATLAB 程序如下:

```
   clear;
   A=[1.183 0.304 4.234;-0.347 -2.712 3.623;
-2.835 1.072 5.643];
   b=[1.127;1.137;3.035];
   [RA,RB,n,X]=gaus(A,b)
输出结果:
请注意:因为 RA=RB=n,所以此方程组有唯一解.
RA=3
RB=3
n=3
X=-0.3332
   0.0943
   0.3525
```

程序 2　用列主元高斯消元法解线性方程组 $\boldsymbol{Ax}=\boldsymbol{b}$.

```
a=input('请输入系数矩阵:');
b=input('请输入常数项:');
n=length(b);
A=[a,b];
x=zeros(n,1);                         %初始值
for k=1:n-1
   if abs(A(k,k))<10^(-4);            %判断是否选主元
      y=1;
else
   y=0;
end
   if y;                              %选主元
      for i=k+1:n
         if abs(A(i,k))>abs(A(k,k))
            p=i;
         else p=k;
         end
      end
      if p~=k;
         for j=k:n+1;
            s=A(k,j);
            A(k,j)=A(p,j);            %交换系数
            A(p,j)=s;
         end
         t=b(k);
         b(k)=b(p);                   %交换常数项
         b(p)=t;
      end
   end
for i=k+1:n
   m(i,k)=A(i,k)/A(k,k);              %第 k 次消元
   for j=k+1:n
      A(i,j)=A(i,j)-A(k,j)*m(i,k);
   end
   b(i)=b(i)-m(i,k)*b(k);
end
end
x(n)=b(n)/A(n,n);                     %回代
```

```
for i=n-1:-1:1;
    s=0;
    for j=i+1:n;
        s=s+A(i,j)*x(j);
    end
    x(i)=(b(i)-s)/A(i,i)
end
```

例 6.8 用列主元高斯消元法求解线性方程组

$$\begin{cases} 2x_1-4x_2+x_3=5, \\ 2x_1+x_2+2x_3=8, \\ -x_1+2x_2+2x_3=5 \end{cases}$$

的 MATLAB 程序.

解 调用本章 MATLAB 程序 2,

```
    请输入系数阵:[2,-4,1;2,1,2;-1,2,2]
    请输入常数项:[5;8;5]
x=
    1
    0
    3
```

程序 3 对矩阵 $\boldsymbol{A}$ 进行 LU 分解.

```
function LUDecomposition(A,n)% A is the square
matrix,n is the order of A
L=eye(n);%Let the L matrix be an identity matrix
at first
for i=1:n-1
    for j=i+1:n
        L(j,i)=A(j,i)/A(i,i);
        A(j,:)=A(j,:)-(A(j,i)/A(i,i))*A(i,:);
    end
end
U=A  %A becomes U matrix after Gauss elimination;
L
```

例 6.9 对矩阵 $\boldsymbol{A}=\begin{pmatrix}1&2&2\\2&7&7\\6&12&20\end{pmatrix}$ 进行 LU 分解的 MATLAB 程序.

解 LU 分解的 MATLAB 程序如下:

```
A=[1 2 2;2 7 7;6 12 20];
```

```
LUDecomposition(A,3)    %调用程序 3
输出结果:
U=
   1  2  2
   0  3  3
   0  0  8
L=
   1  0  0
   2  1  0
   6  0  1
```

程序 4　用 LU 分解法解线性方程组 $\boldsymbol{Ax}=\boldsymbol{b}$.

```
function LU(A,b)            %A 为系数矩阵,b 为右端项矩阵
[m,n]=size(A);              %初始化矩阵 A,b,L 和 U
n=length(b);
L=eye(n,n);
U=zeros(n,n);
U(1,1:n)=A(1,1:n);          %开始进行 LU 分解
L(2:n,1)=A(2:n,1)/U(1,1);
for k=2:n
U(k,k:n)=A(k,k:n)-L(k,1:k-1)*U(1:k-1,k:n);
L(k+1:n,k)=(A(k+1:n,k)-L(k+1:n,1:k-1)*U(1:k-1,
k))/U(k,k);
end
L                           %输出 L 矩阵
U                           %输出 U 矩阵
y=zeros(n,1);               %开始解方程组 Ux=y
y(1)=b(1);
for k=2:n
y(k)=b(k)-L(k,1:k-1)*y(1:k-1);
end
x=zeros(n,1);
x(n)=y(n)/U(n,n);
for k=n-1:-1:1
x(k)=(y(k)-U(k,k+1:n)*x(k+1:n))/U(k,k);
end
for k=1:n
fprintf('x[%d]=%f\n',k,x(k));
end
```

例 6.10 用 LU 分解法求解线性方程组$\begin{cases}5x_1-3x_2+4x_3=3,\\ x_1-x_2+x_3=1,\\ 2x_1+x_2+2x_3=2\end{cases}$的 MATLAB 程序.

解 MATLAB 程序如下:

```
A=[5-3 4;1-1 1;2 1 2];
b=[3;1;2];
LU(A,b)
输出结果:
L=
    1    0     0
    0.2  1     0
    0.4  -5.5  1
U=
    5  -3    4
    0  -0.4  0.2
    0  0     1.5
x[1]=-1.000000
x[2]=0.000000
x[3]=2.000000
```

程序 5 用追赶法解线性方程组 $\boldsymbol{Ax}=\boldsymbol{b}$.

```
function x=chase(a,b,c,f)
%求解线性方程组 Ax=f,其中 A 是三对角矩阵
%a 是矩阵 A 的下对角线元素 a(1)=0
%b 是矩阵 A 的对角线元素
%c 是矩阵 A 的上对角线元素 c(N)=0
%f 是方程组的右端向量
N=length(f);
x=zeros(1,N);y=zeros(1,N);
d=zeros(1,N);u=zeros(1,N);
%预处理
d(1)=b(1);
for i=1:N-1
   u(i)=c(i)/d(i);
   d(i+1)=b(i+1)-a(i+1)*u(i);
end
%追的过程
y(1)=f(1)/d(1);
for i=2:N
```

```
    y(i)=(f(i)-a(i)*y(i-1))/d(i);
end
%赶的过程
x(N)=y(N);
for i=N-1:-1:1
x(i)=y(i)-u(i)*x(i+1);
end
```

例 6.11　用追赶法求解方程组

$$\begin{pmatrix} 3 & -1 & & \\ -1 & 3 & -2 & \\ & -1 & 2 & -1 \\ & & -3 & 5 \end{pmatrix}\begin{pmatrix} x_1 \\ x_2 \\ x_3 \\ x_4 \end{pmatrix}=\begin{pmatrix} 11 \\ 1 \\ 0 \\ 1 \end{pmatrix}$$

的 MATLAB 程序.

解　MATLAB 程序如下:

```
a=[0,-1,-1,-3];b=[3,3,2,5];c=[-1,-2,-1,0];
f=[11,1,0,1];
x=chase(a,b,c,f)
输出结果为
x=
    5  4  3  2
```

例 6.12　早餐麦片的包装罐通常会列出每份食用量包含的卡路里、蛋白质、碳水化合物与脂肪的量.两种常见的早餐麦片的营养素含量见表 6-1.

表 6-1　早餐麦片的营养素含量

营养素	早餐麦片甲营养素含量	早餐麦片乙营养素含量
能量/cal	110	130
蛋白质/g	4	3
碳水化合物/g	20	18
脂肪/g	2	5

设这两种早餐麦片的混合物要求含 295cal 能量、9g 蛋白质、48g 碳水化合物和 8g 脂肪,写出对应的线性方程组,并判断所希望的两种麦片的混合物是否可以制作出来.

解　设 x_1 是早餐麦片甲的份数,x_2 是早餐麦片乙的份数,根据表 6-1,可以建立线性方程组

$$\begin{pmatrix} 110 & 130 \\ 4 & 3 \\ 20 & 18 \\ 2 & 5 \end{pmatrix}\begin{pmatrix} x_1 \\ x_2 \end{pmatrix}=\begin{pmatrix} 295 \\ 9 \\ 48 \\ 8 \end{pmatrix}.$$

利用高斯消元法进行求解,得

$$\begin{pmatrix}110 & 130 & 295\\4 & 3 & 9\\20 & 18 & 48\\2 & 5 & 8\end{pmatrix}\to\begin{pmatrix}22 & 26 & 59\\4 & 3 & 9\\10 & 9 & 24\\2 & 5 & 8\end{pmatrix}\to\begin{pmatrix}2 & 5 & 8\\4 & 3 & 9\\10 & 9 & 24\\22 & 26 & 59\end{pmatrix}\to$$

$$\begin{pmatrix}2 & 5 & 8\\0 & -7 & -7\\0 & -16 & -16\\0 & -29 & -29\end{pmatrix}\to\begin{pmatrix}2 & 5 & 8\\0 & 1 & 1\\0 & 0 & 0\\0 & 0 & 0\end{pmatrix}.$$

从而得到唯一解 $x_1=1.5$,$x_2=1$.也就是说,混合 1.5 份的早餐麦片甲和 1 份早餐麦片乙即可得到所要的混合麦片.

MATLAB 程序如下:

```
clc;
A=[110 130;4 3;20 18;2 5];
b=[295;9;48;8];B=[A b];n=2;
RA=rank(A);
RB=rank(B);zhica=RB-RA;
if zhica>0
disp('请注意:因为 RA~=RB,所以此方程组无解.')
return
end
if RA==RB
if RA==n
disp('请注意:因为 RA=RB=2,所以此方程组有唯一解.')
X=zeros(2,1);C=zeros(1,2+1);
for p=1:n-1
for k=p+1:n
          m=B(k,p)/B(p,p);B(k,p:n+1)=B(k,p:n+1)-m*B(p,p:n+1);
end
end
     b=B(1:n,n+1);A=B(1:n,1:n);X(n)=b(n)/A(n,n);
for q=n-1:-1:1
     X(q)=(b(q)-sum(A(q,q+1:n)*X(q+1:n)))/A(q,q);
end
else
     disp('请注意:因为 RA=RB<2,所以此方程组有无穷多解.')
end
end
X
调用后结果为:
```

```
X=
    1.500000000000000
    1.000000000000000
```

习题 6

1. 用高斯消元法求解方程组

$$\begin{cases}3x_1+3x_2+4x_3=8,\\4x_1+5x_2+3x_3=5,\\x_1+3x_2+10x_3=18.\end{cases}$$

2. 用列主元高斯消元法求解方程组

$$\begin{pmatrix}1&2&1\\3&4&0\\2&10&4\end{pmatrix}\begin{pmatrix}x_1\\x_2\\x_3\end{pmatrix}=\begin{pmatrix}3\\3\\10\end{pmatrix}.$$

3. 利用矩阵的 LU 分解法解方程组

$$\begin{cases}x_1+2x_2+3x_3=14,\\2x_1+5x_2+2x_3=18,\\3x_1+x_2+5x_3=20.\end{cases}$$

4. 设线性方程组为

$$\begin{cases}7x_1+10x_2=1,\\5x_1+7x_2=0.7.\end{cases}$$

1）试求系数矩阵 $\boldsymbol{A}$ 的条件数 $\mathrm{cond}_\infty(\boldsymbol{A})$；

2）若右端向量有扰动 $\delta\boldsymbol{b}=(0.01,-0.01)^{\mathrm{T}}$，试估计解的相对误差.

5. 用平方根法求解方程组

$$\begin{pmatrix}1&1&2\\1&2&0\\2&0&11\end{pmatrix}\begin{pmatrix}x_1\\x_2\\x_3\end{pmatrix}=\begin{pmatrix}5\\8\\7\end{pmatrix}.$$

6. 用改进的平方根法解方程组

$$\begin{pmatrix}2&-1&1\\-1&-2&3\\1&3&1\end{pmatrix}\begin{pmatrix}x_1\\x_2\\x_3\end{pmatrix}=\begin{pmatrix}4\\5\\6\end{pmatrix}.$$

7. 用追赶法求解线性方程组 $\boldsymbol{Ax}=\boldsymbol{f}$，其中

$$\boldsymbol{A}=\begin{pmatrix}2&1&&\\1&3&1&\\&1&1&1\\&&2&1\end{pmatrix},\quad \boldsymbol{x}=\begin{pmatrix}x_1\\x_2\\x_3\\x_4\end{pmatrix},\quad \boldsymbol{f}=\begin{pmatrix}1\\2\\2\\0\end{pmatrix}.$$

8. 设 $x \in \mathbf{R}^n$，试证明：

$$\|x\|_\infty \leqslant \|x\|_1 \leqslant n\|x\|_\infty;$$

$$\|x\|_\infty \leqslant \|x\|_2 \leqslant \sqrt{n}\|x\|_\infty;$$

$$\|x\|_2 \leqslant \|x\|_1 \leqslant \sqrt{n}\|x\|_2.$$

9. 已知 $\boldsymbol{A}=\begin{pmatrix}1 & -1\\ 2 & 3\end{pmatrix}$，求 $\|\boldsymbol{A}\|_\infty$，$\|\boldsymbol{A}\|_1$，$\|\boldsymbol{A}\|_2$.

10. 设

$$\boldsymbol{A}=\begin{pmatrix}100 & 99\\ 99 & 98\end{pmatrix}$$

计算 $\boldsymbol{A}$ 的条件数 $\mathrm{cond}(\boldsymbol{A})_2$ 和 $\mathrm{cond}(\boldsymbol{A})_\infty$.

11. 程序设计：分别设计用高斯消元法和列主元高斯消元法求解线性方程组

$$\begin{pmatrix}1 & 2 & 3 & 4\\ 2 & 2 & 1 & 1\\ 2 & 4 & 6 & 8\\ 4 & 4 & 2 & 2\end{pmatrix}\begin{pmatrix}x_1\\ x_2\\ x_3\\ x_4\end{pmatrix}=\begin{pmatrix}1\\ 3\\ 2\\ 6\end{pmatrix}.$$

的 MATLAB 程序.

12. 程序设计：设计用 LU 分解法求解线性方程组

$$\begin{pmatrix}4 & 2 & 3\\ -1 & 3 & 4\\ -2 & 1 & 5\end{pmatrix}\begin{pmatrix}x_1\\ x_2\\ x_3\end{pmatrix}=\begin{pmatrix}9\\ 6\\ 4\end{pmatrix}.$$

的 MATLAB 程序.

13. 程序设计：设计用追赶法求方程组

$$\begin{pmatrix}1 & 1 & 0 & 0\\ 1 & 2 & 1 & 0\\ 0 & 1 & 3 & 2\\ 0 & 0 & 2 & 1\end{pmatrix}\begin{pmatrix}x_1\\ x_2\\ x_3\\ x_4\end{pmatrix}=\begin{pmatrix}1\\ 2\\ 3\\ 2\end{pmatrix}.$$

的 MATLAB 程序.

第7章 线性方程组的迭代法

7.1 引言

上一章讨论的直接法主要用于求解中小规模的线性方程组.由于实际问题中的大型矩阵往往是稀疏的,用直接法会破坏这种稀疏性.因此,寻求能够保持稀疏性的有效算法就成为科学与工程计算研究中的一个重要课题.本章介绍线性方程组的另一种解法——迭代法,它包括雅可比迭代法、高斯-赛德尔迭代法和逐次超松弛法等几种.

7.2 单步定常迭代法

迭代法的思想就是从某一个给定的初始向量 $\boldsymbol{x}^{(0)}$ 出发,按照适当的计算法则,逐次计算出向量 $\boldsymbol{x}^{(1)},\boldsymbol{x}^{(2)},\cdots$,若向量序列 $\{\boldsymbol{x}^{(k)}\}$ 收敛于向量 $\boldsymbol{x}^*$,则它就是方程组的解.

单步定常迭代法将方程组

$$\boldsymbol{A}\boldsymbol{x}=\boldsymbol{b},$$

变形为等价方程组

$$\boldsymbol{x}=\boldsymbol{B}\boldsymbol{x}+\boldsymbol{f},$$

由此构造迭代公式

$$\boldsymbol{x}^{(k+1)}=\boldsymbol{B}\boldsymbol{x}^{(k)}+\boldsymbol{f}\quad(k=0,1,2,\cdots)\tag{7-1}$$

其中,$\boldsymbol{B}$ 称为迭代矩阵.

给定初始向量 $\boldsymbol{x}^{(0)}\in\mathbf{R}^n$ 后,按式(7-1)产生向量序列 $\{\boldsymbol{x}^{(k)}\}$.若迭代序列收敛到某一确定向量 $\boldsymbol{x}^*$,即

$$\lim_{k\to\infty}\boldsymbol{x}^{(k)}=\boldsymbol{x}^*,$$

且 $\boldsymbol{x}^*$ 不依赖于 $\boldsymbol{x}^{(0)}$ 的选取,则称迭代公式(7-1)是收敛的,否则称迭代公式(7-1)是发散的.

显然,若按式(7-1)产生的向量序列 $\{\boldsymbol{x}^{(k)}\}$ 收敛于向量 $\boldsymbol{x}^*$,则有

$$\boldsymbol{x}^{*}=\lim_{k\to\infty}\boldsymbol{x}^{(k)}=\lim_{k\to\infty}[\boldsymbol{B}\boldsymbol{x}^{(k-1)}+\boldsymbol{f}]=\boldsymbol{B}\boldsymbol{x}^{*}+\boldsymbol{f},$$

从而 $\boldsymbol{x}^{*}$ 也是方程组 $\boldsymbol{A}\boldsymbol{x}=\boldsymbol{b}$ 的解.

迭代公式(7-1)的构造一般源于矩阵分解.设系数矩阵 $\boldsymbol{A}$ 可分解为矩阵 $\boldsymbol{M}$ 和 $\boldsymbol{N}$ 之差,即

$$\boldsymbol{A}=\boldsymbol{M}-\boldsymbol{N},$$

其中 $\boldsymbol{M}$ 为非奇异矩阵.于是,方程组 $\boldsymbol{A}\boldsymbol{x}=\boldsymbol{b}$ 可以改写为

$$\boldsymbol{M}\boldsymbol{x}=\boldsymbol{N}\boldsymbol{x}+\boldsymbol{b},$$

从而

$$\boldsymbol{x}=\boldsymbol{M}^{-1}\boldsymbol{N}\boldsymbol{x}+\boldsymbol{M}^{-1}\boldsymbol{b}=\boldsymbol{B}\boldsymbol{x}+\boldsymbol{f}$$

其中,$\boldsymbol{B}=\boldsymbol{M}^{-1}\boldsymbol{N}$,$\boldsymbol{f}=\boldsymbol{M}^{-1}\boldsymbol{b}$.据此,我们便可以建立迭代公式(7-1).

7.2.1 雅可比迭代法

雅可比迭代法

设有 n 阶方程组

$$\begin{cases}a_{11}x_1+a_{12}x_2+\cdots+a_{1n}x_n=b_1,\\ a_{21}x_1+a_{22}x_2+\cdots+a_{2n}x_n=b_2,\\ \quad\vdots\\ a_{n1}x_1+a_{n2}x_2+\cdots+a_{nn}x_n=b_n.\end{cases}\tag{7-2}$$

若系数矩阵为非奇异矩阵,且 $a_{ii}\neq 0(i=1,2,\cdots,n)$,将式(7-2)改写成

$$\begin{cases}x_1=\dfrac{1}{a_{11}}(b_1-a_{12}x_2-a_{13}x_3-\cdots-a_{1n}x_n),\\ x_2=\dfrac{1}{a_{22}}(b_2-a_{21}x_1-a_{23}x_3-\cdots-a_{2n}x_n),\\ \quad\vdots\\ x_n=\dfrac{1}{a_{nn}}(b_n-a_{n1}x_1-a_{n2}x_2-\cdots-a_{n,n-1}x_{n-1}).\end{cases}$$

然后写成迭代格式,即

$$\begin{cases}x_1^{(k+1)}=\dfrac{1}{a_{11}}(b_1-a_{12}x_2^{(k)}-a_{13}x_3^{(k)}-\cdots-a_{1n}x_n^{(k)}),\\ x_2^{(k+1)}=\dfrac{1}{a_{22}}(b_2-a_{21}x_1^{(k)}-a_{23}x_3^{(k)}-\cdots-a_{2n}x_n^{(k)}),\\ \quad\vdots\\ x_n^{(k+1)}=\dfrac{1}{a_{nn}}(b_n-a_{n1}x_1^{(k)}-a_{n2}x_2^{(k)}-\cdots-a_{n,n-1}x_{n-1}^{(k)}).\end{cases}\tag{7-3}$$

式(7-3)也可以简单地写为

$$x_i^{(k+1)}=\frac{1}{a_{ii}}\left(b_i-\sum_{\substack{j=1\\ j\neq i}}^{n}a_{ij}x_j^{(k)}\right)\quad(i=1,2,\cdots,n)$$

下面是雅可比迭代法的矩阵表示形式.

考虑非奇异线性方程组

$$\boldsymbol{A}\boldsymbol{x}=\boldsymbol{b},$$

令

$$\boldsymbol{A}=\boldsymbol{D}-\boldsymbol{L}-\boldsymbol{U},$$

其中

$$\boldsymbol{A}=(a_{ij})_{n\times n},\quad \boldsymbol{D}=\mathbf{diag}(a_{11},a_{22},\cdots,a_{nn}),$$

$$\boldsymbol{L}=\begin{pmatrix} 0 & & & & \\ -a_{21} & 0 & & & \\ -a_{31} & -a_{32} & 0 & & \\ \vdots & \vdots & \ddots & \ddots & \\ -a_{n1} & -a_{n2} & \cdots & -a_{n,n-1} & 0 \end{pmatrix},$$

$$\boldsymbol{U}=\begin{pmatrix} 0 & -a_{12} & -a_{13} & \cdots & -a_{1n} \\ & 0 & -a_{23} & \cdots & -a_{2n} \\ & & \ddots & \ddots & \vdots \\ & & & 0 & -a_{n-1,n} \\ & & & & 0 \end{pmatrix}.$$

则可化为

$$\boldsymbol{x}=\boldsymbol{D}^{-1}(\boldsymbol{L}+\boldsymbol{U})\boldsymbol{x}+\boldsymbol{D}^{-1}\boldsymbol{b}, \tag{7-4}$$

简记作

$$\boldsymbol{x}=\boldsymbol{B}_{\mathrm{J}}\boldsymbol{x}+\boldsymbol{f}_{\mathrm{J}}$$

其中

$$\boldsymbol{B}_{\mathrm{J}}=\boldsymbol{D}^{-1}(\boldsymbol{L}+\boldsymbol{U}),\quad \boldsymbol{f}_{\mathrm{J}}=\boldsymbol{D}^{-1}\boldsymbol{b}.$$

若给定初始向量

$$\boldsymbol{x}^{(0)}=(x_1^{(0)},x_2^{(0)},\cdots,x_n^{(0)})^{\mathrm{T}},$$

并代入式(7-4)右边,又可得到一个向量 $\boldsymbol{x}^{(1)}$;以此类推,有

$$\boldsymbol{x}^{(k)}=\boldsymbol{B}_{\mathrm{J}}\boldsymbol{x}^{(k-1)}+\boldsymbol{f}_{\mathrm{J}}\quad (k=1,2,\cdots).$$

这就是所谓的雅可比(Jacobi)迭代法.

7.2.2 高斯-赛德尔迭代法

高斯-赛德尔迭代法

在雅可比迭代格式中,发现 $\boldsymbol{x}^{(k+1)}$ 应该比 $\boldsymbol{x}^{(k)}$ 更接近于原方程的解 $\boldsymbol{x}^*$,在计算 $x_i^{(k+1)}$ 时,用已算出的分量 $x_1^{(k+1)},x_2^{(k+1)},\cdots,x_{i-1}^{(k+1)}$,可收到更好的效果.这样式(7-4)写成

$$\begin{cases} x_1^{(k+1)}=\dfrac{1}{a_{11}}(b_1-a_{12}x_2^{(k)}-a_{13}x_3^{(k)}-\cdots-a_{1n}x_n^{(k)}), \\ x_2^{(k+1)}=\dfrac{1}{a_{22}}(b_2-a_{21}x_1^{(k+1)}-a_{23}x_3^{(k)}-\cdots-a_{2n}x_n^{(k)}), \\ \qquad\vdots \\ x_n^{(k+1)}=\dfrac{1}{a_{nn}}(b_n-a_{n1}x_1^{(k+1)}-a_{n2}x_2^{(k+1)}-\cdots-a_{n,n-1}x_{n-1}^{(k+1)}). \end{cases} \tag{7-5}$$

式(7-5)可简写成

$$x_i^{(k+1)}=\frac{1}{a_{ii}}\left(b_i-\sum_{j=1}^{i-1}a_{ij}x_j^{(k+1)}-\sum_{j=i+1}^{n}a_{ij}x_j^{(k)}\right)\quad(i=1,2,\cdots,n)$$

此为高斯-赛德尔(Gauss-Seidel,以下简称 G-S)迭代格式.

高斯-赛德尔迭代格式的矩阵表示如下：

$$\boldsymbol{B}_{\text{G-S}}=(\boldsymbol{D}-\boldsymbol{L})^{-1}\boldsymbol{U}.$$

如果$(\boldsymbol{D}-\boldsymbol{L})^{-1}$存在,则高斯-赛德尔迭代法可以改写成

$$\boldsymbol{x}^{(k)}=(\boldsymbol{D}-\boldsymbol{L})^{-1}\boldsymbol{U}x^{(k-1)}+(\boldsymbol{D}-\boldsymbol{L})^{-1}\boldsymbol{b}.$$

把$\boldsymbol{B}_{\text{G-S}}=(\boldsymbol{D}-\boldsymbol{L})^{-1}\boldsymbol{U}$叫作高斯-赛德尔迭代法的迭代矩阵,而把$\boldsymbol{f}_{\text{G-S}}=(\boldsymbol{D}-\boldsymbol{L})^{-1}\boldsymbol{b}$叫作高斯-赛德尔迭代法的常数项.

例题 7.1

例 7.1 分别用雅可比迭代法和高斯-赛德尔迭代法解线性方程组

$$\begin{cases}5x_1+x_2-x_3-2x_4=-2,\\2x_1+8x_2+x_3+3x_4=-6,\\x_1-2x_2-4x_3-x_4=6,\\-x_1+3x_2+2x_3+7x_4=12.\end{cases}$$

当$\|\boldsymbol{x}^{(k+1)}-\boldsymbol{x}^{(k)}\|_\infty<10^{-5}$时迭代停止.

解 雅可比迭代格式如下：

$$\begin{cases}x_1^{(k+1)}=\frac{1}{5}(-2-x_2^{(k)}+x_3^{(k)}+2x_4^{(k)}),\\x_2^{(k+1)}=\frac{1}{8}(-6-2x_1^{(k)}-x_3^{(k)}-3x_4^{(k)}),\\x_3^{(k+1)}=-\frac{1}{4}(6-x_1^{(k)}+2x_2^{(k)}+x_4^{(k)}),\\x_4^{(k+1)}=\frac{1}{7}(12+x_1^{(k)}-3x_2^{(k)}-2x_3^{(k)}).\end{cases}$$

取初始迭代向量$\boldsymbol{x}^{(0)}=(0,0,0,0)^{\mathrm{T}}$,迭代 24 次的近似解

$\boldsymbol{x}^{(24)}=(0.9999941,-1.9999950,-1.0000040,2.9999990)^{\mathrm{T}}$.

高斯-赛德尔迭代格式如下：

$$\begin{cases}x_1^{(k+1)}=\frac{1}{5}(-2-x_2^{(k)}+x_3^{(k)}+2x_4^{(k)}),\\x_2^{(k+1)}=\frac{1}{8}(-6-2x_1^{(k+1)}-x_3^{(k)}-3x_4^{(k)}),\\x_3^{(k+1)}=-\frac{1}{4}(6-x_1^{(k+1)}+2x_2^{(k+1)}+x_4^{(k)}),\\x_4^{(k+1)}=\frac{1}{7}(12+x_1^{(k+1)}-3x_2^{(k+1)}-2x_3^{(k+1)}).\end{cases}$$

取初始迭代向量$\boldsymbol{x}^{(0)}=(0,0,0,0)^{\mathrm{T}}$,迭代 14 次的近似解

$$\boldsymbol{x}^{(14)}=(0.9999966,-1.9999970,-1.0000010,2.9999990)^{\mathrm{T}}.$$

不难发现,例 7.1 中雅可比迭代法和高斯-赛德尔迭代法都是收敛的,并且高斯-赛德尔迭代法的收敛速度快于雅可比迭代法.当然,也有不收敛的迭代格式.例如,方程组

$$\begin{pmatrix} 10 & -7 & 0 \\ 5 & -1 & 5 \\ -3 & 2 & 6 \end{pmatrix}\begin{pmatrix} x_1 \\ x_2 \\ x_3 \end{pmatrix}=\begin{pmatrix} 7 \\ 6 \\ 4 \end{pmatrix},$$

高斯-赛德尔迭代公式为

$$\begin{cases} x_1^{(k+1)}=\dfrac{1}{10}(7x_2^{(k)}+7), \\ x_2^{(k+1)}=-(-5x_1^{(k+1)}-5x_3^{(k)}+6), \\ x_3^{(k+1)}=\dfrac{1}{6}(3x_1^{(k+1)}-2x_2^{(k+1)}+4). \end{cases}$$

取 $\boldsymbol{x}^{(0)}=(1,1,1)^{\mathrm{T}}$，迭代结果见表 7-1.

表 7-1　迭代结果

k	0	1	2	3	4
$\boldsymbol{x}^{(k)}$	$\begin{pmatrix} 1 \\ 1 \\ 1 \end{pmatrix}$	$\begin{pmatrix} 1.4000 \\ 6.0000 \\ -0.6333 \end{pmatrix}$	$\begin{pmatrix} 4.9000 \\ 15.3333 \\ -1.9944 \end{pmatrix}$	$\begin{pmatrix} 11.4330 \\ 41.1944 \\ -7.3482 \end{pmatrix}$	$\begin{pmatrix} 29.5361 \\ 104.9398 \\ -19.5452 \end{pmatrix}$

从结果上看，这个高斯-赛德尔迭代格式是不收敛的.但对有些方程组，可能一种方法收敛，另一种方法发散.

人物介绍

约翰·卡尔·弗里德里希·高斯被认为是世界上最伟大的数学家之一，享有“数学王子”的美誉.

高斯发现了质数分布定理和最小二乘法.在这些基础之上，高斯随后专注于曲面与曲线的计算，并成功得到了高斯钟形曲线（正态分布曲线）.其函数被命名为标准正态分布（或高斯分布），并在概率计算中大量使用.1796 年，高斯证明了仅用尺规便可以构造正 17 边形.

高斯总结了复数的应用，并且严格证明了每一个 n 次代数方程必有 n 个实数或者复数解.在他的第一本著名的著作《算术研究》中，给出了二次互反律的证明，成为数论继续发展的重要基础.在这部著作的第一章，导出了三角形全等定理的概念.

高斯在最小二乘法基础上创立的测量平差理论的帮助下，测算了天体的运行轨迹.他运用这种方法，测算出了小行星谷神星的运行轨迹.高斯也是微分几何的始祖（高斯、雅诺斯和罗巴切夫斯基）之一.出于对实际应用的兴趣，高斯发明了日光反射仪.

7.3　迭代法的收敛性

定理 7.1　$\lim\limits_{k\to\infty}\boldsymbol{A}_k=\boldsymbol{A}$ 等价于 $\lim\limits_{k\to\infty}\|\boldsymbol{A}_k-\boldsymbol{A}\|=0$，其中 $\|\cdot\|$ 为矩阵

的任意一种范数.

证明 显然有$\lim\limits_{k\to\infty}\boldsymbol{A}_k=\boldsymbol{A}$等价于$\lim\limits_{k\to\infty}\|\boldsymbol{A}_k-\boldsymbol{A}\|_\infty=0$，再利用矩阵范数的等价性，可以证明定理对其他矩阵范数也成立.

定理 7.2(迭代法基本定理) 设有方程组$\boldsymbol{x}=\boldsymbol{Bx}+\boldsymbol{f}$以及迭代法$\boldsymbol{x}^{(k+1)}=\boldsymbol{Bx}^{(k)}+\boldsymbol{f}$，对任意选取初始向量$\boldsymbol{x}^{(0)}$，迭代法收敛的充要条件是矩阵$\boldsymbol{B}$的谱半径$\rho(\boldsymbol{B})<1$.

证明 必要性：设$\rho(\boldsymbol{B})<1$，则矩阵$\boldsymbol{A}=\boldsymbol{E}-\boldsymbol{B}$的特征值均大于0，故$\boldsymbol{A}$为非奇异矩阵.$\boldsymbol{Ax}=\boldsymbol{f}$有唯一解$\boldsymbol{x}^*$，且$\boldsymbol{Ax}^*=\boldsymbol{f}$，即$\boldsymbol{x}^*=\boldsymbol{Bx}^*+\boldsymbol{f}$.误差向量为

$$\boldsymbol{\varepsilon}^{(k)}=\boldsymbol{x}^{(k)}-\boldsymbol{x}^*=\boldsymbol{B}(\boldsymbol{x}^{(k-1)}-\boldsymbol{x}^*)=\boldsymbol{B\varepsilon}^{(k-1)}=\cdots=\boldsymbol{B}^k\boldsymbol{\varepsilon}^{(0)}.$$

又$\rho(\boldsymbol{B})<1$，应用定理 6.9，有$\lim\limits_{k\to\infty}\boldsymbol{B}^k=\boldsymbol{O}$.于是，对任意$\boldsymbol{x}^{(0)}$，有$\lim\limits_{k\to\infty}\boldsymbol{\varepsilon}^{(k)}=0$，即$\lim\limits_{k\to\infty}\boldsymbol{x}^{(k)}=\boldsymbol{x}^*$.

充分性：设对任意$\boldsymbol{x}^{(0)}$有

$$\lim_{k\to\infty}\boldsymbol{x}^{(k)}=\boldsymbol{x}^*,$$

其中$\boldsymbol{x}^{(k+1)}=\boldsymbol{Bx}^{(k)}+\boldsymbol{f}$，显然，极限$\boldsymbol{x}^*$是方程组$\boldsymbol{x}=\boldsymbol{Bx}+\boldsymbol{f}$的解，且对任意$\boldsymbol{x}^{(0)}$有

$$\boldsymbol{\varepsilon}^{(k)}=\boldsymbol{x}^{(k)}-\boldsymbol{x}^*=\boldsymbol{B}^k\boldsymbol{\varepsilon}^{(0)}\to\boldsymbol{0}\quad(k\to\infty).$$

由定理 6.9 知$\lim\limits_{k\to\infty}\boldsymbol{B}^k=\boldsymbol{O}$，即得$\rho(\boldsymbol{B})<1$.

例 7.2 考察用雅可比迭代法和高斯-赛德尔迭代法解线性方程组$\boldsymbol{Ax}=\boldsymbol{b}$的收敛性，其中

$$\boldsymbol{A}=\begin{pmatrix}1&2&-2\\1&1&1\\2&2&1\end{pmatrix},\quad \boldsymbol{b}=\begin{pmatrix}1\\1\\1\end{pmatrix}$$

解 雅可比迭代矩阵为

$$\boldsymbol{B}_\mathrm{J}=\boldsymbol{D}^{-1}(\boldsymbol{L}+\boldsymbol{U})=\begin{pmatrix}0&-\dfrac{a_{12}}{a_{11}}&-\dfrac{a_{13}}{a_{11}}\\-\dfrac{a_{21}}{a_{22}}&0&-\dfrac{a_{23}}{a_{22}}\\-\dfrac{a_{31}}{a_{33}}&-\dfrac{a_{32}}{a_{33}}&0\end{pmatrix}=\begin{pmatrix}0&-2&2\\-1&0&-1\\-2&-2&0\end{pmatrix}.$$

求特征值$|\lambda\boldsymbol{E}-\boldsymbol{B}_\mathrm{J}|=\begin{vmatrix}\lambda&2&-2\\1&\lambda&1\\2&2&\lambda\end{vmatrix}=\lambda^3=0,\lambda_1,\lambda_2,\lambda_3=0$,

$\rho(\boldsymbol{B}_\mathrm{J})=0<1$.所以，用雅可比迭代法求解时，迭代过程收敛.

高斯-赛德尔迭代矩阵为

$$\boldsymbol{B}_\mathrm{G\text{-}S}=(\boldsymbol{D}-\boldsymbol{L})^{-1}\boldsymbol{U}=\begin{pmatrix}0&-2&2\\0&2&-3\\0&0&2\end{pmatrix}.$$

求特征值 $|\lambda \boldsymbol{E}-\boldsymbol{B}_{G\text{-}S}|=\begin{vmatrix}\lambda & 2 & -2\\ 0 & \lambda-2 & 3\\ 0 & 0 & \lambda-2\end{vmatrix}=\lambda(\lambda-2)^2=0, \lambda_1=0, \lambda_2=\lambda_3=2, \rho(B_{G\text{-}S})=2>1$.所以,用高斯-赛德尔迭代法求解时,迭代过程发散.

判断迭代收敛时,需要计算 $\rho(\boldsymbol{B})$,一般情况下,这不太方便.由于 $\rho(\boldsymbol{B})\leqslant\|\boldsymbol{B}\|$,在实际应用中,常利用矩阵 $\boldsymbol{B}$ 的范数来判别迭代法的收敛性.

定理 7.3(迭代法收敛的充分条件)　设有方程组

$$\boldsymbol{x}=\boldsymbol{B}\boldsymbol{x}+\boldsymbol{f}\quad(\boldsymbol{B}\in\mathbf{R}^{n\times n})$$

以及迭代法

$$\boldsymbol{x}^{(k+1)}=\boldsymbol{B}\boldsymbol{x}^{(k)}+\boldsymbol{f}\quad(k=0,1,2,\cdots)$$

如果有 $\boldsymbol{B}$ 的某种范数 $\|\boldsymbol{B}\|=q<1$,则有如下情况:

1) 迭代法收敛,即对任取 $\boldsymbol{x}^{(0)}$ 有 $\lim\limits_{k\to\infty}\boldsymbol{x}^{(k)}=\boldsymbol{x}^*$ 且 $\boldsymbol{x}^*=\boldsymbol{B}\boldsymbol{x}^*+\boldsymbol{f}$;

2) $\|\boldsymbol{x}^{(k+1)}-\boldsymbol{x}^*\|\leqslant q^{k+1}\|\boldsymbol{x}^{(0)}-\boldsymbol{x}^*\|$;

3) $\|\boldsymbol{x}^{(k+1)}-\boldsymbol{x}^*\|\leqslant\dfrac{q}{1-q}\|\boldsymbol{x}^{(k+1)}-\boldsymbol{x}^{(k)}\|$;

4) $\|\boldsymbol{x}^{(k+1)}-\boldsymbol{x}^*\|\leqslant\dfrac{q^{k+1}}{1-q}\|\boldsymbol{x}^{(1)}-\boldsymbol{x}^{(0)}\|$.

证明　1) 由定理 7.2 可知,结论 1)是显然成立的.

2) 由关系式 $\boldsymbol{x}^{(k+1)}-\boldsymbol{x}^*=\boldsymbol{B}(\boldsymbol{x}^{(k)}-\boldsymbol{x}^*)$,有

$$\begin{aligned}\|\boldsymbol{x}^{(k+1)}-\boldsymbol{x}^*\|&\leqslant q\|\boldsymbol{x}^{(k)}-\boldsymbol{x}^*\|\leqslant q^2\|\boldsymbol{x}^{(k-1)}-\boldsymbol{x}^*\|\\&\leqslant\cdots\leqslant q^{k+1}\|\boldsymbol{x}^{(0)}-\boldsymbol{x}^*\|.\end{aligned}$$

3)
$$\begin{aligned}\|\boldsymbol{x}^{(k+1)}-\boldsymbol{x}^{(k)}\|&=\|\boldsymbol{x}^*-\boldsymbol{x}^{(k)}-(\boldsymbol{x}^*-\boldsymbol{x}^{(k+1)})\|\\&\geqslant\|\boldsymbol{x}^*-\boldsymbol{x}^{(k)}\|-\|\boldsymbol{x}^*-\boldsymbol{x}^{(k+1)}\|\\&\geqslant\|\boldsymbol{x}^*-\boldsymbol{x}^{(k)}\|-q\|\boldsymbol{x}^*-\boldsymbol{x}^{(k)}\|\\&=(1-q)\|\boldsymbol{x}^*-\boldsymbol{x}^{(k)}\|\end{aligned}$$

即

$$\|\boldsymbol{x}^*-\boldsymbol{x}^{(k)}\|\leqslant\frac{1}{1-q}\|\boldsymbol{x}^{(k+1)}-\boldsymbol{x}^{(k)}\|\leqslant\frac{q}{1-q}\|\boldsymbol{x}^{(k)}-\boldsymbol{x}^{(k-1)}\|.$$

显然 $\|\boldsymbol{x}^{(k+1)}-\boldsymbol{x}^*\|\leqslant\dfrac{q}{1-q}\|\boldsymbol{x}^{(k+1)}-\boldsymbol{x}^{(k)}\|$ 也成立.

4)
$$\begin{aligned}\|\boldsymbol{x}^{(k+1)}-\boldsymbol{x}^*\|&\leqslant\frac{q}{1-q}\|\boldsymbol{x}^{(k+1)}-\boldsymbol{x}^{(k)}\|\leqslant\frac{q^2}{1-q}\|x^{(k)}-x^{(k-1)}\|\\&\leqslant\cdots\leqslant\frac{q^{k+1}}{1-q}\|x^{(1)}-x^{(0)}\|\end{aligned}$$

上面定理表明,可以从两次相邻近似值的差来判别迭代是否应该终止,这对实际计算是非常好用的.在实际应用中常遇到一些线性代数方程组,其系数矩阵具有某些性质,如系数矩阵的对角元素占优,系数矩阵为对称正定矩阵等,充分利用这些性质往往可使判

定迭代法收敛的问题变得简单.

定义 7.1 设 $A=(a_{ij})_{n\times n}(n\geqslant 2)$,如果存在置换矩阵 P,使得

$$P^{\mathrm{T}}AP=\begin{pmatrix} A_{11} & A_{12} \\ O & A_{22} \end{pmatrix}$$

其中,A_{11} 为 r 阶方阵,A_{22} 为 $n-r$ 阶方阵($1\leqslant r<n$),则称 A 为可约矩阵;否则,称 A 为不可约矩阵.

定理 7.4(对角占优定理) 如果 $A=(a_{ij})_{n\times n}$ 为严格对角占优矩阵或 A 为不可约弱对角占优矩阵,则 A 为非奇异矩阵.

证明 只就 A 为严格对角占优矩阵证明此定理.采用反证法,如果 $\det A=0$,则 $Ax=0$ 有非零解,记为 $x=(x_1,x_2,\cdots,x_n)^{\mathrm{T}}$,则 $|x_k|=\max\limits_{1\leqslant i\leqslant n}|x_i|\neq 0$.

由齐次方程组第 k 个方程

$$\sum_{j=1}^{n} a_{kj}x_j=0,$$

则有

$$|a_{kk}x_k|=\left|\sum_{\substack{j=1\\ j\neq k}}^{n} a_{kj}x_j\right|\leqslant\sum_{\substack{j=1\\ j\neq k}}^{n}|a_{kj}|\,|x_j|\leqslant|x_k|\sum_{\substack{j=1\\ j\neq k}}^{n}|a_{kj}|.$$

即 $|a_{kk}|\leqslant\sum\limits_{\substack{j=1\\ j\neq k}}^{n}|a_{kj}|$,与假设矛盾,故 $\det A\neq 0$,A 为非奇异矩阵.

定理 7.5 设 $Ax=b$,如果存在以下情况:

1) A 为严格对角占优矩阵,则解 $Ax=b$ 的雅可比迭代法、高斯-赛德尔迭代法均收敛;

2) A 为弱对角占优矩阵,且 A 为不可约矩阵,则解 $Ax=b$ 的雅可比迭代法、高斯-赛德尔迭代法均收敛.

证明 只证明结论 1),证明过程如下.

A 为严格对角占优矩阵,故

$$|a_{ii}|>\sum_{\substack{j=1\\ j\neq i}}^{n}|a_{ij}|,\quad 1>\sum_{\substack{j=1\\ j\neq i}}^{n}\left|\frac{a_{ij}}{a_{ii}}\right|\quad(i=1,2,\cdots,n)$$

因此 A 的主对角元素均为非零,可以生成雅可比迭代式,即

$$x^{(k+1)}=B_{\mathrm{J}}x^{(k)}+f_{\mathrm{J}}$$

其中,$B_{\mathrm{J}}=D^{-1}(L+U)$,$f_{\mathrm{J}}=D^{-1}b$,则有

$$\|B_{\mathrm{J}}\|_{\infty}=\max_{1\leqslant i\leqslant n}\left|\frac{1}{a_{ii}}\sum_{\substack{j=1\\ j\neq i}}^{n}(-a_{ij})\right|\leqslant\max_{1\leqslant i\leqslant n}\left\{\sum_{\substack{j=1\\ j\neq i}}^{n}\left|\frac{a_{ij}}{a_{ii}}\right|\right\}<\max_{1\leqslant i\leqslant n}\{1\}=1.$$

从而 $\rho(B_{\mathrm{J}})\leqslant\|B_{\mathrm{J}}\|_{\infty}<1$,雅可比迭代法收敛.

同样,也可以生成高斯-赛德尔迭代式,即

$$x^{(k+1)}=B_{\text{G-S}}x^{(k)}+f_{\text{G-S}},$$

其中,$B_{\text{G-S}}=(D-L)^{-1}U$,$f_{\text{G-S}}=(D-L)^{-1}b$.

下面考察 $\boldsymbol{B}_{G\text{-}S}$ 的特征值情况.设 λ 为 $\boldsymbol{B}_{G\text{-}S}$ 的任一特征值,于是有

$$\begin{aligned}0&=\det(\lambda\boldsymbol{E}-\boldsymbol{B}_{G\text{-}S})=\det(\lambda\boldsymbol{E}-(\boldsymbol{D}-\boldsymbol{L})^{-1}\boldsymbol{U})\\&=\det((\boldsymbol{D}-\boldsymbol{L})^{-1})\det(\lambda(\boldsymbol{D}-\boldsymbol{L})-\boldsymbol{U}),\end{aligned}$$

由于 $\det((\boldsymbol{D}-\boldsymbol{L})^{-1})\neq0$,因此 $\det(\lambda(\boldsymbol{D}-\boldsymbol{L})-\boldsymbol{U})=0$.记

$$\lambda(\boldsymbol{D}-\boldsymbol{L})-\boldsymbol{U}=\begin{pmatrix}\lambda a_{11} & a_{12} & \cdots & a_{1n}\\ \lambda a_{21} & \lambda a_{22} & \cdots & a_{2n}\\ \vdots & \vdots & & \vdots\\ \lambda a_{n1} & \lambda a_{n2} & \cdots & \lambda a_{nn}\end{pmatrix}\triangleq\boldsymbol{C},$$

以下证明当 $|\lambda|\geqslant1$ 时,则 $\det\boldsymbol{C}\neq0$,从而得到 $\boldsymbol{B}_{G\text{-}S}$ 的任一特征值 λ 均满足 $|\lambda|<1$,从而 $\rho(\boldsymbol{B}_{G\text{-}S})<1$,高斯-赛德尔迭代法收敛.

事实上,当 $|\lambda|\geqslant1$ 时,由 $\boldsymbol{A}$ 为严格对角占优矩阵,则有

$$\begin{aligned}|c_{ii}|=|\lambda a_{ii}|&>|\lambda|\left(\sum_{j=1}^{i-1}|a_{ij}|+\sum_{j=i+1}^{n}|a_{ij}|\right)\\&>\sum_{j=1}^{i-1}|\lambda a_{ij}|+\sum_{j=i+1}^{n}|a_{ij}|=\sum_{\substack{j=1\\j\neq i}}^{n}|c_{ij}|\end{aligned}$$

即 $\boldsymbol{C}$ 矩阵为严格对角占优矩阵,故 $\det\boldsymbol{C}\neq0$.证毕

7.4 逐次超松弛迭代法

逐次超松弛迭代法(Successive Over Relaxation method,SOR 迭代法)是一种线性加速方法,可以看成高斯-赛德尔迭代法的加速.这种方法将前一步的结果 $x_i^{(k)}$ 与高斯-赛德尔迭代值 $\tilde{x}_i^{(k+1)}$ 适当进行线性组合,从而可以构成一个收敛速度较快的近似解序列.改进后的迭代方案如下.

高斯-赛德尔迭代值为

$$\tilde{x}_i^{(k+1)}=\frac{1}{a_{ii}}\left(b_i-\sum_{j=1}^{i-1}a_{ij}x_j^{(k+1)}-\sum_{j=i+1}^{n}a_{ij}x_j^{(k)}\right),$$

加速方程为

$$x_i^{(k+1)}=(1-\omega)x_i^{(k)}+\omega\tilde{x}_i^{k+1}\quad(i=1,2,\cdots,n),$$

所以

$$x_i^{(k+1)}=(1-\omega)x_i^{(k)}+\frac{\omega}{a_{ii}}\left(b_i-\sum_{j=1}^{i-1}a_{ij}x_j^{(k+1)}-\sum_{j=i+1}^{n}a_{ij}x_j^{(k)}\right).\tag{7-6}$$

这种加速方法就是逐次超松弛迭代法.其中系数 ω 称为松弛因子.当 $\omega=1$ 时,式(7-6)即为高斯-赛德尔迭代法.

若将式(7-6)写成矩阵形式,则得

$$\boldsymbol{D}\boldsymbol{x}^{(k+1)}=(1-\omega)\boldsymbol{D}\boldsymbol{x}^{(k)}+\omega(\boldsymbol{b}+\boldsymbol{L}\boldsymbol{x}^{(k+1)}+\boldsymbol{U}\boldsymbol{x}^{(k)}),$$

即 $(\boldsymbol{D}-\omega\boldsymbol{L})\boldsymbol{x}^{(k+1)}=[(1-\omega)\boldsymbol{D}+\omega\boldsymbol{U}]\boldsymbol{x}^{(k)}+\omega\boldsymbol{b}$,逐次超松弛迭代法矩阵

形式的迭代格式为

$$x^{(k+1)}=B_\omega x^{(k)}+F_\omega, \tag{7-7}$$

其中，$B_\omega=(D-\omega L)^{-1}((1-\omega)D+\omega U)$，$F_\omega=\omega(D-\omega L)^{-1}b$.

例 7.3 考察用逐次松弛迭代法解例 7.1 中的线性方程组.

解 SOR 迭代法的迭代格式如下：

$$\begin{cases} x_1^{(k+1)}=x_1^{(k)}+\dfrac{\omega}{5}(-2-5x_1^{(k)}-x_2^{(k)}+x_3^{(k)}+2x_4^{(k)}), \\ x_2^{(k+1)}=x_2^{(k)}+\dfrac{\omega}{8}(-6-2x_1^{(k+1)}-8x_2^{(k)}-x_3^{(k)}-3x_4^{(k)}), \\ x_3^{(k+1)}=x_3^{(k)}-\dfrac{\omega}{4}(6-x_1^{(k+1)}+2x_2^{(k+1)}+4x_3^{(k)}+x_4^{(k)}), \\ x_4^{(k+1)}=x_4^{(k)}+\dfrac{\omega}{7}(12+x_1^{(k+1)}-3x_2^{(k+1)}-2x_3^{(k+1)}-7x_4^{(k)}). \end{cases}$$

取初始迭代向量 $x^{(0)}=(0,0,0,0)^T$，松弛因子 $\omega=1.15$，迭代 8 次得到的近似解为

$$x^{(8)}=(0.9999965,-1.9999970,-1.0000010,2.9999990)^T.$$

对比例 7.1 可以发现，若松弛因子选得好，则 SOR 迭代法比高斯-赛德尔迭代法和雅可比迭代法都快.

定理 7.6 如果线性方程组 $Ax=b$，$a_{ii}\neq 0(i=1,2,\cdots,n)$ 的 SOR 迭代法收敛，则有 $0<\omega<2$.

证明 由 SOR 迭代法迭代矩阵 $B_\omega=(D-\omega L)^{-1}((1-\omega)D+\omega U)$，于是

$$\det(B_\omega)=\det(D-\omega L)^{-1}\det((1-\omega)D+\omega U)$$
$$=(a_{11}a_{22}\cdots a_{nn})^{-1}(1-\omega)^n(a_{11}a_{22}\cdots a_{nn})=(1-\omega)^n.$$

另一方面，设 B_ω 的全部特征值为 $\lambda_1,\lambda_2,\cdots,\lambda_n$，从而 $\det(B_\omega)=|\lambda_1\lambda_2\cdots\lambda_n|\leqslant\rho(B_\omega)^n$. 若 SOR 迭代法收敛，则 $\rho(B_\omega)<1$，因此 $|(1-\omega)^n|<1$，即 $|1-\omega|<1$，从而有 $0<\omega<2$. 证毕.

定理 7.7 若线性方程组 $Ax=b$ 的系数矩阵 A 为对称正定矩阵，且 $0<\omega<2$，则 $Ax=b$ 的 SOR 迭代法收敛.

证明 设 B_ω 的特征值为 λ（可能是复数），对应特征向量为 x，即

$$(D-\omega L)^{-1}((1-\omega)D+\omega U)x=\lambda x,$$

于是

$$((1-\omega)D+\omega U)x=\lambda(D-\omega L)x,$$

两边与 x 作内积，有

$$(((1-\omega)D+\omega U)x,x)=\lambda((D-\omega L)x,x),$$

因此

$$\lambda=\frac{(((1-\omega)D+\omega U)x,x)}{((D-\omega L)x,x)}=\frac{(Dx,x)-\omega(Dx,x)+\omega(Ux,x)}{(Dx,x)-\omega(Lx,x)}.$$

因 A 正定，故 D 也正定，设 $(Dx,x)=d>0$. 令 $(Lx,x)=\alpha+i\beta$，又 A 为

对称矩阵,故 $\boldsymbol{U}=\boldsymbol{L}^{\mathrm{T}}$,故有

$$(\boldsymbol{U}\boldsymbol{x},\boldsymbol{x})=(\boldsymbol{L}^{\mathrm{T}}\boldsymbol{x},\boldsymbol{x})=\boldsymbol{x}^{\mathrm{T}}\boldsymbol{L}^{\mathrm{T}}\boldsymbol{x}=(\boldsymbol{x}^{\mathrm{T}}\boldsymbol{L}\boldsymbol{x})^{\mathrm{T}}=\alpha-\mathrm{i}\beta,$$

$$(\boldsymbol{A}\boldsymbol{x},\boldsymbol{x})=((\boldsymbol{D}-\boldsymbol{L}-\boldsymbol{U})\boldsymbol{x},\boldsymbol{x})=(\boldsymbol{D}\boldsymbol{x},\boldsymbol{x})-(\boldsymbol{L}\boldsymbol{x},\boldsymbol{x})-(\boldsymbol{U}\boldsymbol{x},\boldsymbol{x})=d-2\alpha,$$

$$\begin{aligned}\lambda&=\frac{(((1-\omega)\boldsymbol{D}+\omega\boldsymbol{U})\boldsymbol{x},\boldsymbol{x})}{((\boldsymbol{D}-\omega\boldsymbol{L})\boldsymbol{x},\boldsymbol{x})}=\frac{(\boldsymbol{D}\boldsymbol{x},\boldsymbol{x})-\omega(\boldsymbol{D}\boldsymbol{x},\boldsymbol{x})+\omega(\boldsymbol{U}\boldsymbol{x},\boldsymbol{x})}{(\boldsymbol{D}\boldsymbol{x},\boldsymbol{x})-\omega(\boldsymbol{L}\boldsymbol{x},\boldsymbol{x})}\\&=\frac{d-\omega d+\omega(\alpha-\mathrm{i}\beta)}{d-\omega(\alpha+\mathrm{i}\beta)}=\frac{(d-\omega d+\omega\alpha)-\mathrm{i}\omega\beta}{(d-\omega\alpha)-\mathrm{i}\omega\beta}.\end{aligned}$$

因此

$$|\lambda|^2=\frac{(d-\omega d+\omega\alpha)^2+(\omega\beta)^2}{(d-\omega\alpha)^2+(\omega\beta)^2}.$$

由于 $\boldsymbol{A}$ 正定及 $0<\omega<2$,故

$$(d-\omega d+\omega\alpha)^2-(d-\omega\alpha)^2=-\omega(2-\omega)d(d-2\alpha)<0,$$

所以 $|\lambda|<1$,也即 SOR 迭代法迭代矩阵的所有特征值的模都小于 1,故收敛.证毕.

注:当 $\omega=1$ 时,SOR 迭代法即为高斯-赛德尔迭代法,故当系数矩阵 $\boldsymbol{A}$ 为对称正定时,高斯-赛德尔迭代法也收敛.

对于 SOR 迭代法,松弛因子的选择对收敛速度影响较大.能否适当选取 ω 使收敛速度最快?这就是选择最佳松弛因子的问题.然而遗憾的是,目前尚未确定最佳松弛因子 ω_{opt} 的一般理论结果.Young 在 1950 年给出了系数矩阵 $\boldsymbol{A}$ 为对称正定的三对角矩阵时的最佳松弛因子公式

$$\omega_{\mathrm{opt}}=\frac{2}{1+\sqrt{1-\rho^2(\boldsymbol{J})}}\quad(\boldsymbol{J}\text{ 为雅可比迭代矩阵})$$

但是计算 $\rho(\boldsymbol{J})$ 也很困难,因此在实际使用时,大都由计算经验或通过试算来确定 ω_{opt} 的近似值.

7.5　案例及 MATLAB 程序

程序 1　雅可比迭代法求解方程组.

```
  function [x,n]=jacobidiedai(A,b,x0,eps,t)
if nargin==3;
   eps=1e-6;
   m=200;
elseif nargin<3
   error('输入的数有误');
   return;
elseif nargin==5
   m=t;
```

```
end
D=diag(diag(A));
L=-tril(A,-1);
U=-triu(A,1);
B=D\(L+U);
f=D\b;
x=B*x0+f;
n=1;
while norm(x-x0)>=eps
    x0=x;
    x=B*x0+f;
    n=n+1;
    if(n>=m)
        disp('可能不收敛');
        return;
    end;
end
```

例 7.4　雅可比迭代法求解方程组$\begin{cases}27x_1 + 6x_2 - x_3 = 85,\\ 6x_1 + 15x_2 + 2x_3 = 72,\\ x_1 + x_2 + 54x_3 = 110\end{cases}$的MATLAB程序,初始值$\boldsymbol{x}_0=(0,0,0)$.

解　MATLAB程序如下:

```
A=[27,6,-1;6,15,2;1,1,54];
b=[85,72,110]';
x0=[0,0,0]';
eps=10-8;t=1;
jacobidiedai(A,b,x0,eps,t)
输出结果:
可能不收敛
ans=
   2.1569
   3.2691
   1.8898
```

程序 2　高斯-赛德尔迭代法求解方程组.

```
function [x,n]=gsdddy(A,b,x0,eps,t)
if nargin==3;
   eps=1e-6;
   m=200;
```

```
elseif nargin<3
    error('输入有误');
    return;
elseif nargin==5
    m=t;
end
D=diag(diag(A));
L=-tril(A,-1);
U=-triu(A,1);
B=(D-L)\U;
f=(D-L)\b;
x=B*x0+f;
n=1;
while norm(x-x0)>=eps
    x0=x;
    x=B*x0+f;
    n=n+1;
    if(n>=m)
        disp('迭代次数过多,可能不收敛');
        return;
    end;
end
```

例 7.5　高斯-赛德尔迭代法求解方程组$\begin{pmatrix}10 & -1 & -2\\ -1 & 10 & -2\\ -1 & -1 & 5\end{pmatrix}x=\begin{pmatrix}72\\83\\42\end{pmatrix}$的 MATLAB 程序,初始值 $\boldsymbol{x}_0=(0,0,0)$.

解　高斯-赛德尔迭代法的 MATLAB 程序如下:

```
A=[10,-1,-2;-1,10,-2;-1,-1,5];
b=[50,42,38]';
x0=[0,0,0]';
eps=10-8;t=1;
gsdddy(A,b,x0,eps,t)
输出结果:
迭代次数过多,可能不收敛
ans=
    3.7344
    6.1034
    6.1062
```

程序 3 逐次超松弛迭代法求解方程组.

```
function [x,k]=Fsor(A,b,x0,w,tol)
max=300;
if(w<=0||w>=2)
   error;
   return;
end
D=diag(diag(A));
L=-tril(A,-1);
U=-triu(A,1);
B=inv(D-L*w)*((1-w)*D+w*U);
f=w*inv((D-L*w))*b;
x=B*x0+f;
k=1;
while norm(x-x0)>=tol
   x0=x;
   x=B*x0+f;
   k=k+1;
     if(k>=max)
        disp('迭代次数过多,可能不收敛');
        return;
   end
end
```

例 7.6 逐次超松弛迭代法求解方程组$\begin{pmatrix}10 & 1 & 2\\ 1 & 10 & 2\\ 1 & 1 & 5\end{pmatrix}x=\begin{pmatrix}62\\ 80\\ 32\end{pmatrix}$的 MATLAB 程序,初始值 $\boldsymbol{x}_0=(0,0,0)$,松弛因子 $\omega=1.5$.

解 超松弛迭代法的 MATLAB 文件如下:

```
A=[10,1,2;1,10,2;1,1,5];
b=[62,80,32]';
x0=[0,0,0]';
w=1.5;tol=1;
Fsor(A,b,x0,w,tol)
输出结果:
ans=
  4.6214
  6.3962
  3.9717
```

例 7.7 偏微分方程主要分为椭圆型偏微分方程(简称椭圆型

方程)、抛物型偏微分方程(简称抛物型方程)及双曲型偏微分方程(简称双曲型方程)三类.其中,海洋、水利等的流体动力学问题、弦的振动和波动过程等,一般归结为双曲型偏微分方程;定常热传导、导体电流分布、静电学和静磁学、弹性理论与渗流理论问题一般归结为椭圆型偏微分方程;而非定向热传导、气体膨胀、电磁场分布等问题一般归结为抛物型偏微分方程.

1) 椭圆型方程(泊松方程)

$$\frac{\partial^2 u}{\partial x^2}+\frac{\partial^2 u}{\partial y^2}=f(x,y).$$

2) 抛物型方程(热传导方程)

$$\frac{\partial u}{\partial t}=a^2\,\frac{\partial^2 u}{\partial x^2}.$$

3) 双曲型方程(对流方程)

$$\frac{\partial u}{\partial t}+a\,\frac{\partial u}{\partial x}=f(x,t).$$

下面我们分别用高斯-赛德尔迭代法和基于最佳松弛因子的 SOR 迭代法求解基于五点差分格式的拉普拉斯(Laplace)方程第一边值问题

$$\begin{cases}-\left(\dfrac{\partial^2 u}{\partial x^2}+\dfrac{\partial^2 u}{\partial y^2}\right)=0, & 0<x,y<1,\\ u(0,y)=u(x,0)=u(x,1)=0, & u(1,y)=\sin\pi y.\end{cases}$$

解　在利用迭代法求解之前,先给出该问题的解析解如下:

$$u(x,y)=\frac{\sinh(\pi x)}{\sinh(\pi)}\sin\pi y,\quad 0<x,y<1,$$

其中 $\sinh(x)=\dfrac{e^x-e^{-x}}{2}$ 为双曲正弦函数.

接下来,用网格剖分方法,取网格边长为 $h=\dfrac{1}{N+1}$,将差分方程写成矩阵形式 $\boldsymbol{Au}=\boldsymbol{b}$,其中 $\boldsymbol{b}$ 由 h 以及边界条件决定,系数矩阵 $\boldsymbol{A}$ 按分块形式写成

$$\boldsymbol{A}=\begin{pmatrix}\boldsymbol{D}_{11} & -\boldsymbol{I} & & & \\ -\boldsymbol{I} & \boldsymbol{D}_{22} & -\boldsymbol{I} & & \\ & \ddots & \ddots & \ddots & \\ & & & & -\boldsymbol{I}\\ & & & -\boldsymbol{I} & \boldsymbol{D}_{NN}\end{pmatrix}\in\mathbf{R}^{N^2\times N^2}\tag{7-8}$$

其中

$$\boldsymbol{D}_{ii}=\begin{pmatrix}4 & -1 & & & \\ -1 & 4 & -1 & & \\ & \ddots & \ddots & \ddots & \\ & & & & -1\\ & & & -1 & 4\end{pmatrix}\in\mathbf{R}^{N\times N},i=1,2,\cdots,N$$

这样 $\boldsymbol{A}$ 的每行最多只有五个非零元,而一般 N 是个较大的数,所以 $\boldsymbol{A}$ 是一个大型稀疏矩阵.

再用两类迭代法分别求解,具体结果见表 7-2 和表 7-3.表中 N^2 表示网格剖分产生的内部节点数,ω_{opt} 为 SOR 最佳松弛因子,ρ 为迭代矩阵的谱半径,K 为程序迭代的次数,er 为结点处计算解与解析解的最大误差.

表 7-2　高斯-赛德尔迭代法实验数据(误差限 1e-008)

N^2	10^2	20^2	40^2	60^2	80^2
ρ	0.9206	0.9778	0.9941	0.9973	0.9985
K	182	606	2077	4291	7183
er	0.0023	6.4274e-004	1.6814e-004	7.3660e-005	3.8343e-005

表 7-3　SOR 迭代法实验数据(误差限 1e-008)

N^2	10^2	20^2	40^2	60^2	80^2
ω_{opt}	1.5604	1.7406	1.8578	1.9021	1.9253
ρ	0.5604	0.7406	0.8578	0.9021	0.9253
K	40	74	139	201	265
er	0.0023	6.4306e-004	1.6944e-004	7.6600e-005	4.3446e-005

由以上两表可以得出,无论是高斯-赛德尔迭代法还是 SOR 迭代法,迭代矩阵谱半径均随着网格剖分结点数的增加而增大,相应地,要达到规定精度的迭代次数也迅速增加.另一方面,尽管网格增多导致了更多的迭代次数,但却换来了计算精度的提高.两种方法相比,在同样的网格剖分条件下,SOR 迭代法的迭代矩阵谱半径总是小于高斯-赛德尔迭代法的迭代矩阵谱半径,相应地,SOR 迭代法的迭代次数总是小于高斯-赛德尔迭代法的迭代次数,并且两者差距随着网格结点增多而迅速增大.例如,当 $N^2=80^2$ 时,高斯-赛德尔迭代法需迭代 7183 次,而 SOR 迭代法仅需 265 次迭代.因此,在实际计算中,基于最佳松弛因子的 SOR 迭代法收敛速度远优于高斯-赛德尔迭代法和雅可比迭代法.

习题 7

1. 用雅可比迭代法解方程组

$$\begin{cases} 8x_1-x_2+x_3=1, \\ 2x_1+10x_2-x_3=4, \\ x_1+x_2-5x_3=3. \end{cases}$$

要求 $\|\boldsymbol{x}^{(k+1)}-\boldsymbol{x}^{(k)}\|_\infty<0.05$.

2. 设有一方程组

$$\begin{cases} x_1 - \frac{1}{4}x_3 - \frac{1}{4}x_4 = \frac{1}{2}, \\ x_2 - \frac{1}{4}x_3 - \frac{1}{4}x_4 = \frac{1}{2}, \\ -\frac{1}{4}x_1 - \frac{1}{4}x_2 + x_3 = \frac{1}{2}, \\ -\frac{1}{4}x_1 - \frac{1}{4}x_2 + x_4 = \frac{1}{2}. \end{cases}$$

1）求解此方程组的雅可比迭代法的迭代矩阵 $\boldsymbol{B}_0$ 的谱半径；

2）求解此方程组的高斯-赛德尔迭代法的迭代矩阵的谱半径；

3）考察解此方程组的雅可比迭代法及高斯-赛德尔迭代法的收敛性.

3. 对于 $\begin{pmatrix} 3 & 1 \\ 2 & 1 \end{pmatrix}\begin{pmatrix} x_1 \\ x_2 \end{pmatrix}=\begin{pmatrix} 3 \\ -1 \end{pmatrix}$，若用迭代公式

$$\boldsymbol{x}^{(k+1)}=\boldsymbol{x}^{(k)}+\alpha(\boldsymbol{A}\boldsymbol{x}^{(k)}-\boldsymbol{b}),k=0,1,\cdots,n$$

取什么实数范围内的 α 可使迭代收敛？

4. 设线性方程组 $\begin{pmatrix} a_{11} & a_{12} \\ a_{21} & a_{22} \end{pmatrix}\begin{pmatrix} x_1 \\ x_2 \end{pmatrix}=\begin{pmatrix} b_1 \\ b_2 \end{pmatrix}$，$a_{11}a_{22}\neq 0, a_{11}a_{22}-a_{21}a_{12}\neq 0$.

证明：解线性方程组的雅可比迭代法和高斯-赛德尔迭代法同时收敛或不收敛.

5. 用逐次超松弛迭代法解方程组（分别取松弛因子 $\omega=1.03$，1，1.1）

$$\begin{cases} 4x_1 - x_2 = 1, \\ -x_1 + 4x_2 - x_3 = 4, \\ -x_2 + 4x_3 = -3. \end{cases}$$

精确解 $\boldsymbol{x}^*=\left(\frac{1}{2},1,\frac{1}{2}\right)^{\mathrm{T}}$，要求当 $\|\boldsymbol{x}^*-\boldsymbol{x}^{(k)}\|_\infty<5\times10^{-6}$ 时迭代终止，并且对每一个 ω 值确定迭代次数.

6. 设有方程组 $\boldsymbol{Ax}=\boldsymbol{b}$，其中，$\boldsymbol{A}$ 为对称正定矩阵，迭代公式为

$$\boldsymbol{x}^{(k+1)}=\boldsymbol{x}^{(k)}+\boldsymbol{\omega}(\boldsymbol{b}-\boldsymbol{A}\boldsymbol{x}^{(k)})\quad(k=0,1,2,\cdots)$$

试证明：当 $0<\omega<\frac{2}{\beta}$ 时，上述迭代法收敛（其中 $0<\alpha\leqslant\lambda(\boldsymbol{A})\leqslant\beta$）.

7. 程序设计：用雅可比迭代法求线性方程组

$$\begin{pmatrix} 10 & -1 & -2 \\ -1 & 10 & -2 \\ -1 & -1 & 5 \end{pmatrix}\boldsymbol{x}=\begin{pmatrix} 72 \\ 83 \\ 42 \end{pmatrix}.$$

的根，精确到 0.0001.

8. 程序设计:用高斯-赛德尔迭代法求解线性方程组

$$\begin{cases} 8x_1 - 3x_2 + x_3 = 8, \\ x_1 + 12x_2 - x_3 + 3x_4 = 12, \\ 2x_1 + x_2 + 10x_3 - x_4 = 10, \\ 3x_2 - x_3 + 8x_4 = 26. \end{cases}$$

的根,精确到 0.0001.

9. 程序设计:用逐次超松弛迭代法解方程组(取 $\omega = 0.9, 1, 1.1$)

$$\begin{cases} 6x_1 - 2x_2 + x_3 = 10, \\ x_1 + 8x_2 - 3x_3 = 20, \\ 2x_1 - x_2 + 12x_3 = 3. \end{cases}$$

要求当 $\| \boldsymbol{x}^{(k+1)} - \boldsymbol{x}^{(k)} \|_\infty < 10^{-4}$ 时,迭代终止.

第 8 章 常微分方程的数值解法

8.1 引　言

在反映客观现实世界运动过程的量与量之间的关系中,大量存在满足常微分方程关系式的数学模型,包括物体运动、电子电路、化学反应、生物群体变化等.这类问题中最简单的数学形式是求函数满足一阶微分方程的初值问题

$$\begin{cases} y'(x)=f(x,y), x_0<x\leqslant a, \\ y(x_0)=y_0. \end{cases} \tag{8-1}$$

我们假定$f(x,y)$满足解的存在唯一性定理的条件,即要求$f(x,y)$适当光滑从而保证初值问题(8-1)的解 $y=y(x)$存在且唯一.

在大多数情况下给实际问题建模的微分方程太复杂,以致不能准确求出解析表达式,即使求出解,也常常由于计算量太大而不实用.例如,容易求出初值问题

$$\begin{cases} y'=1-2xy, 0<x\leqslant 1, \\ y(0)=1 \end{cases}$$

的解为

$$y(x)=\mathrm{e}^{-x^2}\left(-1+\int_0^x \mathrm{e}^{t^2}\mathrm{d}t\right).$$

但要计算其在某点 x 处的值,还需应用数值积分.现有两种办法可以逼近原方程的解:第一种办法是将原微分方程化简为可以准确求解的方程,然后使用化简后的方程的解逼近原方程的解;第二种办法,即本章要探讨的办法,使用逼近原问题的解的方法.这是最经常采用的办法,因为逼近方法可以给出更精确的结果和实际的误差信息.

在讨论常微分方程初值问题的数值求解方法之前,需要了解常微分方程理论的一些定义和结果.通过观察自然现象所获得的初值问题一般仅是对实际情况的近似,所以需要知道当初始条件发生小的变化是否对应地引起解的小的变化.这一点也很重要,原因是当使用数值方法时,引入了舍入误差.

定义 8.1 函数$f(x,y)$称为关于集合$D\subset \mathbf{R}^2$上的变量y满足利普希茨(Lipschitz)条件,如果存在一个常数$L>0$,使得

$$|f(x,y_1)-f(x,y_2)|\leqslant L|y_1-y_2|$$

对所有(x,y_1),$(x,y_2)\in D$都成立.常数L称为f的利普希茨常数.

定理 8.1 假设$D=\{(x,y)|x_0\leqslant x\leqslant a,-\infty<y<+\infty\}$,且$f(x,y)$在$D$上关于变量$y$满足利普希茨条件,则初值问题(8-1)有唯一解$y(x)$.

在某种程度上我们已经考虑了初值问题何时具有唯一解的问题,现在将转到本节前面提出的另一个问题,即如何确定一个特定的问题是否具有这样的性质:在初始条件发生小的变化(或摄动)对应地引起解的小的变化?首先需要给出一个切实可行的定义来表达这个概念.

定义 8.2 初值问题(8-1)称为一个适定的问题,如果:

1) 问题存在一个唯一的解$y(x)$;

2) 对任意$\varepsilon>0$,存在一个正常数$k(\varepsilon)$,使得只要当$|\varepsilon_0|<\varepsilon$,$\delta(x)$是连续的且在$[x_0,a]$上$|\delta(x)|<\varepsilon$时,就有问题

$$z'=f(x,z)+\delta(x),x_0\leqslant x\leqslant a,z(x_0)=y_0+\varepsilon_0$$

存在唯一解$z(x)$,且$|z(x)-y(x)|<k(\varepsilon)\varepsilon$对一切$x_0\leqslant x\leqslant a$成立.

定理 8.2 假设$D=\{(x,y)|x_0\leqslant x\leqslant a,-\infty<y<+\infty\}$,且$f(x,y)$在$D$上关于变量$y$满足利普希茨条件,则初值问题(8-1)是适定的.

所谓数值解法,就是对于适定问题的解$y(x)$存在的区间上一系列的点x_n,不妨假定

$$x_0<x_1<x_2<\cdots<x_N<\cdots$$

逐个求出$y(x_n)$的近似解y_n,称y_n为给定的微分方程初值问题的数值解.相邻两个节点的间距$h_n=x_n-x_{n-1}$称为步长.一般假定$h_n=h$,即节点间是等距的.

上面给定的初值问题的数值解法有个基本的特点,称作“步进式”,即求解的过程是按照节点的排列次序一步步地向前推进.描述这类算法,只需在$y_0,y_1,\cdots,y_n$已知的前提下,给出计算y_{n+1}的递推公式.如果计算y_{i+1}只需要用到前一步的值y_i,称这类方法为单步方法;如果计算y_{i+1}需要用到前r步的值$y_i,y_{i-1},\cdots,y_{i-r+1}$,称这类方法为$r$步方法.当$r\geqslant 2$时,统称为多步方法.

构造求解公式的途径有多种,例如泰勒级数方法、数值微分方法、数值积分方法、平均斜率法、待定系数法和预估校正方法等.

8.2 欧拉方法

8.2.1 欧拉公式

欧拉公式

给定初值问题(8-1),其中 $f(x,y)$ 为 x,y 的已知函数,y_0 是给定的常数.欧拉方法是解初值问题(8-1)最简单的数值解法.由于它的精确度不高,实际计算中已不被采用,然而它在某种程度上却反映了数值解法构造的基本思想.

这种方法是借助于几何直观得到的.由于表示解的曲线 $y=y(x)$ 通过点 (x_0,y_0),并且在该点处以 $f(x_0,y_0)$ 为切线斜率,于是设想在 $x=x_0$ 附近,曲线可以用该点处的切线近似代替,切线方程为

$$y=y_0+f(x_0,y_0)(x-x_0),$$

也就是说,当 $x=x_1$ 时,$y(x_1)$ 可用 $y_0+f(x_0,y_0)h$ 近似代替,记这个值为 y_1,即

$$y_1=y_0+hf(x_0,y_0),$$

于是给出了一种当 $x=x_1$ 时,获得函数值 $y(x_1)$ 的近似值 y_1 的方法.重复上面的做法,在 $x=x_2$ 处,就可以得到 $y(x_2)$ 的近似值

$$y_2=y_1+hf(x_1,y_1),$$

以此下去,当 y_n 已经得到,则

$$y_{n+1}=y_n+hf(x_n,y_n). \tag{8-2}$$

这就是著名的欧拉方法的计算格式.

由于欧拉方法是用一条折线近似地代替曲线 $y(x)$,所以欧拉方法也叫作欧拉折线法.当在计算 y_{n+1} 时,欧拉方法仅用到它前一步的信息 y_n,可见,欧拉方法是单步法.

8.2.2 后退欧拉公式

后退欧拉公式

将初值问题(8-1)在区间 $[x_0,x_1]$ 上积分,得到

$$y(x_1)-y(x_0)=\int_{x_0}^{x_1} f(x,y(x))\,\mathrm{d}x. \tag{8-3}$$

式(8-3)中右端的积分,可以用数值积分法计算它的近似值.例如,使用左矩形公式则有

$$y(x_1)\approx y_0+hf(x_0,y_0),$$

上式右端就是用欧拉方法得到的 y_1,即

$$y_1=y_0+hf(x_0,y_0),$$

一般地,有

$$y_{n+1}=y_n+hf(x_n,y_n),$$

这就是欧拉公式(8-2).

将方程(8-1)的两端在 $[x_i,x_{i+1}]$ 上积分,得到

$$\int_{x_i}^{x_{i+1}} y'(x)\,\mathrm{d}x = \int_{x_i}^{x_{i+1}} f(x, y(x))\,\mathrm{d}x,$$

即

$$y(x_{i+1}) = y(x_i) + \int_{x_i}^{x_{i+1}} f(x, y(x))\,\mathrm{d}x,$$

用右矩形公式得到

$$y(x_{i+1}) = y(x_i) + hf(x_{i+1}, y(x_{i+1})) + R_{i+1},$$

略去 R_{i+1}，并用 y_i 和 y_{i+1} 分别代替 $y(x_i)$ 和 $y(x_{i+1})$，得到

$$y_{i+1} = y_i + hf(x_{i+1}, y_{i+1}),\ i = 0, 1, 2, \cdots, n-1. \tag{8-4}$$

称式(8-4)为后退欧拉方法.

和欧拉公式(8-2)相比，后退欧拉公式(8-4)在计算 y_{i+1} 时也只用到了前一步值 y_i，但它只给出了 y_i 和 y_{i+1} 之间的隐式依赖关系.此时已知 y_i 通常不能直接得到 y_{i+1}，还需要通过其他方式求解，称后退欧拉公式为单步隐式公式.

8.2.3 梯形方法

欧拉方法可以看成用矩形公式近似计算某个相应的积分而得到的.由此可以说，欧拉方法之所以精确度不高，正是由于它采用矩形公式来计算定积分的缘故.为了构造高精度的求解方法，应用梯形公式来计算式(8-3)中右端的积分，即

$$\int_{x_0}^{x_1} f(x, y(x)) \approx \frac{h}{2}[f(x_0, y_0) + f(x_1, y(x_1))]$$

$$\approx \frac{h}{2}[f(x_0, y_0) + f(x_1, y_1)].$$

将它代入式(8-3)的右端，便得到 $y(x_1)$ 的近似值 y_1，即

$$y_1 = y_0 + \frac{h}{2}[f(x_0, y_0) + f(x_1, y_1)],$$

用同样的方法可以得到 $y_2, y_3, \cdots$.一般地，有

$$y_{n+1} = y_n + \frac{h}{2}[f(x_n, y_n) + f(x_{n+1}, y_{n+1})], \tag{8-5}$$

这就是梯形公式.梯形公式中未知数 y_{n+1} 也隐含在方程右端之中，对于每一个 y_{n+1} 的值都需要通过解方程才能得到，即该公式也是一个单步隐式公式.

8.2.4 改进的欧拉方法

改进的欧拉方法

从后退欧拉公式和梯形公式中可以发现，在多数情况下，要从隐式格式中解出 y_{n+1} 是很困难的.因此，通常采用如下的迭代方法来求解，即先用欧拉方法算出一个结果，作为式(8-5)的初值，进行迭代，其计算格式为

$$\begin{cases} y_{n+1}^{(0)}=y_n+hf(x_n,y_n), \\ y_{n+1}^{(k+1)}=y_n+\dfrac{h}{2}[f(x_n,y_n)+f(x_{n+1},y_{n+1}^{(k)})], k=0,1,2,\cdots \end{cases}$$

由

$$\begin{aligned} |y_{n+1}^{(k+1)}-y_{n+1}^{(k)}| &= \frac{h}{2}|f(x_{n+1},y_{n+1}^{(k)})-f(x_{n+1},y_{n+1}^{(k-1)})| \\ &\leqslant \frac{h}{2}L|y_{n+1}^{(k+1)}-y_{n+1}^{(k)}| \end{aligned}$$

可知，当 $\frac{h}{2}L<1$ 时，迭代格式收敛.也就是说，只要 h 取得充分小，就可以保证迭代序列 $y_{n+1}^{(0)},y_{n+1}^{(1)},\cdots,y_{n+1}^{(k)},\cdots$ 收敛，而且 h 越小，收敛得越快.

容易看出，改进的欧拉方法虽然提高了精度，然而每一步的计算量却增加很多，每迭代一次，都要重新计算函数值，而且迭代需要反复进行若干次.为了简化算法，通常只迭代一次.具体地讲，先用欧拉方法求得一个初步的近似值 $\tilde{y}_{n+1}$，即

$$\tilde{y}_{n+1}=y_n+hf(x_n,y_n),$$

称之为预估值，再将其代入式(8-5)中作一次校正，得

$$y_{n+1}=y_n+\frac{h}{2}[f(x_n,y_n)+f(x_{n+1},\tilde{y}_{n+1})],$$

称之为校正值.即

$$\begin{cases} \tilde{y}_{n+1}=y_n+hf(x_n,y_n), \\ y_{n+1}=y_n+\dfrac{h}{2}[f(x_n,y_n)+f(x_{n+1},\tilde{y}_{n+1})], \end{cases}$$

称它为预估校正格式，也称为改进的欧拉格式.

例 8.1　用欧拉方法和改进的欧拉格式求解初值问题

$$\begin{cases} \dfrac{dy}{dx}=-y+x+1, 0<x\leqslant 0.6, \\ y(0)=1. \end{cases}$$

取步长 $h=0.1$.

例题 8.1

解　分别使用欧拉格式与改进的欧拉格式计算，格式的具体形式为欧拉格式

$$y_{n+1}=y_n+h(-y_n+x_n+1),$$

预估校正格式

$$\begin{aligned} &\tilde{y}_{n+1}=y_n+h(-y_n+x_n+1), \\ &y_{n+1}=y_n+\frac{h}{2}[(-y_n+x_n+1)+(-\tilde{y}_{n+1}+x_{n+1}+1)]. \end{aligned}$$

计算结果见表 8-1.

表 8-1 不同数值格式的计算结果

x_n	欧拉公式		改进的欧拉公式	
	y_n	误差	y_n	误差
0.0	1.000000	0	1	0
0.1	1.000000	4.8×10^{-3}	1.0050000	1.6×10^{-4}
0.2	1.010000	8.7×10^{-3}	1.019025	2.9×10^{-4}
0.3	1.029000	1.2×10^{-3}	1.041218	4.0×10^{-4}
0.4	1.056100	1.4×10^{-3}	1.070802	4.8×10^{-4}
0.5	1.090490	1.6×10^{-3}	1.107076	5.5×10^{-4}
0.6	1.131441	1.8×10^{-3}	1.149404	5.9×10^{-4}

上面给出的初值问题有解析解 $y=e^{-x}+x$,从表 8-1 中通过比较可以看出,欧拉方法的精度是较低的,改进的欧拉公式的精度提高了.

人物介绍

莱昂哈德·欧拉(Leonhard Euler,1707—1783),瑞士数学家、自然科学家.1707 年 4 月 15 日,欧拉出生在瑞士巴塞尔一个牧师家庭,自幼受父亲的熏陶,喜爱数学.13 岁入读巴塞尔大学,15 岁大学毕业,16 岁获得硕士学位.欧拉是 18 世纪数学界最杰出的人物之一,他不但在数学上作出伟大贡献,更把整个数学推至物理的领域.他是数学史上最多产的数学家,平均每年写出八百多页的论文,还写了大量的力学、分析学、几何学、变分法等课本,《无穷小分析引论》《微分学原理》《积分学原理》等都成为数学界中的经典著作.欧拉对数学的研究如此之广泛,因此在许多数学的分支中也可经常见到以他的名字命名的重要常数、公式和定理.此外欧拉还涉及建筑学、弹道学、航海学等领域.瑞士教育与研究国务秘书 Charles Kleiber 曾表示:"没有欧拉的众多科学发现,我们将过着完全不一样的生活."法国数学家拉普拉斯则认为:读读欧拉,他是所有人的老师.

8.3 泰勒展开法

利用泰勒展开法可以得到初值问题(8-1)的任意高精度的计算格式.

8.3.1 泰勒展开式

设初值问题(8-1)有解 $y(x)$,且 $y(x)$,$f(x,y)$ 足够光滑,则 $y(x_{n+1})=y(x_n+h)$ 在点 x_n 处的泰勒展开式为

$$y(x_n+h)=y(x_n)+hy'(x_n)+\frac{h^2}{2}y''(x_n)+\cdots+\frac{h^m}{m!}y^{(m)}(x_n)+O(h^{m+1}),\tag{8-6}$$

其中

$$O(h^{m+1})=\frac{h^{m+1}}{(m+1)!}y^{(m+1)}(\xi),x_n<\xi<x_{n+1}.$$

由于 $y(x)$ 足够光滑，则当 $h\to 0$ 时，$O(h^{m+1})\to 0$，式(8-6)中 $y(x)$ 的各阶导数可由初值问题(8-1)中的函数 $f(x,y)$ 来表达，即

$$y'=f,$$

$$y''=\frac{\partial f}{\partial x}+\frac{\partial f}{\partial y}y'=\frac{\partial f}{\partial x}+f\frac{\partial f}{\partial y},$$

$$y'''=\frac{\partial^2 f}{\partial x^2}+2f\frac{\partial^2 f}{\partial x\,\partial y}+\frac{\partial f}{\partial y}\left(\frac{\partial f}{\partial x}+f\frac{\partial f}{\partial y}\right),$$

将在式(8-6)右端截取 $m+1$ 项，即舍去余项 $O(h^{m+1})$，则算得 $y(x_n+h)$ 的近似值 y_{n+1}，即

$$y_{n+1}=y_n+hy'_n+\frac{h^2}{2!}y''_n+\cdots+\frac{h^m}{m!}y_n^{(m)},\tag{8-7}$$

此式称为 m 阶的泰勒公式.

8.3.2 局部截断误差

应用数值方法的目标是用最小的计算步骤确定精确的近似解，所以需要一个比较不同近似方法的有效性工具.其中一个工具就是方法的局部截断误差.

定义 8.3　计算数值方法的精度时，若假定第 n 步的结果是精确的，即 $y_n=y(x_n)$，在这一前提下，来估计第 $n+1$ 步计算结果的误差，即 $y(x_{n+1})-y_{n+1}$，这一误差称为局部截断误差.

例如，m 阶的泰勒公式(8-7)的第 $n+1$ 步的局部截断误差为

$$y(x_{n+1})-y_{n+1}=O(h^{m+1}).\tag{8-8}$$

这个截断误差被称为是 $m+1$ 阶的，即当 $h\to 0$ 时，$O(h^{m+1})$ 是关于 h 的 $m+1$ 阶同阶无穷小.

定义 8.4　如果一种方法的局部截断误差是关于 h 的 $m+1$ 阶同阶无穷小，则称该方法是 m 阶的.

根据定义 8.4 可知 m 阶泰勒公式(8-7)是 m 阶方法，当 $m=1$ 时，式(8-7)变为

$$y_{n+1}=y_n+hy'_n=y_n+hf(x_n,y_n)$$

这正是欧拉格式，其局部截断误差为 $O(h^2)$，即为一阶的.

例 8.2　证明梯形公式

$$y_{n+1}=y_n+\frac{h}{2}[f(x_n,y_n)+f(x_{n+1},y_{n+1})]$$

是二阶方法.

证明 设 $y(x)$ 是初值问题(8-1)的精确解,即有 $y'(x_n)=f(x_n,y_n)$,由梯形公式有

$$y(x_n+h)=y(x_n)+\frac{h}{2}[y'(x_n)+y'(x_n+h)]+R_n, \tag{8-9}$$

将左端的 $y(x_n+h)$ 与右端的 $y'(x_n+h)$ 在 x_n 处作泰勒展开,有

$$y(x_n+h)=y(x_n)+hy'(x_n)+\frac{h^2}{2}y''(x_n)+\frac{h^3}{6}y'''(x_n)+\cdots,$$

$$y'(x_n+h)=y'(x_n)+hy''(x_n)+\frac{h^2}{2}y'''(x_n)+\cdots,$$

将它们代入式(8-9),并将右端稍加整理,有

$$y(x_n)+hy'(x_n)+\frac{h^2}{2}y''(x_n)+\frac{h^3}{6}y'''(x_n)+\cdots=$$

$$y(x_n)+hy'(x_n)+\frac{h^2}{2}y''(x_n)+\frac{h^3}{4}y'''(x_n)+\cdots$$

由此可见,该式两端的前三项,即 h 的次数不超过 2 的项完全重合,而从 h^3 的项开始不重合了.于是,由定义 8.4 可知,梯形公式是二阶方法,而其局部截断误差 $R_n=O(h^3)$ 是三阶的.

例 8.3 用泰勒展开法求解

$$\begin{cases}\dfrac{dy}{dx}=y-\dfrac{2x}{y}, 0<x\leqslant 1,\\ y(0)=1.\end{cases}$$

取步长 $h=0.1$.

解 直接求导数,有

$$y'=y-\frac{2x}{y},$$

$$y''=y'-\frac{2}{y^2}(y-xy'),$$

$$y'''=y''+\frac{2}{y^2}(xy''+2y')-\frac{4xy'^2}{y^3},$$

$$y^{(4)}=y'''+\frac{2}{y^2}(xy'''+3y'')-\frac{12y'}{y^3}(xy''+y')+\frac{12xy'^3}{y^4}.$$

利用四阶泰勒公式,取步长 $h=0.1$,部分计算结果见表 8-2.

表 8-2 泰勒展开法的计算结果

x_n	y_n	$y(x_n)$
0.1	1.0954	1.0954
0.2	1.1832	1.1832
0.3	1.2649	1.2649

表中 $y(x_n)$ 表示准确值,与 y_n 比较,可见用四阶泰勒公式得到

令人非常满意的数值解.

欧拉公式、后退欧拉公式和梯形公式是由数值积分得到的,改进的欧拉公式是由预估校正方法得到的.事实上,这些公式以及一些具有更高精度的求解公式还可以借助其他方法推得,下一节将介绍对平均斜率提供更为精确值的待定系数法.

8.4　龙格-库塔方法

龙格-库塔(Runge-Kutta)方法(简称 R-K 方法)是一种构造高精度计算公式的方法.在上一节中,利用泰勒展开方法确实可以得到高精度的计算公式,然而,方法每提高一阶,都要增加很大的计算导数的工作量,而利用 R-K 方法,则可以有效地避开导数的计算,采用另外一种构造格式的途径.

8.4.1　R-K 方法的基本思想

首先,利用微分中值定理以及方程(8-1)可得

$$\frac{y(x_{n+1})-y(x_n)}{h}=y'(\xi)=f(\xi,y(\xi)),x_n<\xi<x_{n+1}$$

这里$f(\xi,y(\xi))$称为方程(8-1)的积分曲线 $y(x)$在区间$[x_n,x_{n+1}]$上的平均斜率.由此可知,只要对此平均斜率提供一种算法,就可以得到一个相应的计算公式.先观察欧拉格式和梯形公式,将它们分别写成

$$\frac{y_{n+1}-y_n}{h}=f(x_n,y_n),$$

$$\frac{y_{n+1}-y_n}{h}=\frac{1}{2}[f(x_n,y_n)+f(x_{n+1},y_{n+1})].$$

前一式是用 x_n 点处的斜率$f(x_n,y_n)$来代替上面所说的平均斜率,后一式则是用 x_n,x_{n+1} 两点上的斜率的平均值来代替平均斜率的.如果在区间$[x_n,x_{n+1}]$内多计算几个点的斜率值,然后将它们加权平均,就可以构造出更高阶的计算公式.因此,R-K 方法的关键就在于选择哪些点上的斜率值,以及如何构造它们的线性组合.

8.4.2　*N* 级 R-K 公式

欧拉格式与梯形公式可以改写成下面的形式:

$$\begin{cases}y_{n+1}=y_n+K,\\K=hf(x_n,y_n).\end{cases}$$

$$\begin{cases}y_{n+1}=y_n+\dfrac{1}{2}K_1+\dfrac{1}{2}K_2,\\K_1=hf(x_n,y_n),\\K_2=hf(x_{n+1},y_{n+1}).\end{cases}$$

显然,若在区间$[x_n,x_{n+1}]$内取N个不同的点,记积分曲线$y(x)$在这N个点上的斜率分别为$K_1,K_2,\cdots,K_N$,于是可以设

$$y(x_n+h)=y(x_n)+\sum_{i=1}^{N}C_iK_i+O(h^{m+1}), \tag{8-10}$$

舍去误差项,便得到

$$\begin{cases} y_{n+1}=y_n+\sum\limits_{i=1}^{N}C_iK_i, \\ K_1=hf(x_n,y_n), \\ K_i=hf\left(x_n+a_ih_i,y_n+\sum\limits_{j=1}^{i-1}b_{ij}K_j\right),i=2,3,\cdots,N. \end{cases}$$

这就是所谓的N级m阶的R-K公式.其中a_i,b_{ij},C_i都是待定系数,并且有

$$a_i=\sum_{j=1}^{i-1}b_{ij},i=2,3,\cdots,N,$$

系数a_i,b_{ij},C_i可用比较系数的待定系数法求得.即将式(8-10)中的$y(x_n)$和各K_i都在x_n处展成泰勒级数,然后令两端关于h的不超过m次的同次项的系数相等,便可求得这些待定系数.

下面以$N=2$为例,说明待定系数的求法.

当$N=2$时,根据式(8-10)有

$$y(x_n+h)=y(x_n)+C_1K_1+C_2K_2+O(h^{m+1}). \tag{8-11}$$

将式(8-11)中的K_1,K_2和$y(x_n+h)$分别在x_n处作泰勒展开,有

$$y(x_n+h)=y(x_n)+hy'(x_n)+\frac{h^2}{2}y''(x_n)+O(h^3),$$

$$\begin{aligned} K_1&=hf(x_n,y_n)=hy'(x_n), \\ K_2&=hf(x_n+a_2h,y(x_n)+b_{21}hf(x_n,y(x_n))) \\ &=h[f(x_n,y(x_n))+ha_2f'_x(x_n,y(x_n))+ \\ &\quad hb_{21}f(x_n,y(x_n))\cdot f'_y(x_n,y(x_n))+O(h^2)] \\ &=hf+h^2a_2(f'_x+f'_y\cdot f)+O(h^3) \\ &=hy'(x_n)+h^2a_2y''(x_n)+O(h^3). \end{aligned}$$

注意,这里用到了二元函数泰勒展开式.将上面的三个展开式代入式(8-11)中,并令两端h的次数不超过$m=2$的项的系数相等,于是得到

$$\begin{cases} C_1+C_2=1, \\ C_2a_2=\dfrac{1}{2}. \end{cases}$$

若取$C_2=\dfrac{1}{2}$,则可算得$C_1=\dfrac{1}{2}$,$a_2=b_{21}=1$,这时,由式(8-11)得

$$y_{n+1}=y_n+\frac{h}{2}[f(x_n,y_n)+f(x_n+h,y_n+hf(x_n,y_n))]$$

称为修正的梯形公式.若取 $C_2=1$,则可算得 $C_1=0,a_2=b_{21}=\frac{1}{2}$,由式(8-11)得

$$y_{n+1}=y_n+hf\left(x_n+\frac{h}{2},y_n+\frac{h}{2}f(x_n,y_n)\right)$$

称为修正的中矩形公式.

以上两个公式,都是在 $N=2$ 及 $m=2$ 的前提下构造出来的.因此,它们都是二级二阶的 R-K 公式.注意,上面求待定系数的方程组中,有一个自由参数,故二级二阶的 R-K 公式有无穷多个.但是,在这些二级 R-K 公式中,不可能存在高于二阶的方法.表 8-3 给出了 Butcher 于 1965 年证得的关于 N 级 R-K 公式可以达到的最高阶数 $p^*(N)$.

表 8-3　N 级 R-K 公式的阶数

N	1,2,3,4	5,6,7	8,9	10,11,…
$p^*(N)$	N	$N-1$	$N-2$	$\leqslant N-2$

8.4.3　四级四阶经典 R-K 公式

依照二级二阶 R-K 公式的构造过程,我们可以得到更高级更高阶的 R-K 公式,其中最常见的就是四级四阶经典 R-K 公式,其形式为

$$\begin{cases} y_{n+1}=y_n+\frac{1}{6}(K_1+2K_2+2K_3+K_4), \\ K_1=hf(x_n,y_n), \\ K_2=hf(x_n+\frac{1}{2}h,y_n+\frac{1}{2}K_1), \\ K_3=hf(x_n+\frac{1}{2}h,y_n+\frac{1}{2}K_2), \\ K_4=hf(x_n+h,y_n+K_3). \end{cases} \tag{8-12}$$

例 8.4　用标准四级四阶 R-K 公式(8-12)求解例 8.1 中给出的初值问题,取 $h=0.1$.

解　具体的计算公式如下:

$$\begin{cases} y_{n+1}=y_n+\frac{1}{6}(K_1+2K_2+2K_3+K_4), \\ K_1=0.1(-y_n+x_n+1), \\ K_2=0.1\left(-\left(y_n+\frac{K_1}{2}\right)+(x_n+0.05)+1\right), \\ K_3=0.1\left(-\left(y_n+\frac{K_2}{2}\right)+(x_n+0.05)+1\right), \\ K_4=0.1(-(y_n+K_3)+(x_n+0.1)+1), \quad n=0,1,\cdots,5. \end{cases}$$

计算结果列于表 8-4.

表 8-4 四级四阶 R-K 方法的计算结果

x_n	四级四阶经典 R-K 公式	
	y_n	误差
0.0	1	0
0.1	1.00483750	8×10^{-8}
0.2	1.01873090	1.5×10^{-7}
0.3	1.04081842	2.0×10^{-7}
0.4	1.07032029	2.4×10^{-7}
0.5	1.10653093	2.7×10^{-7}
0.6	1.14881193	2.9×10^{-7}

将表 8-4 与表 8-1 的结果相比较,尽管这里步长加大了,但计算的精度却很高,从而也可以看出选择方法的重要意义.

人物介绍

马丁·威尔海姆·库塔(Martin Wilhelm Kutta,1867—1944),德国数学家、工程师,他以研究微分方程的数值解而闻名.库塔幼时失去双亲,由叔叔抚养成人.1900 年,他获得了慕尼黑大学博士学位,他的博士论文包含了著名的求解常微分方程的龙格-库塔方法.库塔是历史上少有的涉及多学科领域的数学家,在大学时就兼修音乐语言和艺术课程,他还痴迷于研究空气动力学,发现了与机翼升力有关的重要公式.库塔对冰川和数学史也十分感兴趣,他根据在东阿尔卑斯山上拍摄的照片对冰川进行了测量,还与他人合作绘制了冰川覆盖地区的地图.

8.5 线性多步法

本章中到此所讨论的方法,如欧拉方法、改进的欧拉方法、龙格-库塔方法均是单步法,即只需知道前面一个值 y_n 的条件下就可以计算出 y_{n+1}.单步法可以自成系统直接进行计算,因为初始条件只有一个已知 y_0,由 y_0 可以计算 y_1,$y_1\to y_2$,$y_2\to y_3$,…,不必借助于其他方法,这种单步法是自行开始的.但是,如果格式简单,例如欧拉方法,则只有一阶精度.若想提高精度,则公式的构造、推导计算就很复杂,例如龙格-库塔方法.

使用多于一个在以前的网格点处的近似值 $y_n,y_{n-1},\cdots,y_{n-k+1}$ 来确定下一个点的近似值的方法称作多步法.

定义 8.5　求解初值问题(8-1)的 k 步多步法是求近似值 y_{n+1} 由方程

$$y_{n+1}=\sum_{j=0}^{k-1}a_j y_{j+n-k+1}+h\sum_{j=0}^{k}b_j f(x_{j+n-k+1},y_{j+n-k+1}) \tag{8-13}$$

表示的差分方程.其中,$k\geqslant 1$,且是整数,$a_0,a_1,\cdots,a_{k-1}$ 和 $b_0,b_1,\cdots,b_k$ 是常数.当 $b_k=0$ 时,方法称为显式;当 $b_k\neq 0$ 时,方法称为隐式.

因为初始条件只有一个,运用多步法要借助高阶的单步法来开始.例如,已知 y_0 用单步的四阶龙格-库塔方法计算 y_1,再计算 y_2,再由 y_2 计算 y_3 后,运用四阶的四步方法由 y_0,y_1,y_2,y_3 计算 y_4,由 y_1,y_2,y_3,y_4 计算 y_5,由 y_2,y_3,y_4,y_5 计算 y_6,依此下去,并且始终达到四阶精度.由此可知,多步法相对比较简单,只需要在这四个点的函数值的线性组合即可,而且每步中后三个函数值下一步还可使用.下面将重点介绍基于数值积分构造线性多步法,即 Adams(亚当姆斯)方法.

8.5.1　显式 Adams 方法

考虑微分方程初值问题(8-1),将其在$[x_k,x_{k+1}]$上积分,可得

$$y(x_{k+1})=y(x_k)+\int_{x_k}^{x_{k+1}}f(x,y(x_k))\,\mathrm{d}x, \tag{8-14}$$

若已知 $y_{k-3},y_{k-2},y_{k-1},y_k$ 来计算 y_{k+1},简记 $f_k=f(x_k,y_k)$,用 $x_{k-3},x_{k-2},x_{k-1},x_k$ 的拉格朗日插值多项式

$$P(x)=l_0f_k+l_1f_{k-1}+l_2f_{k-2}+l_3f_{k-3}$$

代替 f,则式(8-14)变成

$$y(x_{k+1})=y(x_k)+\int_{x_k}^{x_{k+1}}P(x)\,\mathrm{d}x+O(h^5)$$

其中,

$$\int_{x_k}^{x_{k+1}}P(x)\,\mathrm{d}x=\left(\int_{x_k}^{x_{k+1}}l_0(x)\,\mathrm{d}x\right)f_k+\left(\int_{x_k}^{x_{k+1}}l_1(x)\,\mathrm{d}x\right)f_{k-1}+\left(\int_{x_k}^{x_{k+1}}l_2(x)\,\mathrm{d}x\right)f_{k-2}+\left(\int_{x_k}^{x_{k+1}}l_3(x)\,\mathrm{d}x\right)f_{k-3}.$$

截断 $O(h^5)$部分,用等距步长 h,容易算出上面积分,由此得到的方法就是显式四阶 Adams 方法:

$$y_{k+1}=y_k+\frac{h}{24}[-9f_{k-3}+37f_{k-2}-59f_{k-1}+55f_k]$$

以上可以看到该方法的局部截断误差是 $O(h^5)$,因而是四阶精度的.

8.5.2　隐式 Adams 方法

用 $x_{k-2},x_{k-1},x_k,x_{k+1}$ 作为插值节点,由于 x_{k+1} 也是插值结点,必带来 f_{k+1},从而得到隐式格式.

$$P(x)=l_{-2}(x)f_{k-2}+l_{-1}(x)f_{k-1}+l_0(x)f_k+l_1(x)f_{k+1},$$

用插值多项式 $P(x)$ 来代替积分中的 $f(x,y(x))$ 得

$$y(x_{k+1})=y(x_k)+\int_{x_k}^{x_{k+1}}P(x)\,\mathrm{d}x+O(h^5),$$

截掉 $O(h^5)$ 得近似公式

$$y_{k+1}=y_k+A_{-2}f_{k-2}+A_{-1}f_{k-1}+A_0f_k+A_1f_{k+1},$$

其中 $A_i=\int_{x_k}^{x_{k+1}}l_i(x)\,\mathrm{d}x$，简单计算可得

$$A_{-2}=\frac{h}{24},A_{-1}=-\frac{5}{24}h,A_0=\frac{19}{24}h,A_1=\frac{9}{24}h.$$

从而得到四阶隐式 Adams 方法：

$$y_{k+1}=y_k+\frac{h}{24}(f_{k-2}-5f_{k-1}+19f_k+9f_{k+1}),$$

因 $f_{k+1}=f(x_{k+1},y_{k+1})$，而 y_{k+1} 是未知的，故这是隐式格式.

将同阶的显式格式和隐式格式配合起来使用，以发挥各自优势，便得到预估-校正法：用显式格式作为预估值，再用隐式格式来校正.其中预估值

$$\bar{y}_{k+1}=y_k+\frac{h}{24}(-9f_{k-3}+37f_{k-2}-59f_{k-1}+55f_k),$$

校正值：

$$y_{k+1}=y_k+\frac{h}{24}(f_{k-2}-5f_{k-1}+19f_k+9f(x_{k+1},\bar{y}_{k+1})).$$

例 8.5 利用四阶显式 Adams 方法和隐式 Adams 方法计算例 8.1，取 $h=0.1$.

解 该初值问题有解析解 $y=\mathrm{e}^{-x}+x$.

1）首先显式 Adams 方法前三步用准确解来起步，计算出 $y_1=1.00483750$，$y_2=1.01873090$，$y_3=1.04081842$，接下来使用四阶显式 Adams 方法计算出 y_4,y_5,y_6，得

$$y_4=y_3+\frac{h}{24}(-9f_0+37f_1-59f_2+55f_3)=1.0732292,$$

$$y_5=y_4+\frac{h}{24}(-9f_1+37f_2-59f_3+55f_4)=1.1053548,$$

$$y_6=y_5+\frac{h}{24}(-9f_2+37f_3-59f_4+55f_5)=1.1481481.$$

2）隐式 Adams 方法前两步用准确解来起步，计算出 $y_1=1.00483750$，$y_2=1.01873090$，接下来使用四阶隐式 Adams 方法计算出 y_3,y_4,y_5,y_6.

由隐式 Adams 公式有

$$y_3=y_2+\frac{h}{24}(f_0-5f_1+19f_2+9f_3)=1.04081801,$$

类似可求出 $y_4=1.07031966$，$y_5=1.10653041$，$y_6=1.14881101$.

计算结果及误差列于表 8-5.

表 8-5　四阶 Adams 公式计算结果

n	x_n	显示公式		隐式公式	
		y_n	误差	y_n	误差
1	0.1	1.00483742	0	1.00483742	0
2	0.2	1.01873075	0	1.01873075	0
3	0.3	1.04081822	0	1.04081801	2.1×10^{-7}
4	0.4	1.07032292	2.9×10^{-6}	1.07031966	3.9×10^{-7}
5	0.5	1.10653548	4.8×10^{-6}	1.10653041	5.2×10^{-7}
6	0.6	1.14881481	6.8×10^{-6}	1.14881101	6.5×10^{-7}

8.6　收敛性与稳定性

8.6.1　单步法的收敛性

初值问题(8-1)的单步法总可写为形式

$$y_{n+1}=y_n+hf(x_n,y_n,h),y_0=y(x_0), \tag{8-15}$$

注意局部误差

$$H(x,h)=y(x)+hf(x,y(x),h)-y(x+h), \tag{8-16}$$

记

$$d_n(h)=H(x_n,h). \tag{8-17}$$

如果方法(8-15)是 p 阶方法，即式(8-16)可以写为 $H(x,h)=O(h^{p+1})$，则存在与 h 和 n 都无关的非负常数 h_0 和正数 E，对所有 $x_0\leqslant x\leqslant a$，使当 $0\leqslant h\leqslant h_0$ 时，有

$$|d_n(h)|\leqslant Eh^{p+1}. \tag{8-18}$$

关于单步法(8-15)，有下述收敛性定义和定理.

定义 8.6　如果对于区域 $D=\{(x,y)|x_0\leqslant x\leqslant a,-\infty<y<+\infty\}$，$f(x,y)$ 对 y 满足利普希茨条件并且对 x 是连续的，对每一个确定 $x\in[x_0,a]$. 令 $h=\dfrac{x-x_0}{n}$，且记 $x_i=x_0+ih,i=0,1,2,\cdots,n$，相应的序列 y_i 由式(8-15)确定. 进而，当 $n\to+\infty$ 时，对 $x_0\leqslant x\leqslant a$ 的 x，y_n 一致趋于初值问题的解 $y(x)$，则称单步法(8-15)是收敛的.

定理 8.3　如果 $f(x,y,h)$ 在 $x_0\leqslant x\leqslant a,0\leqslant h\leqslant h_0,-\infty<y<+\infty$ 上连续，并且在该区域上关于 y 满足利普希茨条件

$$|f(x,y,h)-f(x,\bar{y},h)|\leqslant L|y-\bar{y}|$$

其中，L 为正常数，且由式(8-17)得到的 $d_n(h)$ 满足不等式(8-18)，则由式(8-15)得到的 y_{k+1} 有估计式

$$|y(x_{k+1})-y_{k+1})|\leqslant\frac{Eh^p}{L}\{e^{L(a-x_0)}-1\}, \tag{8-19}$$

其中 $h=\frac{x_{n+1}-x_0}{n+1}\leqslant h_0$.

例 8.6 应用定理 8.3 讨论经典龙格-库塔方法的收敛性.

解 设函数 $f(x,y)$ 在区域 $x_0\leqslant x\leqslant a,-\infty<y<+\infty$ 上关于 y 满足利普希茨条件.记

$$K_1(x,y,h)=f(x,y),$$

$$K_2(x,y,h)=f\left(x+\frac{h}{2},y+\frac{h}{2}K_1(x,y,h)\right),$$

$$K_3(x,y,h)=f\left(x+\frac{h}{2},y+\frac{h}{2}K_2(x,y,h)\right),$$

$$K_4(x,y,h)=f(x+h,y+hK_3(x,y,h)),$$

则此时与式(8-15)相应的 $f(x,y,h)$ 可以写成

$$f(x,y,h)=\frac{1}{6}[K_1(x,y,h)+2K_2(x,y,h)+2K_3(x,y,h)+K_4(x,y,h)],$$

显然,$K_1(x,y,h)=f(x,y)$ 满足不等式

$$|K_1(x,y,h)-K_1(x,\bar{y},h)|\leqslant L|y-\bar{y}| \tag{8-20}$$

利用不等式(8-20)推导可得

$$\begin{aligned}|K_2(x,y,h)-K_2(x,\bar{y},h)|&\leqslant L\left|y-\bar{y}+\frac{h}{2}K_1(x,y,h)-\frac{h}{2}K_1(x,\bar{y},h)\right|\\&\leqslant L\left(1+\frac{1}{2}hL\right)|y-\bar{y}|,\end{aligned}$$

同理,可得下述不等式

$$|K_3(x,y,h)-K_3(x,\bar{y},h)|\leqslant L\left[\left(1+\frac{1}{2}hL\right)+\frac{1}{4}(hL)^2\right]|y-\bar{y}|,$$

$$|K_4(x,y,h)-K_4(x,\bar{y},h)|\leqslant L\left[1+hL+\frac{1}{2}(hL)^2+\frac{1}{4}(hL)^3\right]|y-\bar{y}|,$$

于是,对于函数 $f(x,y,h)$ 有

$$|f(x,y,h)-f(x,\bar{y},h)|\leqslant L\left[1+\frac{1}{2}hL+\frac{1}{6}(hL)^2+\frac{1}{24}(hL)^3\right]|y-\bar{y}|,$$

因此,函数 $f(x,y,h)$ 关于 y 满足利普希茨条件且关于 h 是连续的.根据定理 8.3 可知,经典的四阶龙格-库塔方法是收敛的.

8.6.2 多步法的收敛性

考虑求解初值问题(8-1)的线性 k 步公式

$$y_{n+1}=\sum_{j=0}^{k-1}a_jy_{n-j}+h\sum_{j=-1}^{k-1}b_jf(x_{n-j},y_{n-j}). \tag{8-21}$$

记

$$\rho(\lambda)=\lambda^k-(a_0\lambda^{k-1}+a_1\lambda^{k-2}+\cdots+a_{k-2}\lambda+a_{k-1}),$$

$$\delta(\lambda)=b_{-1}\lambda^k+b_0\lambda^{k-1}+b_1\lambda^{k-2}+\cdots+b_{k-2}\lambda+b_{k-1},$$

分别称 $\rho(\lambda)$ 和 $\delta(\lambda)$ 为线性 k 步公式(8-21)的第一特征多项式和第二特征多项式.

定义 8.7　如果线性 k 步公式(8-21)的第一特征多项式 $\rho(\lambda)$ 的零点的模均不超过 1,并且模等于 1 的零点为单零点,则称线性 k 步公式满足根条件.

可以验证 Adams 显式公式和 Adams 隐式公式均满足根条件.

用线性 k 步公式(8-21)解初值问题(8-1)需要附以适当的初始条件,即数值解由下列方法给出:

$$\begin{cases} y_{n+1}=\sum_{j=0}^{k-1} a_j y_{n-j}+h\sum_{j=-1}^{k-1} b_j f(x_{n-j},y_{n-j}), i=k-1,k-2,\cdots,n-1, \\ y_\sigma=\eta_\sigma(h), \sigma=0,1,\cdots,k-1 \end{cases} \tag{8-22}$$

定义 8.8　设 $\{y_i\}_{i=0}^n$ 为式(8-22)的解,$\{y(x_i)\}_{i=0}^n$ 为式(8-1)的解 $y(x)$ 在节点处的值.记

$$E(h)=\max_{0\leqslant i\leqslant n}|y(x_i)-y_i|$$

并设 $\lim\limits_{h\to0}\eta_\sigma(h)=\eta$, $\sigma=0,1,\cdots,k-1$. 如果 $\lim\limits_{h\to0}E(h)=0$,则称式(8-22)是收敛的.

8.6.3 稳定性

收敛性考虑的是差分方程的精确解与微分方程的精确解之间的误差,但是在计算机上求差分解时,由于计算机字长的限制,不可避免地产生舍入误差.另外,由于测量条件等限制,方程中的系数和初值等也会产生数据误差,而稳定性研究的就是舍入误差和数据误差对差分方程计算结果的影响,即计算过程中某一步的“差之毫厘”会不会导致后面结果的“失之千里”.根据误差来源和误差衡量标准的不同,可以定义各式各样的稳定性.一般说来,隐式方法的稳定性好于同类型的显式方法(例如欧拉方法与隐式欧拉方法).另外,为了保证稳定性,常常要求步长 h 足够小.

对于常微分方程数值解来说,最简单常用的是关于初值的稳定性.以单步法为例,称某差分法关于初值稳定,如果对同一个微分方程和所有足够小的 h,存在常数 C,使得从不同初值 u_0 和 v_0 出发的两个差分解 $\{u_n\}$ 和 $\{v_n\}$ 之间的误差满足

$$\max_{1\leqslant n\leqslant N}|u_n-v_n|\leqslant C|u_0-v_0|,$$

其中,$N=T/h$.

由于任意一对 u_n,v_n 都可以看作初值,关于初值的稳定性其实是考察如下问题:假设某一步计算有误差,而其后的计算不再有误差,那么这一步的误差对以后结果的影响如何.本章讨论的所有差分方法都是关于初值稳定的.不加区别地说,差分方法稳定通常指的是关于初值稳定.

不难证明,如果一个差分方法是稳定且相容的(即,其截断误

差至少是二阶的)，则一定收敛，即

$$|y(x_n)-y_n|\to 0,\quad n\to\infty.$$

在差分解的实际计算中，每步都难以避免地舍入误差.因而，需要进一步考察差分方法每一步的舍入误差积累起来，是否会对后面的运算结果产生太坏的影响.考察此稳定性是十分困难的事情，通常的做法是只考虑典型的常微分方程(称为试验方程或模型方程)

$$\begin{cases}y'=\lambda y(\mathrm{Re}\lambda<0),a\leqslant x\leqslant +\infty,\\ y(a)=y_0.\end{cases}\tag{8-23}$$

其中，λ 是常数，也可以是复数且 $\mathrm{Re}\lambda<0$.可以认为这个模型方程的精确解和差分解的性质代表了非线性常微分方程 $y'=f(x,y)$ 在某一个局部的真解和差分解的性质.

定义 8.9 一个数值方法用于解模型方程(8-23)，对于给定的步长 h 得到近似解 $\{y_i\}_{i=0}^{\infty}$，如果当 $i\to+\infty$ 时，$y_i\to 0$，则称该数值方法对步长 h 是绝对稳定的；如果当 $i\to+\infty$ 时，y_i 无界，则称该数值方法不稳定.

关于某一个差分法的绝对稳定性的典型结果是：给出一个区间 (α,β)，使得对于所有的 $\bar{h}\in(\alpha,\beta)$，求解式(8-23)的这个差分法都是绝对稳定的，这个区间 (α,β) 称之为这个差分法的绝对稳定域.

先考察欧拉方法的稳定性.方程(8-23)的欧拉格式为

$$y_{n+1}=(1+\lambda h)y_n,\tag{8-24}$$

设在 y_n 上有一扰动值 δ_n，由 δ_n 的传播使值 y_{n+1} 产生扰动值 δ_{n+1}，则

$$\delta_{n+1}=(1+\lambda h)\delta_n,$$

所以，要使欧拉格式(8-24)是稳定的，只要

$$|1+\lambda h|\leqslant 1\tag{8-25}$$

成立.

定义 8.10 一个数值方法用于解模型方程(8-23)，若 $\bar{h}=h\lambda$ 在实轴上某个区域 D 中此方法是绝对稳定的，而在区域 D 外此方法是不稳定的，则称区域 D 为此方法的绝对稳定域.如果 D 为一个区间，则称 D 为绝对稳定区间.

由于 λ 可以是复数，所以满足式(8-25)的 λh 值位于复平面上以 -1 为圆心、以 1 为半径的圆盘上(见图 8-1)，所以我们说欧拉方法的绝对稳定区域是圆域.

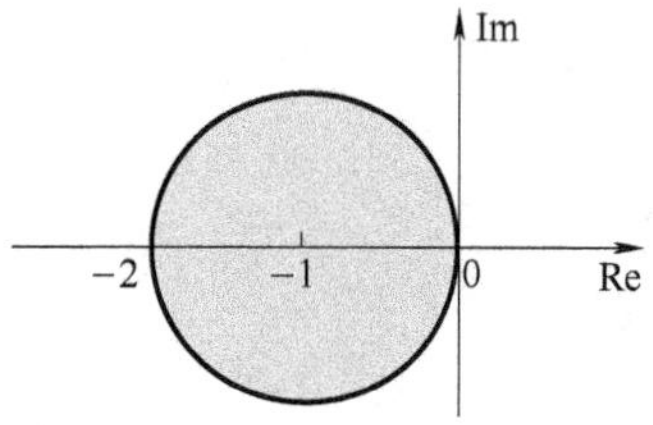

图 8-1 欧拉方法的绝对稳定区域

如果取 λ 为实数，选 h 使式(8-25)成立，即选 λ 满足 $0<h\leqslant -\dfrac{2}{\lambda}$，这表明欧拉方法是条件稳定的.

继续考虑隐式欧拉方法.方程(8-23)的隐式欧拉格式为

$$y_{n+1}=y_n+\lambda h y_{n+1},\tag{8-26}$$

所以有

$$y_{n+1}=\frac{1}{1-\lambda h}y_n,$$

要使隐式欧拉格式(8-26)是稳定的,只要

$$\left|\frac{1}{1-\lambda h}\right|\leqslant 1,$$

或

$$|1-\lambda h|\geqslant 1. \tag{8-27}$$

这是复平面上 λh 位于以 1 为圆心、以 1 为半径的圆的外部及圆周上.所以隐式欧拉方法的稳定区域是圆域的外部.如果 λ 为实数,这时 $\lambda<0$,则式(8-27)对于任何 $h>0$ 都成立,所以可以说隐式欧拉格式是无条件稳定的.

对于经典的龙格-库塔方法,方程(8-23)的经典四阶龙格-库塔方法可以写为

$$y_{n+1}=\left(1+\lambda h+\frac{(\lambda h)^2}{2}+\frac{(\lambda h)^3}{6}+\frac{(\lambda h)^4}{24}\right)y_n,$$

所以在 λh 复平面上的绝对稳定区域是由不等式

$$\left|1+\lambda h+\frac{(\lambda h)^2}{2}+\frac{(\lambda h)^3}{6}+\frac{(\lambda h)^4}{24}\right|\leqslant 1$$

所确定.即由曲线

$$1+\lambda h+\frac{(\lambda h)^2}{2}+\frac{(\lambda h)^3}{6}+\frac{(\lambda h)^4}{24}=\mathrm{e}^{\mathrm{i}\theta}$$

所围成的区域.表 8-6 给出了几个常用的常微分方程差分方法的绝对稳定域.

表 8-6　常微分方程差分法的绝对稳定域

差分法	欧拉方法	后退欧拉方法	改进的欧拉方法	经典 R-K 方法
绝对稳定域	(-2,0)	(-∞,0)	(-6,0)	(-2.78,0)

绝对稳定域越大,h 的取值范围就越大,λ 的允许取值就越多,所代表的非线性常微分方程也就越多.

8.7　案例及 MATLAB 程序

例 8.7　分别用欧拉公式、改进的欧拉公式、四级四阶龙格-库塔公式求解微分方程

$$\begin{cases}y'=\dfrac{y^2-2x}{y},\\ y(0)=1\end{cases}$$

其中,y_1,y_2,y_3 分别表示欧拉公式、改进的欧拉公式、四级四阶龙格-库塔公式的数值解,y_4 表示精确解.

解　MATLAB 程序如下:

```
h=0.1;
x=0:h:1;
y1=zeros(size(x));
y1(1)=1;
y2=zeros(size(x));
y2(1)=1;
y3=zeros(size(x));
y3(1)=1;
for i1=2:length(x)
    y1(i1)=y1(i1-1)+h*(y1(i1-1)-2*x(i1-1)/y1(i1-1));
    k1=y2(i1-1)-2*x(i1-1)/y2(i1-1);
    k2=y2(i1-1)+h*k1-2*x(i1)/(y2(i1-1)+h*k1);
    y2(i1)=y2(i1-1)+h*(k1+k2)/2;
    k1=y2(i1-1)-2*x(i1-1)/y2(i1-1);
    k2=y2(i1-1)+h*k1/2-2*(x(i1-1)+h/2)/(y2(i1-1)+h*k1/2);
    k3=y2(i1-1)+h*k2/2-2*(x(i1-1)+h/2)/(y2(i1-1)+h*k2/2);
    k4=y2(i1-1)+h*k3-2*(x(i1-1)+h)/(y2(i1-1)+h*k3);
    y3(i1)=y3(i1-1)+(k1+2*k2+2*k3+k4)*h/6;
end
y4=sqrt(1+2*x);
plot(x,y1,'+',x,y2,'0',x,y3,'*',x,y4,'-')
legend('y1','y2','y3','y4')
%plot(x,y4-y1,x,y4-y2,x,y4-y3)
%legend('y1','y2','y3')
```

运行结果如图 8-2 所示。

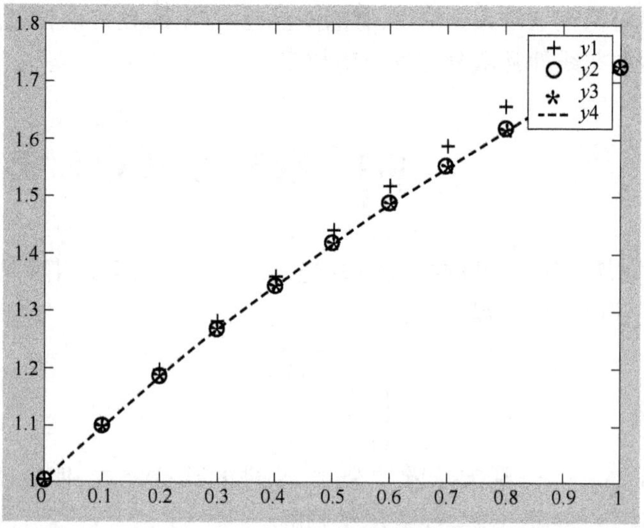

图 8-2 例 8.7 图像

程序　四阶 Adams 显式公式.

```
function [k,X,Y,wucha,P]=Adams4x(funfcn,x0,b,y0,h)
%funfcn 是函数 f(x,y),x0 和 y0 是初值 y(x0)=y0,b 是自变量 x 的最大值,h 为步长
x=x0;y=y0;p=128;n=fix((b-x0)/h);
if n<5
   return;
end
X=zeros(p,1);
Y=zeros(p,length(y));f=zeros(p,1);
k=1;X(k)=x;Y(k,:)=y';
for k=2:4
c1=1/6;c2=2/6;c3=2/6;
c4=1/6;a2=1/2;a3=1/2;
a4=1;b21=1/2;b31=0;
b32=1/2;b41=0;b42=0;b43=1;
x1=x+a2*h;x2=x+a3*h;
x3=x+a4*h;k1=feval(funfcn,x,y);
y1=y+b21*h*k1;x=x+h;
k2=feval(funfcn,x1,y1);
y2=y+b31*h*k1+b32*h*k2;
k3=feval(funfcn,x2,y2);
y3=y+b41*h*k1+b42*h*k2+b43*h*k3;
k4=feval(funfcn,x3,y3);
y=y+h*(c1*k1+c2*k2+c3*k3+c4*k4);X(k)=x;Y(k,:)=y;
end
X;Y;f(1:4)=feval(funfcn,X(1:4),Y(1:4));
for k=4:n
f(k)=feval(funfcn,X(k),Y(k));
X(k+1)=X(1)+h*k;
Y(k+1)=Y(k)+(h/24)*((f(k-3:k))'*[-9 37-59 55]');
f(k+1)=feval(funfcn,X(k+1),Y(k+1));f(k)=f(k+1);k=k+1;
end
for k=2:n+1
wucha(k)=norm(Y(k)-Y(k-1));k=k+1;
end
X=X(1:n+1);Y=Y(1:n+1,:);n=1:n+1;
wucha=wucha(1:n,:);P=[n',X,Y,wucha'];
```

例 8.8　用四阶 Adams 显式公式求解微分方程

$$\begin{cases} y' = 1 + \dfrac{2xy}{1+x^2}, \\ y(0) = 1. \end{cases}$$

解 编写并保存 funfcn.m 的 M 文件如下：

```
function f=funfcn(x,y)
f=1+(2.*x.*y)./(1+x.^2);
```

在 MATLAB 工作窗口输入：

```
x0=0;b=2;y0=0;h=1/15;
[k,X,Y,wucha,P]=Adams4x(@funfcn,x0,b,y0,h)
输出结果：
    k=
        32
    X=
             0
        0.0667
        0.1333
        0.2000
        0.2667
        0.3333
        0.4000
        0.4667
        0.5333
        0.6000
        0.6667
        0.7333
        0.8000
        0.8667
        0.9333
        1.0000
        1.0667
        1.1333
        1.2000
        1.2667
        1.3333
        1.4000
        1.4667
        1.5333
        1.6000
```

```
    1.6667
    1.7333
    1.8000
    1.8667
    1.9333
    2.0000

Y=

         0
    0.0669
    0.1349
    0.2053
    0.2791
    0.3477
    0.4254
    0.5068
    0.5941
    0.6879
    0.7888
    0.8974
    1.0142
    1.1397
    1.2741
    1.4178
    1.5712
    1.7344
    1.9076
    2.0911
    2.2850
    2.4894
    2.7045
    2.9304
    3.1672
    3.4149
    3.6736
    3.9435
    4.2245
```

```
    4.5167
    4.8201

wucha =

   1 至 9 列

0  0.0669  0.0680  0.0704  0.0738  0.0685  0.0778  0.0814  0.0873

   10 至 18 列
0.0938  0.1009  0.1086  0.1168  0.1254  0.1344  0.1437  0.1533  0.1632

   19 至 27 列

0.1732  0.1835  0.1939  0.2044  0.2151  0.2259  0.2368  0.2477  0.2587

   28 至 31 列

     0.2698  0.2810  0.2922  0.3035

P =
     1.0000        0        0        0
     2.0000   0.0667   0.0669   0.0669
     3.0000   0.1333   0.1349   0.0680
     4.0000   0.2000   0.2053   0.0704
     5.0000   0.2667   0.2791   0.0738
     6.0000   0.3333   0.3477   0.0685
     7.0000   0.4000   0.4254   0.0778
     8.0000   0.4667   0.5068   0.0814
     9.0000   0.5333   0.5941   0.0873
    10.0000   0.6000   0.6879   0.0938
    11.0000   0.6667   0.7888   0.1009
    12.0000   0.7333   0.8974   0.1086
    13.0000   0.8000   1.0142   0.1168
    14.0000   0.8667   1.1397   0.1254
    15.0000   0.9333   1.2741   0.1344
    16.0000   1.0000   1.4178   0.1437
    17.0000   1.0667   1.5712   0.1533
```

```
18.0000  1.1333  1.7344  0.1632
19.0000  1.2000  1.9076  0.1732
20.0000  1.2667  2.0911  0.1835
21.0000  1.3333  2.2850  0.1939
22.0000  1.4000  2.4894  0.2044
23.0000  1.4667  2.7045  0.2151
24.0000  1.5333  2.9304  0.2259
25.0000  1.6000  3.1672  0.2368
26.0000  1.6667  3.4149  0.2477
27.0000  1.7333  3.6736  0.2587
28.0000  1.8000  3.9435  0.2698
29.0000  1.8667  4.2245  0.2810
30.0000  1.9333  4.5167  0.2922
31.0000  2.0000  4.8201  0.3035
```

例 8.9　导弹跟踪问题.

某军队一导弹基地发现正北方向 120km 处海面上有一艘敌艇,正在以 90km/h 的速度向正东方向行驶.该基地立即发射导弹跟踪追击敌艇,导弹速度为 450km/h.自动导航系统使导弹在任意时刻都能对准敌艇.试问导弹在何时何处击中敌艇?

解　微分方程建模的方法主要是依据守恒定律来建立等量关系式.对于这个问题,寻求等量关系是比较简单的.设坐标系如图 8-3 所示,取导弹基地为原点 $O(0,0)$,x 轴指向正东方,y 轴指向正北方向.

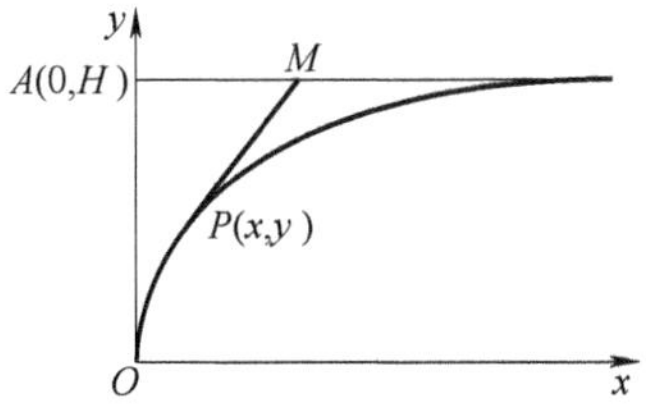

图 8-3　导弹追踪模型

当 $t=0$ 时,导弹位于原点 O,敌艇位于点 $A(0,H)$,其中 $H=120\text{km}$.设导弹在 t 时刻的位置为 $P(x(t),y(t))$,由题意得

$$\left(\frac{\mathrm{d}x}{\mathrm{d}t}\right)^2+\left(\frac{\mathrm{d}y}{\mathrm{d}t}\right)^2=v_w^2 \tag{8-28}$$

其中 $v_w=450\text{km/h}$.

另外在 t 时刻,敌艇位置应为 $M(v_e t,H)$,其中 $v_e=90\text{km/h}$.由于导弹轨迹的切线方向必须指向敌舰,即直线 PM 的方向就是导弹轨迹上点 P 的切线方向,故有

$$\frac{\mathrm{d}y}{\mathrm{d}x}=\frac{H-y}{v_e t-x},$$

或写为

$$\frac{\mathrm{d}y}{\mathrm{d}t}=\frac{\mathrm{d}x}{\mathrm{d}t}\left(\frac{H-y}{v_e t-x}\right). \tag{8-29}$$

方程(8-28)、方程(8-29)连同初值条件 $x(0)=0,y(0)=0$,构成了如下关于时间变量 t 的一阶微分方程组的初值问题

$$\begin{cases}\left(\dfrac{\mathrm{d}x}{\mathrm{d}t}\right)^2+\left(\dfrac{\mathrm{d}y}{\mathrm{d}t}\right)^2=v_w^2,\\ \dfrac{\mathrm{d}y}{\mathrm{d}t}=\dfrac{\mathrm{d}x}{\mathrm{d}t}\left(\dfrac{H-y}{v_e t-x}\right).\end{cases} \tag{8-30}$$

经计算,x 与 y 的关系满足

$$\frac{\mathrm{d}^2x}{\mathrm{d}y^2}\frac{\mathrm{d}y}{\mathrm{d}t}(H-y)=v_e.$$

代入式(8-30),就得到轨迹方程.这是一个二阶非线性微分方程,加上初值条件,则得到如下导弹轨迹的数学模型:

$$\begin{cases}\dfrac{\mathrm{d}^2x}{\mathrm{d}y^2}\dfrac{(H-y)}{\sqrt{\left(\dfrac{\mathrm{d}x}{\mathrm{d}y}\right)^2+1}}=\dfrac{v_e}{v_w},\\ \left.\dfrac{\mathrm{d}x}{\mathrm{d}y}\right|_{y=0}=0,\\ x\big|_{y=0}=0.\end{cases} \tag{8-31}$$

先把模型用数值解法进行求解.将初值问题(8-31)化为一阶微分方程组,令 $\lambda=\dfrac{v_e}{v_w}$,得

$$\begin{cases}\dfrac{\mathrm{d}x}{\mathrm{d}y}=p,\\ \dfrac{\mathrm{d}p}{\mathrm{d}y}=\dfrac{\lambda\sqrt{p^2+1}}{H-y},\\ x(0)=0,p(0)=0.\end{cases}$$

取自变量 y 的步长为 $h=H/n$,于是得分割点 $y_0=0,y_1=h,y_2=2h,\cdots,y_n=nh=H$.

下面用两种算法来进行数值处理.

(1) 欧拉方法

欧拉方法十分简单,就是利用数值积分给出计算公式,得到计算的迭代格式为

$$\begin{cases}x_{k+1}=x_k+hp_k,\\ p_{k+1}=p_k+h\dfrac{\lambda\sqrt{1+p_k{}^2}}{H-y_k},\\ x_0=0,p_0=0,\end{cases}$$

对于不同的 n 值所对应的计算结果见表 8-7.显然,n 越大(即 h 越小),结果就越精确.

表 8-7 欧拉方法的计算结果

n	4	8	12	24	48	96	120	240
L	11.52	15.96	17.97	20.25	22.25	23.33	23.58	24.15
T	0.128	0.177	0.200	0.288	0.247	0.259	0.262	0.268

此时的近似解为 $L \approx 24.15\text{km}, T=0.268\text{h}$.

MATLAB 程序如下：

```
function daodan1(n)
H=120;
h=H/n;
lamda=90/450;
x(1)=0;p(1)=0;
y=0:h:H;
for i=0:n-1
x(i+2)=x(i+1)+h*p(i+1);
p(i+2)=p(i+1)+h*(lamda*sqrt(1+p(i+1)^2)/(H-y(i+1)));
end
[x;p]'
L=x(n+1)
T=x(n+1)/90

输入 daodan1(4),输出结果为
L=11.525373503293796
T=0.128059705592153

输入 daodan1(240),输出结果为
L=24.150973782789730
T=0.268344153142108
```

(2) 改进的 Euler 方法(预估—校正法)

对应的迭代公式为：

$$
\begin{cases}
x_{k+1}^{*}=x_k+hp, \\
x_{k+1}=\dfrac{1}{2}(x_{k+1}^{*}+x_k+hp_{k+1}^{*}), \\
p_{k+1}^{*}=p_k+\dfrac{\lambda\sqrt{p_k^2+1}}{H-y_k}, \\
p_{k+1}=\dfrac{1}{2}\left[p_{k+1}^{*}+p_k+\dfrac{\lambda\sqrt{p_{k+1}^{*2}+1}}{H-y_{k+1}}\right].
\end{cases}
$$

对于不同的步长 h 值所对应的计算结果见表 8-8. 显然, h 越小,结果就越精确.

表 8-8　改进的欧拉方法的计算结果

h	0.2	0.1	0.05	0.02	0.01
L	29.6606	27.0724	24.2409	24.1265	23.9104
T	0.3296	0.177	0.26930	0.2681	0.2657

此时的近似解为 $L\approx 23.9104\text{km}$, $T=0.2657\text{h}$.

MATLAB 程序如下：

```
function daodan2(h)
H=120;Ve=90;Vw=450;
x(1)=0;y(1)=0;T(1)=0;
for i=1:10e6
M=(Ve*T(i)-x(i))/(H-y(i));
x1(i+1)=x(i)+Vw*h/sqrt(1+1/M.^2);
y1(i+1)=y(i)+Vw*h/sqrt(1+M.^2);
T(i+1)=i*h;
x(i+1)=0.5*(x1(i+1)+x(i)+Vw*h/sqrt(1+((H-y1(i+1))/(Ve*T(i+1)-x1
(i+1))).^2));
y(i+1)=0.5*(y1(i+1)+y(i)+Vw*h/sqrt(1+((Ve*T(i+1)-x1(i+1))/(H-y1
(i+1))).^2));
if y(i+1)>=H
   break;
end
end
[T;x;y]';
L=x(i+1)
T=x(i+1)/Ve

输入 daodan2(0.1),输出结果为
L=27.0724
T=0.3008
输入 daodan2(0.01),输出结果为
L=23.9104
T=0.2657
```

习题 8

1. 用改进的欧拉格式计算初值问题

$$\begin{cases} y'=-\dfrac{0.9}{1+2x}y, 0\leqslant x\leqslant 1, \\ y(0)=1. \end{cases}$$

取步长 $h=0.2$,保留到小数点后 4 位.

2. 用梯形格式求解初值问题

$$\begin{cases} y' = 8-3y(1\leqslant x\leqslant 2), \\ y(1)=2. \end{cases}$$

取 $h=0.2$ 计算,要求小数点后保留 5 位数字.

3. 用改进的欧拉格式计算积分 $\int_0^x e^{-t^2}dt$ 在 $x=0.25,0.5,0.75,1$ 时的近似值(保留到小数点后 6 位).

4. 用四阶龙格-库塔方法求解初值问题 $\begin{cases} y' = x+y, 0<x\leqslant 1, \\ y(0)=1 \end{cases}$ 取 $h=0.2$,要求写出由 h,x_n,y_n 直接计算 y_{n+1} 的迭代公式,计算过程保留 4 位小数.

5. 证明:解 $y'=f(x,y)$,$y(x_0)=y_0$ 的下列计算格式

$$y_{n+1}=\frac{1}{2}(y_n+y_{n-1})+\frac{h}{4}(4f_{n+1}-f_n+3f_{n-1})$$

是二阶的.

6. 程序设计:用改进的欧拉公式,龙格-库塔方法求初值问题 $y'=y+\frac{x}{y}$,$y(0)=1$ 的数值解($0\leqslant x\leqslant 1$,步长 $h=0.1$),并与精确解比较.

7. 程序设计:用四阶 Adams 显式公式求解初值问题 $y'=2x+y$,$y(0)=1$ 的数值解$\left(0\leqslant x\leqslant 1,步长\ h=\frac{1}{12}\right)$,并与精确解比较.

9

第 9 章 矩阵的特征值和特征向量计算

9.1 引　　言

在本章中,我们将探究 n 阶实矩阵 $\boldsymbol{A}\in\mathbf{R}^{n\times n}$ 的特征值与特征向量的数值解法.

定义 9.1　已知 n 阶实矩阵 $\boldsymbol{A}=(a_{ij})\in\mathbf{R}^{n\times n}$,如果存在常数 λ 和非零向量 $\boldsymbol{x}$,使

$$\boldsymbol{A}\boldsymbol{x}=\lambda\boldsymbol{x}\quad \text{或}\quad (\boldsymbol{A}-\lambda\boldsymbol{I})\boldsymbol{x}=\boldsymbol{0}$$

那么称 λ 为 $\boldsymbol{A}$ 的特征值,$\boldsymbol{x}$ 为 $\boldsymbol{A}$ 的相应于 λ 的特征向量,多项式

$$p_n(\lambda)=\det(\boldsymbol{A}-\lambda\boldsymbol{I})=\begin{pmatrix} a_{11}-\lambda & a_{12} & \cdots & a_{1n} \\ a_{21} & a_{22}-\lambda & \cdots & a_{2n} \\ \vdots & \vdots & & \vdots \\ a_{n1} & a_{n2} & \cdots & a_{nn}-\lambda \end{pmatrix}$$

称为特征多项式,方程

$$\det(\boldsymbol{A}-\lambda\boldsymbol{I})=0 \tag{9-1}$$

称为特征方程.

特征值问题来源于许多科学和工程的应用领域,其中重要的一类就是振动问题,如弹簧-质点振动系统、桥梁或建筑物的振动、机械机件的振动及飞机机翼的振动等.

式(9-1)中,即 $p_n(\lambda)=a_n\lambda^n+a_{n-1}\lambda^{n-1}+a_{n-2}\lambda^{n-2}+\cdots+a_0=0$,是以 λ 为未知量的一元 n 次代数方程,$p_n(\lambda)=\det(\boldsymbol{A}-\lambda\boldsymbol{I})$ 是 λ 的 n 次多项式.显然,$\boldsymbol{A}$ 的特征值就是特征方程(9-1)的根.特征方程(9-1)在复数范围内恒有解,其个数为方程的次数(重根按重数计算),因此 n 阶矩阵 $\boldsymbol{A}$ 在复数范围内有 n 个特征值.

除特殊情况(如 $n=2,3$ 或 $\boldsymbol{A}$ 为上(下)三角矩阵)外,一般不通过直接求解特征方程(9-1)来求矩阵 $\boldsymbol{A}$ 的特征值,特别是当矩阵 $\boldsymbol{A}$ 的阶数较高时,这种方法极为困难,故常用数值方法来近似求特征值和特征向量.本章将介绍求解矩阵特征值与特征向量常用的计算方法:幂法与反幂法、QR 算法以及求实对称矩阵全部特征值和特征向量的雅可比方法.

9.2　特征值问题的基本性质

首先给出一些有关特征值问题的重要结论,这些结论可以在线性代数中找到.

定理 9.1　若矩阵 $\boldsymbol{A}$ 与 $\boldsymbol{B}$ 相似,则 $\boldsymbol{A}$ 与 $\boldsymbol{B}$ 的特征值相同.

定理 9.2　设 $\boldsymbol{A}$ 是任意 n 阶实对称矩阵,则必存在 n 阶正交矩阵 $\boldsymbol{P}$,使得

$$\boldsymbol{P}^{-1}\boldsymbol{A}\boldsymbol{P}=\boldsymbol{P}^{\mathrm{T}}\boldsymbol{A}\boldsymbol{P}=\boldsymbol{\Lambda}$$

其中,$\boldsymbol{\Lambda}=\mathbf{diag}(\lambda_1,\lambda_2,\cdots,\lambda_n)$ 是以 $\boldsymbol{A}$ 的 $\boldsymbol{n}$ 个特征值 $\lambda_1,\lambda_2,\cdots,\lambda_n$ 为对角元素的对角矩阵.

定理 9.3(舒尔定理)　设 $\boldsymbol{A}$ 是任意矩阵,存在一个非奇异矩阵 $\boldsymbol{U}$,使得

$$\boldsymbol{T}=\boldsymbol{U}^{-1}\boldsymbol{A}\boldsymbol{U}$$

其中,$\boldsymbol{T}$ 是一个上三角矩阵,其对角元素包含 $\boldsymbol{A}$ 的特征值.

对于给定的矩阵,如果能估计其特征值的分布,往往有助于特征值的计算,著名的圆盘定理是估计特征值的简单方法.

定理 9.4(圆盘定理)　设矩阵 $\boldsymbol{A}=(a_{ij})_{n\times n}$,记复平面上以 a_{ij} 为圆心,以 $r_i=\sum\limits_{j=1,j\neq i}^{n}|a_{ij}|$ 为半径的 n 个圆盘为 $D_i=\{z\,|\,|z-a_{ii}|\leqslant r_i\}$,$i=1,2,\cdots,n$,则:

1) 矩阵 $\boldsymbol{A}$ 的任一特征值至少位于其中一个圆盘内;

2) 在 m 个相互连通(而与其余 $n-m$ 个圆盘互不连通)的圆盘内,恰有矩阵 $\boldsymbol{A}$ 的 m 个特征值(重特征值按重数计).

特别地,如果矩阵 $\boldsymbol{A}$ 的一个圆盘 D_i 是与其他圆盘分离的(即孤立圆盘),则圆盘 D_i 中精确地包含矩阵 $\boldsymbol{A}$ 的一个特征值.

9.3　幂法与反幂法

9.3.1　幂法

幂法具有一个优越特性是:它不仅可以求特征值,而且可以求相应的特征向量.矩阵 $\boldsymbol{A}$ 绝对值(模)最大的特征值叫作 $\boldsymbol{A}$ 的主特征值.实际上,幂法经常用来求大型稀疏矩阵的主特征值和特征向量.

不失一般性,假设矩阵 $\boldsymbol{A}\in\mathbf{R}^{n\times n}$ 的 n 个特征值满足

$$|\lambda_1|>|\lambda_2|\geqslant|\lambda_3|\geqslant\cdots\geqslant|\lambda_n|\geqslant 0, \tag{9-2}$$

且有相应的 n 个线性无关的特征向量 $\boldsymbol{x}_1,\boldsymbol{x}_2,\cdots,\boldsymbol{x}_n$,则 $\boldsymbol{x}_1,\boldsymbol{x}_2,\cdots,\boldsymbol{x}_n$

构成 n 维向量空间 $\mathbf{R}^n$ 的一组基,因此

$$\mathbf{R}^n=\left\{z \mid z=\sum_{i=1}^{n}\alpha_i\boldsymbol{x}_i,\alpha_i\in\mathbf{R},i=1,2,\cdots,n\right\}.$$

在 $\mathbf{R}^n$ 中选取某个满足 $\alpha_1\neq0$ 的非零向量 $z_0=\sum\limits_{i=1}^{n}\alpha_i\boldsymbol{x}_i$,用矩阵 $\boldsymbol{A}$ 同时左乘该式两边,得

$$\boldsymbol{A}z_0=\sum_{i=1}^{n}\alpha_i\boldsymbol{A}\boldsymbol{x}_i=\sum_{i=1}^{n}\alpha_i\lambda_i\boldsymbol{x}_i,$$

再用矩阵 $\boldsymbol{A}$ 左乘上式两边,得

$$\boldsymbol{A}^2z_0=\sum_{i=1}^{n}\alpha_i\lambda_i^2\boldsymbol{x}_i,$$

这样继续下去,一般地有

$$\boldsymbol{A}^kz_0=\sum_{i=1}^{n}\alpha_i\lambda_i^k\boldsymbol{x}_i,\quad k=1,2,\cdots$$

记 $z_k=\boldsymbol{A}z_{k-1}=\boldsymbol{A}^kz_0,k=1,2,\cdots$,得

$$z_k=\boldsymbol{A}^kz_0=\sum_{i=1}^{n}\alpha_i\lambda_i^k\boldsymbol{x}_i=\lambda_1^k\left[\alpha_1\boldsymbol{x}_1+\sum_{i=2}^{n}\alpha_i\left(\frac{\lambda_i}{\lambda_1}\right)^k\boldsymbol{x}_i\right],\quad k=1,2,\cdots \tag{9-3}$$

根据假设(9-2),并结合式(9-3),得

$$\lim_{k\to\infty}\frac{z_k}{\lambda_1^k}=\alpha_1\boldsymbol{x}_1, \tag{9-4}$$

于是对充分大的 k 有

$$z_k\approx\lambda_1^k\alpha_1\boldsymbol{x}_1. \tag{9-5}$$

式(9-4)表明随着 k 的增大,序列$\{z_k/\lambda_1^k\}$越来越接近 $\boldsymbol{A}$ 的对应于特征值 λ_1 的特征向量 $\boldsymbol{x}_1$ 的 α_1 倍,由此可确定对应于 λ_1 的特征向量 $\boldsymbol{x}_1$.当 k 充分大时,可得 $\boldsymbol{x}_1$ 的近似值.

上述收敛速度取决于比值 $|\lambda_2/\lambda_1|$.事实上,由式(9-3)知,

$$\left|\frac{z_k}{\lambda_1^k}\right|\leqslant|\alpha_1|\,|\boldsymbol{x}_1|+|\alpha_2|\left|\frac{\lambda_2}{\lambda_1}\right|^k|\boldsymbol{x}_2|+|\alpha_3|\left|\frac{\lambda_3}{\lambda_1}\right|^k|\boldsymbol{x}_3|+\cdots+|\alpha_n|\left|\frac{\lambda_n}{\lambda_1}\right|^k|\boldsymbol{x}_n| \tag{9-6}$$

再由式(9-2)得

$$1>\left|\frac{\lambda_2}{\lambda_1}\right|\geqslant\left|\frac{\lambda_3}{\lambda_1}\right|\geqslant\cdots\geqslant\left|\frac{\lambda_n}{\lambda_1}\right|. \tag{9-7}$$

结合式(9-6)和式(9-7)知,序列$\{z_k/\lambda_1^k\}$的收敛速度取决于比值 $|\lambda_2/\lambda_1|$.

下面计算 λ_1.由式(9-3)知

$$z_{k+1}=\boldsymbol{A}z_k=\boldsymbol{A}^{k+1}z_0=\lambda_1^{k+1}\left[\alpha_1\boldsymbol{x}_1+\sum_{i=2}^{n}\alpha_i\left(\frac{\lambda_i}{\lambda_1}\right)^{k+1}\boldsymbol{x}_i\right].$$

当 k 充分大时，$\boldsymbol{z}_{k+1}\approx\lambda_1^{k+1}\alpha_1\boldsymbol{x}_1$. 结合式(9-5)，得

$$\boldsymbol{z}_{k+1}\approx\lambda_1\boldsymbol{z}_k.$$

这表明两个相邻向量只差一个常数倍，这个倍数就是 $\boldsymbol{A}$ 的主特征值 λ_1. 记 $\boldsymbol{z}_k=(z_k^{(1)},z_k^{(2)},\cdots,z_k^{(n)})^{\mathrm{T}}$，则有

$$\lim_{k\to\infty}\frac{z_{k+1}^{(j)}}{z_k^{(j)}}=\lambda_1,\quad j=1,2,\cdots,n$$

即两个相邻的迭代向量所有对应分量的比值收敛到 λ_1.

定义 9.2　上述由已知非零向量 $\boldsymbol{z}_0$ 及矩阵 $\boldsymbol{A}$ 的乘幂 $\boldsymbol{A}^k$ 构造向量序列 $\{\boldsymbol{z}_k\}$ 来计算 $\boldsymbol{A}$ 的主特征值 λ_1 及相应特征向量的方法称为幂法，其收敛速度由比值 $\gamma=|\lambda_2/\lambda_1|$ 来确定，γ 越小，收敛越快.

由幂法的迭代过程(9-3)容易看出，如果 $|\lambda_1|>1$(或 $|\lambda_1|<1$)，那么迭代向量 $\boldsymbol{z}_k$ 的各个非零的分量将随着 $k\to\infty$ 而趋于无穷(或趋于零)，这样在计算机上实现时就可能上溢(或下溢). 为了克服这个缺点，需将每步迭代向量进行规范化.

记 $\boldsymbol{y}_k=\boldsymbol{A}\boldsymbol{z}_{k-1}=(y_k^{(1)},y_k^{(2)},\cdots,y_k^{(n)})^{\mathrm{T}}$，若存在 $\boldsymbol{y}_k$ 的某个分量 $y_k^{(j_0)}$，满足 $|y_k^{(j_0)}|=\max\limits_{1\leqslant j\leqslant n}|y_k^{(j)}|$，则记 $\max(\boldsymbol{y}_k)=y_k^{(j_0)}$. 将 $\boldsymbol{y}_k$ 规范化 $\boldsymbol{z}_k=\boldsymbol{y}_k/\max(\boldsymbol{y}_k)$，这样就把 $\boldsymbol{z}_k$ 的分量全部控制在 $[-1,1]$ 中.

例如，设 $\boldsymbol{y}_k=(-2,3,0,-5,1)^{\mathrm{T}}$，因为 $\boldsymbol{y}_k$ 的所有分量中，绝对值最大的是 -5，所以 $\max(\boldsymbol{y}_k)=-5$，故 $\boldsymbol{z}_k=\boldsymbol{y}_k/\max(\boldsymbol{y}_k)=(0.4,-0.6,0,1,-0.2)^{\mathrm{T}}$.

综上所述，得到下列算法：

算法 9.1(幂法)　设 $\boldsymbol{A}$ 是 n 阶实矩阵，取初始向量 $\boldsymbol{z}_0\in\mathbf{R}^n$，通常取 $\boldsymbol{z}_0=(1,\ 1,\ \cdots,1)^{\mathrm{T}}$，其迭代过程是：对 $k=1,2,\cdots$，有

$$\begin{cases}\boldsymbol{y}_k=\boldsymbol{A}\boldsymbol{z}_{k-1},\\ m_k=\max(\boldsymbol{y}_k),\\ \boldsymbol{z}_k=\boldsymbol{y}_k/m_k.\end{cases}\tag{9-8}$$

幂法

定理 9.5　对式(9-8)中的序列 $\{\boldsymbol{z}_k\}$ 和 $\{m_k\}$ 有

$$\lim_{k\to\infty}\boldsymbol{z}_k=\frac{\boldsymbol{x}_1}{\max(\boldsymbol{x}_1)},\quad \lim_{k\to\infty}m_k=\lambda_1$$

其收敛速度由 $\gamma=|\lambda_2/\lambda_1|$ 确定.

证明　由迭代过程(9-8)知

$$\begin{aligned}\boldsymbol{z}_k&=\boldsymbol{y}_k/m_k=\boldsymbol{A}\boldsymbol{z}_{k-1}/m_k=\boldsymbol{A}\boldsymbol{y}_{k-1}/m_km_{k-1}=\boldsymbol{A}^2\boldsymbol{z}_{k-1}/m_km_{k-1}\\&=\cdots=\boldsymbol{A}^k\boldsymbol{z}_0\Big/\prod_{i=1}^{k}m_i=\boldsymbol{A}^k\boldsymbol{z}_0/\max(\boldsymbol{A}^k\boldsymbol{z}_0)\end{aligned}\tag{9-9}$$

其中，$\boldsymbol{z}_0=\sum\limits_{i=1}^{n}\alpha_i\boldsymbol{x}_i$. 若 $\alpha_1\neq0$，则由式(9-3)知：$\boldsymbol{A}^k\boldsymbol{z}_0=\lambda_1^k\left[\alpha_1\boldsymbol{x}_1+\sum\limits_{i=2}^{n}\alpha_i\left(\dfrac{\lambda_i}{\lambda_1}\right)^k\boldsymbol{x}_i\right]$，代入式(9-9)得

$$z_k=\frac{\alpha_1\boldsymbol{x}_1+\sum\limits_{i=2}^{n}\alpha_i\left(\frac{\lambda_i}{\lambda_1}\right)^k\boldsymbol{x}_i}{\max\left(\alpha_1\boldsymbol{x}_1+\sum\limits_{i=2}^{n}\alpha_i\left(\frac{\lambda_i}{\lambda_1}\right)^k\boldsymbol{x}_i\right)},$$

故$\lim\limits_{k\to\infty}\boldsymbol{z}_k=\dfrac{\boldsymbol{x}_1}{\max(\boldsymbol{x}_1)}$.而

$$\boldsymbol{y}_k=\boldsymbol{A}\boldsymbol{z}_{k-1}=\frac{\boldsymbol{A}\boldsymbol{y}_{k-1}}{\max(\boldsymbol{y}_{k-1})}=\frac{\boldsymbol{A}^2\boldsymbol{z}_{k-2}}{\max(\boldsymbol{A}\boldsymbol{z}_{k-2})}=\cdots=\frac{\boldsymbol{A}^k\boldsymbol{z}_0}{\max(\boldsymbol{A}^{k-1}\boldsymbol{z}_0)}$$

$$=\frac{\lambda_1^k\left[\alpha_1\boldsymbol{x}_1+\sum\limits_{i=2}^{n}\alpha_i\left(\frac{\lambda_i}{\lambda_1}\right)^k\boldsymbol{x}_i\right]}{\lambda_1^{k-1}\max\left(\alpha_1\boldsymbol{x}_1+\sum\limits_{i=2}^{n}\alpha_i\left(\frac{\lambda_i}{\lambda_1}\right)^{k-1}\boldsymbol{x}_i\right)}$$

于是

$$m_k=\max(\boldsymbol{y}_k)=\lambda_1\frac{\max\left(\alpha_1\boldsymbol{x}_1+\sum\limits_{i=2}^{n}\alpha_i\left(\frac{\lambda_i}{\lambda_1}\right)^k\boldsymbol{x}_i\right)}{\max\left(\alpha_1\boldsymbol{x}_1+\sum\limits_{i=2}^{n}\alpha_i\left(\frac{\lambda_i}{\lambda_1}\right)^{k-1}\boldsymbol{x}_i\right)}$$

故$\lim\limits_{k\to\infty}m_k=\lambda_1$.由式(9-6)和式(9-7)知:上述收敛速度由$\gamma=|\lambda_2/\lambda_1|$确定.证毕.

例 9.1　用幂法求方阵

$$\boldsymbol{A}=\begin{pmatrix}-12 & 3 & 3\\ 3 & 1 & -2\\ 3 & -2 & 7\end{pmatrix}$$

的主特征值及相应的特征向量.

解　选取初始向量 $z_0=(1,1,1)^{\mathrm{T}}$,按式(9-8)迭代,结果见表 9-1.

表 9-1　幂法的计算结果

k	z_k	m_k
0	$(1,1,1)^{\mathrm{T}}$	1
1	$(-6,2,8)^{\mathrm{T}}$	8
2	$(12.75,-4,4.25)^{\mathrm{T}}$	12.75
3	$(-11.941176471,2.019607843,5.960784314)^{\mathrm{T}}$	-11.941176471
⋮	⋮	⋮
31	$(-13.220179441,3.108136355,2.268864454)^{\mathrm{T}}$	-13.220179441
32	$(-13.220180293,3.108137152,2.268861780)^{\mathrm{T}}$	-13.220180293

因此,所求按模最大特征值 $\lambda_1\approx-13.220180293$,相应特征向量为 $\boldsymbol{x}_1=\dfrac{z_{32}}{\max\{z_{32}\}}\approx(1,-0.235105504,-0.171621092)^{\mathrm{T}}$.

9.3.2 幂法的加速

从上面的讨论可知，由幂法求按模最大特征值，可归结为求数列$\{m_k\}$的极限值，其收敛速度由$\gamma=|\lambda_2/\lambda_1|$确定.当$\gamma=|\lambda_2/\lambda_1|$接近 1 时，收敛速度相当缓慢.为了提高收敛速度，可以利用外推法进行加速.

因为序列$\{m_k\}$的收敛速度由$\gamma=|\lambda_2/\lambda_1|$确定，所以若$\{m_k\}$收敛，当$k$充分大时，则有$m_k-\lambda_1=O\left[\left(\frac{\lambda_2}{\lambda_1}\right)^k\right]$，或改写为$m_k-\lambda_1\approx c\left(\frac{\lambda_2}{\lambda_1}\right)^k$，其中$c$是与$k$无关的常数.由此可得

$$\frac{m_{k+1}-\lambda_1}{m_k-\lambda_1}\approx\frac{\lambda_2}{\lambda_1},\tag{9-10}$$

这表明幂法是线性收敛的.由式(9-10)知$\frac{m_{k+1}-\lambda_1}{m_k-\lambda_1}\approx\frac{m_{k+2}-\lambda_1}{m_{k+1}-\lambda_1}$.由式(9-10)解出$\lambda_1$，并记为$\tilde{m}_{k+2}$，即

$$\tilde{m}_{k+2}=\frac{m_{k+2}m_k-m_{k+1}^2}{m_{k+2}-2m_{k+1}+m_k}=m_k-\frac{(m_{k+1}-m_k)^2}{m_{k+2}-2m_{k+1}+m_k},$$

这就是计算主特征值的加速公式.

现将上面的分析归结为如下算法：

算法 9.2(幂法的加速)　设$\boldsymbol{A}$是n阶实矩阵，给定非零初始向量$\boldsymbol{z}_0\in\mathbf{R}^n$，通常取$\boldsymbol{z}_0=(1,\ 1,\ \cdots,1)^{\mathrm{T}}$.对$k=1,\ 2$，用迭代式

$$\begin{cases}\boldsymbol{y}_k=\boldsymbol{A}\boldsymbol{z}_{k-1},\\ m_k=\max(\boldsymbol{y}_k),\\ \boldsymbol{z}_k=\boldsymbol{y}_k/m_k.\end{cases}$$

求出m_1,m_2及$\boldsymbol{z}_1,\boldsymbol{z}_2$.再对$k=3,4,\cdots$，迭代过程为

$$\begin{cases}\boldsymbol{y}_k=\boldsymbol{A}\boldsymbol{z}_{k-1},\\ m_k=\max(\boldsymbol{y}_k),\\ \tilde{m}_k=m_{k-2}-\dfrac{(m_{k-1}-m_{k-2})^2}{m_k-2m_{k-1}+m_{k-2}},\\ \boldsymbol{z}_k=y_k/\tilde{m}_k.\end{cases}$$

当$|\tilde{m}_k-\tilde{m}_{k-1}|<\varepsilon$($\varepsilon>0$是预先给定的精度)时，迭代结束，并计算$\boldsymbol{z}_k$；否则继续迭代，直至满足迭代停止条件$|\tilde{m}_k-\tilde{m}_{k-1}|<\varepsilon$.

9.3.3 反幂法

反幂法是计算矩阵按模最小特征值及相应特征向量的迭代法，其基本思想是：设矩阵$\boldsymbol{A}\in\mathbf{R}^{n\times n}$非奇异，用其逆矩阵$\boldsymbol{A}^{-1}$代替$\boldsymbol{A}$，矩阵$\boldsymbol{A}$的按模最小特征值就是矩阵$\boldsymbol{A}^{-1}$的主特征值的倒数.

定义 9.3　用 A^{-1} 代替 A 做幂法,即可求出 A^{-1} 的主特征值,从而求出矩阵 A 的按模最小特征值,这种方法称为反幂法.

因为矩阵 A 非奇异,所以由 $Ax_i=\lambda_i x_i$ 可知:$A^{-1}x_i=\dfrac{1}{\lambda_i}x_i$.这说明:如果 A 的特征值满足

$$|\lambda_1|\geqslant|\lambda_2|\geqslant\cdots\geqslant|\lambda_{n-1}|>|\lambda_n|>0,$$

那么 A^{-1} 的特征值满足

$$\frac{1}{|\lambda_n|}>\frac{1}{|\lambda_{n-1}|}\geqslant\cdots\geqslant\frac{1}{|\lambda_2|}\geqslant\frac{1}{|\lambda_1|},$$

且 A 的对应于特征值 λ_i 的特征向量 x_i 也是 A^{-1} 的对应于特征值 $1/\lambda_i$ 的特征向量.

由上述分析知:对 A^{-1} 应用幂法求主特征值 $1/\lambda_n$ 及相应的特征向量 x_n,就是求 A 的按模最小的特征值 λ_n 及相应的特征向量 x_n.

算法 9.3(反幂法)　任取初始非零向量 $z_0\in\mathbf{R}^n$,通常取 $z_0=(1,1,\cdots,1)^{\mathrm{T}}$.为了避免求 A^{-1},对 $k=1,2,\cdots$,将迭代过程(9-8)改写为

$$\begin{cases}Ay_k=z_{k-1},\\ m_k=\max(y_k),\\ z_k=y_k/m_k.\end{cases}\tag{9-11}$$

仿照定理 9.5 的证明,可得:

定理 9.6　式(9-11)中的序列 $\{z_k\}$ 和 $\{m_k\}$ 满足 $\lim\limits_{k\to\infty}z_k=\dfrac{x_n}{\max(x_n)}$,$\lim\limits_{k\to\infty}m_k=\dfrac{1}{\lambda_n}$,其收敛速度由 $\tilde{\gamma}=|\lambda_n/\lambda_{n-1}|$ 确定.

按式(9-11)进行计算,每次迭代都需要求解一个方程组 $Ay_k=z_{k-1}$.若利用三角分解法求解方程组,即 $A=LU$,其中 L 是下三角矩阵,U 是上三角矩阵,则每次迭代只需解两个三角方程组

$$\begin{cases}Lv=z_{k-1},\\ Uy_k=v.\end{cases}$$

9.3.4　原点平移法

为了提高收敛速度,下面介绍加速收敛的原点平移法.

设矩阵 $B=A-pI$,其中 p 是一个待定的常数,A 与 B 除主对角线上的元素外,其他元素相同.设 A 的特征值为 $\lambda_1,\lambda_2,\cdots,\lambda_n$,则 B 的特征值为 $\lambda_1-p,\lambda_2-p,\cdots,\lambda_n-p$,且 A 与 B 具有相同的特征向量.

设 λ_1 是 A 的主特征值,选择 p,使

$$|\lambda_1-p|>|\lambda_2-p|\geqslant|\lambda_i-p|,\quad i=3,4,\cdots,n,$$

及

$$\left|\frac{\lambda_2-p}{\lambda_1-p}\right|<\left|\frac{\lambda_2}{\lambda_1}\right|,\tag{9-12}$$

对 $\boldsymbol{B}$ 应用幂法，可得：

算法 9.4（原点平移法的幂法）　对 $k=1,2,\cdots$，有

$$\begin{cases}\boldsymbol{y}_k=(\boldsymbol{A}-p\boldsymbol{I})\boldsymbol{z}_{k-1},\\ m_k=\max(\boldsymbol{y}_k),\\ \boldsymbol{z}_k=\boldsymbol{y}_k/m_k,\end{cases} \tag{9-13}$$

且 $\lim\limits_{k\to\infty}m_k=\lambda_1-p$，$\lim\limits_{k\to\infty}\boldsymbol{z}_k=\dfrac{\boldsymbol{x}_1}{\max(\boldsymbol{x}_1)}$，其收敛速度由 $|(\lambda_2-p)/(\lambda_1-p)|$ 确定.

由式(9-12)知：在计算 $\boldsymbol{B}$ 的主特征值 λ_1-p 的过程(9−13)中，收敛速度得到加速.

设 λ_n 是 $\boldsymbol{A}$ 的按模最小的特征值，选择 p，使

$$|\lambda_n-p|<|\lambda_{n-1}-p|\leqslant|\lambda_i-p|,\quad i=1,2,\cdots,n-2$$

及

$$\left|\frac{\lambda_n-p}{\lambda_{n-1}-p}\right|<\left|\frac{\lambda_n}{\lambda_{n-1}}\right|, \tag{9-14}$$

若矩阵 $\boldsymbol{B}=\boldsymbol{A}-p\boldsymbol{I}$ 可逆，则 $\boldsymbol{B}^{-1}$ 的特征值为 $\dfrac{1}{\lambda_1-p},\dfrac{1}{\lambda_2-p},\cdots,\dfrac{1}{\lambda_n-p}$，且有

$$\left|\frac{1}{\lambda_n-p}\right|>\left|\frac{1}{\lambda_{n-1}-p}\right|\geqslant\left|\frac{1}{\lambda_i-p}\right|,\quad i=1,2,\cdots,n-2$$

对 $\boldsymbol{B}$ 应用反幂法，可得：

算法 9.5（原点平移下的反幂法）　对 $k=1,2,\cdots$，有

$$\begin{cases}(\boldsymbol{A}-p\boldsymbol{I})\boldsymbol{y}_k=\boldsymbol{z}_{k-1},\\ m_k=\max(\boldsymbol{y}_k),\\ \boldsymbol{z}_k=\boldsymbol{y}_k/m_k,\end{cases} \tag{9-15}$$

且 $\lim\limits_{k\to\infty}m_k=\dfrac{1}{\lambda_n-p}$，$\lim\limits_{k\to\infty}\boldsymbol{z}_k=\dfrac{\boldsymbol{x}_1}{\max\boldsymbol{x}_1}$，其收敛速度由 $|(\lambda_n-p)/(\lambda_{n-1}-p)|$ 确定.

根据式(9-14)可知：在计算 $\boldsymbol{B}^{-1}$ 的主特征值 $\dfrac{1}{\lambda_n-p}$ 的过程(9-15)中，收敛速度得到加速.

例 9.2　已知特征值 λ 的近似值 $\tilde{\lambda}=1.2679$（准确特征值 $\lambda_3=3-\sqrt{3}$），用原点平移下的反幂法求方阵

$$\boldsymbol{A}=\begin{pmatrix}2&1&0\\1&3&1\\0&1&4\end{pmatrix}$$

对应特征值 λ 的特征向量.

解　取 $p=\tilde{\lambda}=1.2679$，用列选主元的三角分解将矩阵 $\boldsymbol{A}-p\boldsymbol{I}$ 分

解为

$$P(A-pI)=LU$$

其中 $$P=\begin{pmatrix}0&1&0\\0&0&1\\1&0&0\end{pmatrix},L=\begin{pmatrix}1&0&0\\0&1&0\\0.7321&-0.26807&1\end{pmatrix},$$

$$U=\begin{pmatrix}1&1.7321&1\\0&1&2.7321\\0&0&0.29405\times10^{-3}\end{pmatrix}$$

取 z_0，使 $Uy_1=L^{-1}Pz_0=(1,1,1)^{\mathrm{T}}$，得

$$y_1=(12692,-9290.3,3400.8)^{\mathrm{T}},m_1=\max y_1=12692$$

$$z_1=\frac{y_1}{m_1}=(1,-0.73198,0.26795)^{\mathrm{T}}$$

由 $Uy_2=L^{-1}Pz_1$ 得

$$y_2=(20404,-14937,5467.4)^{\mathrm{T}},m_2=\max y_2=20404$$

$$z_2=\frac{y_2}{m_2}=(1,-0.73206,0.26796)^{\mathrm{T}}$$

由于 z_1 与 z_2 的对应分量几乎相等，故 A 的特征值为

$$\lambda\approx\tilde{\lambda}+\frac{1}{m_2}=1.2679+\frac{1}{20404}=1.267949,$$

相应的特征向量为 $x=z_2=(1,-0.73206,0.26796)^{\mathrm{T}}$.

而矩阵 A 的一个特征值为 $\lambda=3-\sqrt{3}\approx1.2679492\cdots$，相应的特征向量为 $x_3=(1,1-\sqrt{3},2-\sqrt{3})=(1,-0.73205,0.26795)^{\mathrm{T}}$，由此可见此方法得到的结果具有较高的精度.

9.4 QR 算法

上一节中，我们介绍了求矩阵特征值的幂法和反幂法.其中，幂法主要用来求矩阵的主特征值，而反幂法主要用于求对应特征值的特征向量.在本节中，我们将介绍幂法的推广和变形——QR 算法，它是求一般中小型矩阵全部特征值的最有效的方法之一，其基本思想就是利用矩阵的 QR 分解.矩阵 $A\in\mathbf{R}^{n\times n}$ 的 QR 分解是指用豪斯霍尔德(Householder)变换将矩阵 A 分解成正交矩阵 Q 与上三角矩阵 R 的乘积，即 $A=QR$.下面首先介绍豪斯霍尔德变换.

9.4.1 豪斯霍尔德变换

定义 9.4 设 $B=(b_{ij})_{n\times n}$ 是 n 阶方阵，若当 $i>j+1$ 时，$b_{ij}=0$，则称矩阵 B 为上海森伯格矩阵(Hessenberg matrix)，又称为准上三角矩阵，它的一般形式为

$$B=\begin{pmatrix} b_{11} & b_{12} & \cdots & b_{1n} \\ b_{21} & b_{22} & \cdots & b_{2n} \\ & b_{32} & \cdots & b_{3n} \\ & & \ddots & \vdots \\ & & b_{n,n-1} & b_{nn} \end{pmatrix}. \tag{9-16}$$

下面讨论如何将矩阵 $\boldsymbol{A}$ 用正交相似变换化成式(9-16)的形式.为此先介绍一个对称正交矩阵——豪斯霍尔德矩阵.

定义 9.5　设向量 $\boldsymbol{u}\in\mathbf{R}^n$ 的欧氏长度 $\|\boldsymbol{u}\|_2=1$, $\boldsymbol{I}$ 为 n 阶单位矩阵,则称 n 阶方阵

$$\boldsymbol{H}=\boldsymbol{H}(\boldsymbol{u})=\boldsymbol{I}-2\boldsymbol{u}\boldsymbol{u}^{\mathrm{T}} \tag{9-17}$$

为豪斯霍尔德矩阵(Householder matrix).对任何 $\boldsymbol{x}\in\mathbf{R}^n$,称由 $\boldsymbol{H}=\boldsymbol{H}(\boldsymbol{u})$ 确定的变换 $\boldsymbol{y}=\boldsymbol{H}\boldsymbol{x}$ 为镜面反射变换(specular reflection transformation),或豪斯霍尔德变换(Householder transformation).

豪斯霍尔德变换是将一个向量变换为由一个超平面反射的镜像,也是一种线性变换.运用线性代数的知识,容易证明:

定理 9.7　式(9-17)定义的矩阵 $\boldsymbol{H}$ 是对称正交矩阵;对任何 $\boldsymbol{x}\in\mathbf{R}^n$,由线性变换 $\boldsymbol{y}=\boldsymbol{H}\boldsymbol{x}$ 得到 $\boldsymbol{y}$ 的欧氏长度满足 $\|\boldsymbol{y}\|_2=\|\boldsymbol{x}\|_2$.

反之,有下列结论:

定理 9.8　设 $\boldsymbol{x},\boldsymbol{y}\in\mathbf{R}^n$, $\boldsymbol{x}\neq\boldsymbol{y}$.若 $\|\boldsymbol{x}\|_2=\|\boldsymbol{y}\|_2$,则一定存在由单位向量确定的镜面反射矩阵 $\boldsymbol{H}(\boldsymbol{u})$,使得 $\boldsymbol{H}\boldsymbol{x}=\boldsymbol{y}$.

证明　令 $\boldsymbol{u}=\dfrac{\boldsymbol{x}-\boldsymbol{y}}{\|\boldsymbol{x}-\boldsymbol{y}\|_2}$,显然 $\|\boldsymbol{u}\|_2=1$.构造单位向量 $\boldsymbol{u}$ 确定的镜面反射矩阵

$$\boldsymbol{H}=\boldsymbol{H}(\boldsymbol{u})=\boldsymbol{I}-2\boldsymbol{u}\boldsymbol{u}^{\mathrm{T}},$$

$$\begin{aligned}\boldsymbol{H}\boldsymbol{x}&=(\boldsymbol{I}-2\boldsymbol{u}\boldsymbol{u}^{\mathrm{T}})\boldsymbol{x}=\left[\boldsymbol{I}-2\frac{(\boldsymbol{x}-\boldsymbol{y})(\boldsymbol{x}-\boldsymbol{y})^{\mathrm{T}}}{\|\boldsymbol{x}-\boldsymbol{y}\|_2^2}\right]\boldsymbol{x}\\&=\boldsymbol{x}-\frac{2(\boldsymbol{x}-\boldsymbol{y})(\boldsymbol{x}^{\mathrm{T}}\boldsymbol{x}-\boldsymbol{y}^{\mathrm{T}}\boldsymbol{x})}{\|\boldsymbol{x}-\boldsymbol{y}\|_2^2}.\end{aligned}$$

又因为 $\|\boldsymbol{x}\|_2=\|\boldsymbol{y}\|_2$,即 $\boldsymbol{x}^{\mathrm{T}}\boldsymbol{x}=\boldsymbol{y}^{\mathrm{T}}\boldsymbol{y}$,所以

$$\begin{aligned}\|\boldsymbol{x}-\boldsymbol{y}\|_2^2&=(\boldsymbol{x}-\boldsymbol{y})^{\mathrm{T}}(\boldsymbol{x}-\boldsymbol{y})=(\boldsymbol{x}^{\mathrm{T}}-\boldsymbol{y}^{\mathrm{T}})(\boldsymbol{x}-\boldsymbol{y})\\&=\boldsymbol{x}^{\mathrm{T}}\boldsymbol{x}-\boldsymbol{x}^{\mathrm{T}}\boldsymbol{y}-\boldsymbol{y}^{\mathrm{T}}\boldsymbol{x}+\boldsymbol{y}^{\mathrm{T}}\boldsymbol{y}=\boldsymbol{x}^{\mathrm{T}}\boldsymbol{x}-\boldsymbol{x}^{\mathrm{T}}\boldsymbol{y}-\boldsymbol{x}^{\mathrm{T}}\boldsymbol{y}+\boldsymbol{x}^{\mathrm{T}}\boldsymbol{x}\\&=2(\boldsymbol{x}^{\mathrm{T}}\boldsymbol{x}-\boldsymbol{y}^{\mathrm{T}}\boldsymbol{x})\end{aligned}$$

于是 $\boldsymbol{H}\boldsymbol{x}=\boldsymbol{x}-\dfrac{2(\boldsymbol{x}-\boldsymbol{y})(\boldsymbol{x}^{\mathrm{T}}\boldsymbol{x}-\boldsymbol{y}^{\mathrm{T}}\boldsymbol{x})}{\|\boldsymbol{x}-\boldsymbol{y}\|_2^2}=\boldsymbol{x}-(\boldsymbol{x}-\boldsymbol{y})=\boldsymbol{y}$.证毕.

由定理 9.8 得:

算法 9.6　若 $\boldsymbol{x}=(x_1,x_2,\cdots,x_n)^{\mathrm{T}}$,其中 $x_2,\cdots,x_n$ 不全为零,则由

$$\begin{cases}\sigma=\operatorname{sgn}(x_1)\|\boldsymbol{x}\|_2,\\ \boldsymbol{u}=\boldsymbol{x}+\sigma\boldsymbol{e}_1,\text{其中 }\boldsymbol{e}_1=(1,0,\cdots,0)^{\mathrm{T}}\in\mathbf{R}^n,\\ \rho=\dfrac{1}{2}\|\boldsymbol{u}\|_2^2=\sigma(\sigma+x_1),\\ \boldsymbol{H}=\boldsymbol{H}(\boldsymbol{u})=\boldsymbol{I}-2\dfrac{\boldsymbol{u}\boldsymbol{u}^{\mathrm{T}}}{\|\boldsymbol{u}\|_2^2}=\boldsymbol{I}-\rho^{-1}\boldsymbol{u}\boldsymbol{u}^{\mathrm{T}}.\end{cases}\tag{9-18}$$

确定的镜面反射矩阵 $\boldsymbol{H}$，使得 $\boldsymbol{Hx}=\sigma\boldsymbol{e}_1$，其中 $\operatorname{sgn}(a)=\begin{cases}1, & a>0,\\ 0, & a=0,\\ -1, & a<0.\end{cases}$

例 9.3 设 $\boldsymbol{x}=(-1,2,-2)^{\mathrm{T}}$，按式(9-18)的方法构造镜面反射矩阵 $\boldsymbol{H}$，使得 $\boldsymbol{Hx}=(*,0,0)^{\mathrm{T}}$（$*$ 表示某非零元素）.

解 $\sigma=\operatorname{sgn}(x_1)\|\boldsymbol{x}\|_2=(-1)\sqrt{(-1)^2+2^2+(-2)^2}=-3$,

$\boldsymbol{u}=\boldsymbol{x}-\sigma\boldsymbol{e}_1=(-1,2,-2)^{\mathrm{T}}-(3,0,0)^{\mathrm{T}}=(-4,2,-2)^{\mathrm{T}}$，其中 $\boldsymbol{e}_1=(1,0,0)^{\mathrm{T}}$,

$$\rho=\frac{1}{2}\|\boldsymbol{u}\|_2^2=\sigma(\sigma+x_1)=-3[-3+(-1)]=12,$$

则所求镜面反射矩阵为

$$\boldsymbol{H}=\boldsymbol{I}-\rho^{-1}\boldsymbol{u}\boldsymbol{u}^{\mathrm{T}}=\begin{pmatrix}1&0&0\\0&1&0\\0&0&1\end{pmatrix}-\frac{1}{12}\begin{pmatrix}-4\\2\\-2\end{pmatrix}(-4,2,-2)=\begin{pmatrix}-1/3&2/3&-2/3\\2/3&2/3&1/3\\-2/3&1/3&2/3\end{pmatrix}$$

且
$$\boldsymbol{Hx}=\begin{pmatrix}-1/3&2/3&-2/3\\2/3&2/3&1/3\\-2/3&1/3&2/3\end{pmatrix}\begin{pmatrix}-1\\2\\-2\end{pmatrix}=\begin{pmatrix}3\\0\\0\end{pmatrix}.$$

可以证明：

定理 9.9 对任意 n 阶方阵 $\boldsymbol{A}=(a_{ij})_{n\times n}$，存在正交矩阵 $\boldsymbol{Q}$，使得 $\boldsymbol{B}=\boldsymbol{Q}^{\mathrm{T}}\boldsymbol{AQ}$ 为形如式(9-16)的上海森伯格矩阵.

证明 记

$$\boldsymbol{A}=\begin{pmatrix}a_{11}&a_{12}&\cdots&a_{1n}\\a_{21}&a_{22}&\cdots&a_{2n}\\\vdots&\vdots&&\vdots\\a_{n1}&a_{n2}&\cdots&a_{nn}\end{pmatrix}=\begin{pmatrix}a_{11}^{(1)}&a_{12}^{(1)}&\cdots&a_{1n}^{(1)}\\a_{21}^{(1)}&a_{22}^{(1)}&\cdots&a_{2n}^{(1)}\\\vdots&\vdots&&\vdots\\a_{n1}^{(1)}&a_{n2}^{(1)}&\cdots&a_{nn}^{(1)}\end{pmatrix}=\boldsymbol{A}_1,\boldsymbol{x}_1=\begin{pmatrix}a_{21}^{(1)}\\a_{31}^{(1)}\\\vdots\\a_{n1}^{(1)}\end{pmatrix},$$

由式(9-18)可构造 $n-1$ 阶对称正交矩阵 $\boldsymbol{H}_1$：

$$\begin{cases}\sigma_1=\operatorname{sgn}(a_{21})\|\boldsymbol{x}_1\|_2=-\operatorname{sgn}(a_{21})\left(\sum\limits_{i=2}^{n}a_{i1}^2\right)^{1/2},\\ \boldsymbol{u}_1=\boldsymbol{x}_1+\sigma_1\boldsymbol{e}_1,\text{其中 }\boldsymbol{e}_1=(1,0,\cdots,0)^{\mathrm{T}}\in\mathbf{R}^{n-1},\\ \rho_1=\dfrac{1}{2}\|\boldsymbol{u}_1\|_2^2=\sigma_1(\sigma_1+a_{21}),\\ \boldsymbol{H}_1=\boldsymbol{I}-\rho_1^{-1}\boldsymbol{u}_1\boldsymbol{u}_1^{\mathrm{T}}\end{cases}$$

使得 $\boldsymbol{H}_1\boldsymbol{x}_1=\sigma_1\boldsymbol{e}_1$.

记 $Q_1=\begin{pmatrix} I_1 & \\ & H_1 \end{pmatrix}$，且 $Q_1\in\mathbf{R}^{n\times n}$，$I_1$ 表示一阶单位矩阵.显然 Q_1 是对称正交矩阵.用 Q_1 对 A 作相似变换，可得

$$Q_1AQ_1^{-1}=Q_1A_1Q_1=\begin{pmatrix} a_{11}^{(1)} & a_{12}^{(2)} & \cdots & a_{1n}^{(2)} \\ \sigma_1 & a_{22}^{(2)} & \cdots & a_{2n}^{(2)} \\ 0 & a_{32}^{(2)} & \cdots & a_{3n}^{(2)} \\ \vdots & \vdots & & \vdots \\ 0 & a_{n2}^{(2)} & \cdots & a_{nn}^{(2)} \end{pmatrix} \xlongequal{\text{记}} A_2,$$

记 $x_2=(a_{32}^{(2)},a_{42}^{(2)},\cdots,a_{n2}^{(2)})^{\mathrm{T}}\in\mathbf{R}^{n-2}$，同理可构造 $n-2$ 阶对称正交矩阵 H_2，使得 $H_2x_2=\sigma_2e_1(e_1=(1,0,\cdots,0)^{\mathrm{T}}\in\mathbf{R}^{n-2})$.

记 $Q_2=\begin{pmatrix} I_2 & \\ & H_2 \end{pmatrix}$，其中 I_2 为二阶单位矩阵，则 Q_2 仍是对称正交矩阵，用 Q_2 对 A_2 作相似变换，得

$$Q_2A_2Q_2^{-1}=Q_2A_2Q_2=\begin{pmatrix} a_{11}^{(1)} & a_{12}^{(2)} & a_{13}^{(3)} & \cdots & a_{1n}^{(3)} \\ \sigma_1 & a_{22}^{(2)} & a_{23}^{(3)} & \cdots & a_{2n}^{(3)} \\ 0 & \sigma_2 & a_{33}^{(3)} & \cdots & a_{3n}^{(3)} \\ 0 & 0 & a_{43}^{(3)} & \cdots & a_{4n}^{(3)} \\ \vdots & \vdots & \vdots & & \vdots \\ 0 & 0 & a_{n3}^{(3)} & \cdots & a_{nn}^{(3)} \end{pmatrix} \xlongequal{\text{记}} A_3.$$

以此类推，经过 k 步对称正交相似变换，得

$$Q_{k-1}A_{k-1}Q_{k-1}^{-1}=Q_{k-1}A_{k-1}Q_{k-1}=\begin{pmatrix} a_{11}^{(1)} & a_{12}^{(2)} & a_{13}^{(3)} & \cdots & a_{1,k-1}^{(k-1)} & a_{1k}^{(k)} & a_{1,k+1}^{(k)} & \cdots & a_{1n}^{(k)} \\ \sigma_1 & a_{22}^{(2)} & a_{23}^{(3)} & \cdots & a_{2,k-1}^{(k-1)} & a_{2k}^{(k)} & a_{2,k+1}^{(k)} & \cdots & a_{2n}^{(k)} \\ 0 & \sigma_2 & a_{33}^{(3)} & \cdots & a_{3,k-1}^{(k-1)} & a_{3k}^{(k)} & a_{3,k+1}^{(k)} & \cdots & a_{3n}^{(k)} \\ \vdots & \vdots & \vdots & & \vdots & \vdots & \vdots & & \vdots \\ 0 & 0 & 0 & \cdots & a_{k-1,k-1}^{(k-1)} & a_{k-1,k}^{(k)} & a_{k-1,k+1}^{(k)} & \cdots & a_{k-1,n}^{(k)} \\ 0 & 0 & 0 & \cdots & \sigma_{k-1} & a_{kk}^{(k)} & a_{k,k+1}^{(k)} & \cdots & a_{kn}^{(k)} \\ 0 & 0 & 0 & \cdots & 0 & a_{k+1,k}^{(k)} & a_{k+1,k+1}^{(k)} & \cdots & a_{k+1,n}^{(k)} \\ \vdots & \vdots & \vdots & & \vdots & \vdots & \vdots & & \vdots \\ 0 & 0 & 0 & \cdots & 0 & a_{nk}^{(k)} & a_{n,k+1}^{(k)} & \cdots & a_{nn}^{(k)} \end{pmatrix} \xlongequal{\text{记}} A_k$$

重复上述过程，则有

$$Q_{n-2}A_{n-2}Q_{n-2}^{-1}=Q_{n-2}A_{n-2}Q_{n-2}=\begin{pmatrix} a_{11}^{(1)} & a_{12}^{(2)} & a_{13}^{(3)} & \cdots & a_{1,n-1}^{(n-1)} & a_{1n}^{(n)} \\ \sigma_1 & a_{22}^{(2)} & a_{23}^{(3)} & \cdots & a_{2,n-1}^{(n-1)} & a_{2n}^{(n)} \\ & \sigma_2 & a_{33}^{(3)} & \cdots & a_{3,n-1}^{(n-1)} & a_{3n}^{(n)} \\ & & \sigma_3 & \ddots & \vdots & \vdots \\ & & & \ddots & a_{n-1,n-1}^{(n-1)} & a_{n-1,n}^{(n)} \\ & & & & \sigma_{n-1} & a_{nn}^{(n)} \end{pmatrix} \xlongequal{\text{记}} A_{n-1}$$

从而 $\boldsymbol{A}_{n-1}=\boldsymbol{Q}_{n-2}\boldsymbol{A}_{n-2}\boldsymbol{Q}_{n-2}=\boldsymbol{Q}_{n-2}\boldsymbol{Q}_{n-3}\boldsymbol{A}_{n-3}\boldsymbol{Q}_{n-3}\boldsymbol{Q}_{n-2}=\boldsymbol{Q}_{n-2}\boldsymbol{Q}_{n-3}\cdots\boldsymbol{Q}_1\boldsymbol{A}\boldsymbol{Q}_1\cdots\boldsymbol{Q}_{n-3}\boldsymbol{Q}_{n-2}$.若记 $\boldsymbol{B}=\boldsymbol{A}_{n-1}$,$\boldsymbol{Q}=\boldsymbol{Q}_1\boldsymbol{Q}_2\cdots\boldsymbol{Q}_{n-2}$,则 $\boldsymbol{Q}$ 为正交矩阵,且有 $\boldsymbol{B}=\boldsymbol{Q}^{\mathrm{T}}\boldsymbol{A}\boldsymbol{Q}$.证毕

由定理 9.9 知,因为任意 n 阶方阵 $\boldsymbol{A}$ 与 n 阶上海森伯格矩阵 $\boldsymbol{B}$ 相似,所以求矩阵 $\boldsymbol{A}$ 的特征值问题,就可转化为求上海森伯格矩阵 $\boldsymbol{B}$ 的特征值问题.此外,若 $\boldsymbol{A}$ 是对称矩阵,则 $\boldsymbol{B}$ 也是对称矩阵.再由 $\boldsymbol{B}$ 的形式(9-16)知,此时 $\boldsymbol{B}$ 一定是对称三对角矩阵.于是,求对称矩阵 $\boldsymbol{A}$ 的特征值问题,便可转化为求对称三对角矩阵 $\boldsymbol{B}$ 的特征值问题.

例 9.4 设矩阵

$$A=\begin{pmatrix}1 & 2 & 1 & 2\\ 2 & 2 & -1 & 1\\ 1 & -1 & 1 & 1\\ 2 & 1 & 1 & 1\end{pmatrix}$$

试用镜面反射变换求正交矩阵 $\boldsymbol{Q}$,使 $\boldsymbol{Q}^{\mathrm{T}}\boldsymbol{A}\boldsymbol{Q}$ 为上海森伯格矩阵.

解 第 1 步 记 $\boldsymbol{A}_1=\boldsymbol{A}$,$\boldsymbol{x}_1=(a_{21}^{(1)},a_{31}^{(1)},a_{41}^{(1)})^{\mathrm{T}}=(2,1,2)^{\mathrm{T}}$,利用式(9-18)构造三阶镜面反射矩阵 $\boldsymbol{H}_1$:

$\sigma_1=\operatorname{sgn}(2)\|\boldsymbol{x}_1\|_2=\sqrt{2^2+1^2+2^2}=3$,

$\boldsymbol{u}_1=\boldsymbol{x}_1+\sigma_1\boldsymbol{e}_1=(2,1,2)^{\mathrm{T}}+(3,0,0)^{\mathrm{T}}=(5,1,2)^{\mathrm{T}}$,其中 $\boldsymbol{e}_1=(1,0,0)^{\mathrm{T}}$,

$\rho_1=\dfrac{1}{2}\|\boldsymbol{u}_1\|_2^2=\sigma_1(\sigma_1+a_{21}^{(1)})=3(3+2)=15$,

则所求镜面反射矩阵为

$$\boldsymbol{H}_1=\boldsymbol{I}-\rho_1^{-1}\boldsymbol{u}_1\boldsymbol{u}_1^{\mathrm{T}}=\begin{pmatrix}1&0&0\\0&1&0\\0&0&1\end{pmatrix}-\frac{1}{15}\begin{pmatrix}5\\1\\2\end{pmatrix}(5,1,2)$$

$$=\begin{pmatrix}-0.6667 & -0.3333 & -0.6667\\ -0.3333 & 0.9333 & -0.1333\\ -0.6667 & -0.1333 & 0.7333\end{pmatrix}.$$

$$\boldsymbol{Q}_1=\begin{pmatrix}\boldsymbol{I}_1 & \\ & \boldsymbol{H}_1\end{pmatrix}=\begin{pmatrix}1 & 0 & 0 & 0\\ 0 & -0.6667 & -0.3333 & -0.6667\\ 0 & -0.3333 & 0.9333 & -0.1333\\ 0 & -0.6667 & -0.1333 & 0.7333\end{pmatrix},$$

$$\boldsymbol{A}_2=\boldsymbol{Q}_1^{\mathrm{T}}\boldsymbol{A}_1\boldsymbol{Q}_1=\boldsymbol{Q}_1\boldsymbol{A}\boldsymbol{Q}_1=\begin{pmatrix}1 & -3 & 0 & 0\\ -3 & 2.3333 & 0.4667 & -0.0667\\ 0 & 0.4667 & 1.5733 & 1.3467\\ 0 & -0.0667 & 1.3467 & 0.0933\end{pmatrix},$$

第 2 步 记 $\boldsymbol{x}_2=(a_{32}^{(2)},a_{42}^{(2)})^{\mathrm{T}}=(0.4667,-0.0667)^{\mathrm{T}}$,利用式(9-18)构造二阶镜面反射矩阵 $\boldsymbol{H}_2$.

$$\sigma_2=\operatorname{sgn}(0.4667)\|\boldsymbol{x}_2\|_2=\sqrt{0.4667^2+(-0.0667)^2}=0.4714,$$

$$\boldsymbol{u}_2=\boldsymbol{x}_2+\sigma_2\boldsymbol{e}_1=(0.4667,-0.0667)^{\mathrm{T}}+(0.4714,0)^{\mathrm{T}}=(0.9381,-0.0667)^{\mathrm{T}},$$

$$\rho_2=\frac{1}{2}\|\boldsymbol{u}_2\|_2^2=\sigma_2(\sigma_2+a_{32}^{(2)})=0.4714(0.4714+0.4667)=0.4422.$$

其中 $\boldsymbol{e}_1=(1,0)^{\mathrm{T}}$,则所求镜面反射矩阵为

$$\boldsymbol{H}_2=\boldsymbol{I}-\rho_2^{-1}\boldsymbol{u}_2\boldsymbol{u}_2^{\mathrm{T}}=\begin{pmatrix}1&0\\0&1\end{pmatrix}-\frac{1}{0.4422}\begin{pmatrix}0.9381\\-0.0667\end{pmatrix}(0.9381,-0.0667)=\begin{pmatrix}-0.9901&0.1415\\0.1415&0.9899\end{pmatrix},$$

$$\boldsymbol{Q}_2=\begin{pmatrix}\boldsymbol{I}_2&\\&\boldsymbol{H}_2\end{pmatrix}=\begin{pmatrix}1&0&0&0\\0&1&0&0\\0&0&-0.9901&0.1415\\0&0&0.1415&0.9899\end{pmatrix},$$

$$\boldsymbol{A}_3=\boldsymbol{Q}_2^{\mathrm{T}}\boldsymbol{A}_2\boldsymbol{Q}_2=\boldsymbol{Q}_2\boldsymbol{A}_2\boldsymbol{Q}_2=\begin{pmatrix}1&-3&0&0\\-3&2.3333&-0.4714&0\\0&-0.4714&1.5733&-1.5000\\0&0&-1.5000&0.5000\end{pmatrix},$$

由此得正交矩阵

$$\boldsymbol{Q}=\boldsymbol{Q}_1\boldsymbol{Q}_2=\begin{pmatrix}1&0&0&0\\0&-0.6667&0.2357&-0.7071\\0&-0.3333&-0.9429&0.0001\\0&-0.6667&0.2357&0.7070\end{pmatrix},$$

使得

$$\boldsymbol{Q}^{\mathrm{T}}\boldsymbol{A}\boldsymbol{Q}=\boldsymbol{A}_3=\begin{pmatrix}1&-3&0&0\\-3&2.3333&-0.4714&0\\0&-0.4714&1.1667&-1.5000\\0&0&-1.5000&0.5000\end{pmatrix}$$

为上海森伯格矩阵.

人物介绍

海森伯格(Karl Hessenberg),德国数学家.他在数学领域的成就主要集中在矩阵论、函数论和数值分析,其中最著名的成就就是关于海森伯格矩阵的研究.他的研究不仅限于矩阵论,他还在复分析领域取得了一系列重要成果,特别是关于解析函数的性质和渐近展开.此外,海森伯格还对数值分析方法进行了深入研究,提出了许多高效的算法,为实际问题的求解提供了有力的工具.他的研究成果不仅推动了数学理论的发展,还对计算机科学、物理学和工程学等多个领域产生了深远影响.

9.4.2 QR 算法的基本思想

QR 算法的基本思想是：利用 QR 分解得到一系列与 $\boldsymbol{A}$ 相似的矩阵 $\{\boldsymbol{A}_k\}$，在一定条件下，当 $k\to\infty$ 时，$\{\boldsymbol{A}_k\}$ 收敛到一个以 $\boldsymbol{A}$ 的特征值 $\lambda_i(i=1,2,\cdots,n)$ 为主对角线元素的上三角矩阵.首先介绍 QR 分解，即用豪斯霍尔德变换将矩阵 $\boldsymbol{A}$ 分解成正交矩阵 $\boldsymbol{Q}$ 与上三角矩阵 $\boldsymbol{R}$ 的乘积，即 $\boldsymbol{A}=\boldsymbol{QR}$.

算法 9.7（QR 分解）

第 1 步　记 $\boldsymbol{A}$ 的第 1 列为 $\boldsymbol{x}_1=(a_{11}^{(1)},a_{21}^{(1)},\cdots,a_{n1}^{(1)})^{\mathrm{T}}$，$\boldsymbol{A}=\boldsymbol{A}_1=(a_{ij}^{(1)})_{n\times n}$.利用式(9-18)：

$$\begin{cases}\sigma_1=\operatorname{sgn}(a_{11}^{(1)})\left(\sum\limits_{i=1}^{n}(a_{i1}^{(1)})^2\right)^{1/2},\\ \boldsymbol{u}_1=\boldsymbol{x}_1+\sigma_1\boldsymbol{e}_1,\text{其中 }\boldsymbol{e}_1=(1,0,\cdots,0)^{\mathrm{T}}\in\mathbf{R}^n,\\ \rho_1=\sigma_1(\sigma_1+a_{11}^{(1)}),\\ \boldsymbol{H}_1=\boldsymbol{I}-\rho_1^{-1}\boldsymbol{u}_1\boldsymbol{u}_1^{\mathrm{T}}.\end{cases}$$

构造出的 $\boldsymbol{H}_1$ 是 n 阶对称正交矩阵，使得 $\boldsymbol{H}_1\boldsymbol{x}_1=\sigma_1\boldsymbol{e}_1$，从而有

$$\boldsymbol{A}_2=\boldsymbol{H}_1\boldsymbol{A}_1=\begin{pmatrix}\sigma_1 & a_{12}^{(2)} & \cdots & a_{1n}^{(2)}\\ 0 & a_{22}^{(2)} & \cdots & a_{2n}^{(2)}\\ \vdots & \vdots & & \vdots\\ 0 & a_{n2}^{(2)} & \cdots & a_{nn}^{(2)}\end{pmatrix}.$$

第 2 步　记 $\boldsymbol{x}_2=(a_{22}^{(2)},a_{32}^{(2)},\cdots,a_{n2}^{(2)})^{\mathrm{T}}$，同理可构造出 $n-1$ 阶对称正交矩阵 $\widetilde{\boldsymbol{H}}_2$，使得 $\widetilde{\boldsymbol{H}}_2\boldsymbol{x}_2=\sigma_2\boldsymbol{e}_2$，其中 $\sigma_2=\operatorname{sgn}(a_{22}^{(2)})\left(\sum\limits_{i=1}^{n}(a_{i2}^{(2)})^2\right)^{\frac{1}{2}}$，$\boldsymbol{e}_2=(1,0,\cdots,0)^{\mathrm{T}}\in\mathbf{R}^{n-1}$.若记 $\boldsymbol{H}_2=\begin{pmatrix}1 & \\ & \widetilde{\boldsymbol{H}}_2\end{pmatrix}$，它仍是对称正交矩阵，于是有

$$\boldsymbol{A}_3=\boldsymbol{H}_2\boldsymbol{A}_2=\begin{pmatrix}\sigma_1 & a_{12}^{(2)} & a_{13}^{(2)} & \cdots & a_{1n}^{(2)}\\ 0 & \sigma_2 & a_{23}^{(3)} & \cdots & a_{2n}^{(3)}\\ 0 & 0 & a_{33}^{(3)} & \cdots & a_{3n}^{(3)}\\ \vdots & \vdots & \vdots & & \vdots\\ 0 & 0 & a_{n3}^{(3)} & \cdots & a_{nn}^{(3)}\end{pmatrix},$$

如此继续下去，直到完成第 $n-1$ 步后，得到上三角矩阵

$$\boldsymbol{A}_n=\boldsymbol{H}_{n-1}\boldsymbol{A}_{n-1}=\begin{pmatrix}\sigma_1 & a_{12}^{(2)} & a_{13}^{(2)} & \cdots & a_{1n}^{(2)}\\ & \sigma_2 & a_{23}^{(3)} & \cdots & a_{2n}^{(3)}\\ & & & \ddots & \vdots\\ & & \ddots & & a_{n-1,n}^{(n)}\\ & & & & \sigma_n\end{pmatrix}.$$

于是有 $A_n=H_{n-1}A_{n-1}=H_{n-1}H_{n-2}A_{n-2}=\cdots=H_{n-1}H_{n-2}\cdots H_1A_1=H_{n-1}H_{n-2}\cdots H_1A$.令 $R=A_n$, $Q=H_1H_2\cdots H_{n-1}$,其中 Q 是对称正交矩阵,则 $R=QA$.因为 Q 是对称正交矩阵,所以得 $A=QR$.

若 A 非奇异,则上三角矩阵 R 也非奇异,从而 R 的主对角线元素不为零.若要求 R 的主对角线元素取正数,则 A 的 QR 分解是唯一的.

例 9.5　求矩阵

$$A=\begin{pmatrix}1&0&-1\\2&1&4\\-2&3&0\end{pmatrix}$$

的 QR 分解 $A=QR$,并使矩阵 R 的主对角线上的元素都是正数.

解　对 A 运用算法 9.7:

第 1 步　记 $A_1=A$, $x_1=(1,2,-2)^{\mathrm T}$,则

$$\sigma_1=\operatorname{sgn}(1)\sqrt{1^2+2^2+(-2)^2}=3,\rho_1=\sigma_1(\sigma_1+a_{11})=3(3+1)=12,$$

$$u_1=x_1+\sigma_1e_1=(1,2,-2)^{\mathrm T}+(3,0,0)^{\mathrm T}=(4,2,-2)^{\mathrm T},e_1=(1,0,0)^{\mathrm T},$$

$$H_1=I-\rho_1^{-1}u_1u_1^{\mathrm T}=\begin{pmatrix}1&0&0\\0&1&0\\0&0&1\end{pmatrix}-\frac{1}{12}\begin{pmatrix}4\\2\\-2\end{pmatrix}(4,2,-2)=\frac{1}{3}\begin{pmatrix}-1&-2&2\\-2&2&1\\2&1&2\end{pmatrix},$$

$$A_2=H_1A_1=\begin{pmatrix}-3&4/3&-7/3\\0&5/3&10/3\\0&7/3&2/3\end{pmatrix}.$$

第 2 步　记 $x_2=(5/3,7/3)^{\mathrm T}$,

$$\sigma_2=\operatorname{sgn}(5/3)\sqrt{(5/3)^2+(7/3)^2}=2.86744,$$

$$\rho_2=\sigma_2(\sigma_2+a_{22}^{(2)})=2.86744(2.86744+5/3)=13.0013,$$

$$u_2=x_2+\sigma_2e_1=(5/3,7/3)^{\mathrm T}+(2.86744,0)^{\mathrm T}=(4.53411,2.33333)^{\mathrm T},$$

$$\widetilde{H}_2=I-\rho_2^{-1}u_2u_2^{T}=\begin{pmatrix}1&0\\0&1\end{pmatrix}-\frac{1}{13.0013}\begin{pmatrix}4.53411\\2.33333\end{pmatrix}(4.53411,2.33333)$$

$$=\begin{pmatrix}-0.58124&-0.81373\\-0.81373&0.58124\end{pmatrix}.$$

记

$$H_2=\begin{pmatrix}1&\mathbf{0}\\\mathbf{0}&\widetilde{H}_2\end{pmatrix}=\begin{pmatrix}1&0&0\\0&-0.58124&-0.81373\\0&-0.81373&0.58124\end{pmatrix},$$

则

$$A_3=H_2A_2=\begin{pmatrix}-3&1.33333&-2.33333\\0&-2.86744&-2.47995\\0&0&-2.32494\end{pmatrix}.$$

为了使 R 的主对角线上的元素都是正数,取 $H_3=\begin{pmatrix}-1&0&0\\0&-1&0\\0&0&-1\end{pmatrix}$,

显然 $\boldsymbol{H}_3$ 是正交矩阵，且

$$\boldsymbol{A}_4=\boldsymbol{H}_3\boldsymbol{A}_3=\begin{pmatrix}3 & -1.33333 & 2.33333\\0 & 2.86744 & 2.47995\\0 & 0 & 2.32494\end{pmatrix},$$

令

$$\boldsymbol{R}=\boldsymbol{A}_4=\begin{pmatrix}3 & -1.33333 & 2.33333\\0 & 2.86744 & 2.47995\\0 & 0 & 2.32494\end{pmatrix},$$

$$\boldsymbol{Q}=\boldsymbol{H}_1\boldsymbol{H}_2\boldsymbol{H}_3=\begin{pmatrix}0.33333 & 0.15499 & -0.92998\\0.66667 & 0.65874 & 0.34874\\-0.66667 & 0.73623 & -0.11625\end{pmatrix}$$

且 $\boldsymbol{A}=\boldsymbol{QR}$.

了解了 QR 分解后，下面介绍 QR 算法.

算法 9.8（QR 算法）

第 1 步　令 $\boldsymbol{A}_1=\boldsymbol{A}$，利用算法 9.7 将 $\boldsymbol{A}_1$ 进行 QR 分解，得 $\boldsymbol{A}_1=\boldsymbol{Q}_1\boldsymbol{R}_1$，其中 $\boldsymbol{Q}_1$ 为正交矩阵，$\boldsymbol{R}_1$ 为上三角矩阵；然后将 $\boldsymbol{Q}_1$ 与 $\boldsymbol{R}_1$ 逆序相乘，得 $\boldsymbol{A}_2=\boldsymbol{R}_1\boldsymbol{Q}_1$.因为 $\boldsymbol{R}_1=\boldsymbol{Q}_1^{-1}\boldsymbol{A}_1$，所以有 $\boldsymbol{A}_2=\boldsymbol{R}_1\boldsymbol{Q}_1=\boldsymbol{Q}_1^{-1}\boldsymbol{A}_1\boldsymbol{Q}_1$，即 $\boldsymbol{A}_2$ 与 $\boldsymbol{A}_1$ 相似.

第 2 步　以 $\boldsymbol{A}_2$ 代替 $\boldsymbol{A}_1$，再作 QR 分解，得 $\boldsymbol{A}_2=\boldsymbol{Q}_2\boldsymbol{R}_2$，其中 $\boldsymbol{Q}_2$ 为正交矩阵，$\boldsymbol{R}_2$ 为上三角矩阵；再将 $\boldsymbol{Q}_2$ 与 $\boldsymbol{R}_2$ 逆序相乘，并记 $\boldsymbol{A}_3=\boldsymbol{R}_2\boldsymbol{Q}_2$.因为 $\boldsymbol{R}_2=\boldsymbol{Q}_2^{-1}\boldsymbol{A}_2$，所以 $\boldsymbol{A}_3=\boldsymbol{R}_2\boldsymbol{Q}_2=\boldsymbol{Q}_2^{-1}\boldsymbol{A}_2\boldsymbol{Q}_2$，即 $\boldsymbol{A}_3$ 与 $\boldsymbol{A}_2$ 相似.

以此类推，可得 QR 算法公式：对 $k=1,2,\cdots$,

$$\begin{cases}\boldsymbol{A}_k=\boldsymbol{Q}_k\boldsymbol{R}_k,\\\boldsymbol{A}_{k+1}=\boldsymbol{R}_k\boldsymbol{Q}_k=\boldsymbol{Q}_{k+1}\boldsymbol{R}_{k+1},\end{cases}$$

因为 $\boldsymbol{R}_{k-1}=\boldsymbol{Q}_{k-1}^{-1}\boldsymbol{A}_{k-1}$，所以 $\boldsymbol{A}_k=\boldsymbol{R}_{k-1}\boldsymbol{Q}_{k-1}=\boldsymbol{Q}_{k-1}^{-1}\boldsymbol{A}_{k-1}\boldsymbol{Q}_{k-1}$，即 $\boldsymbol{A}_k$ 与 $\boldsymbol{A}_{k-1}$ 相似.故序列 $\{\boldsymbol{A}_k\}$ 相似于 $\boldsymbol{A}_1=\boldsymbol{A}$.

这里，我们不加证明地给出 QR 算法收敛的充分条件：

定理 9.10（QR 算法的收敛性）　设 $\boldsymbol{A}=(a_{ij})\in\mathbf{R}^{n\times n}$，$\{\boldsymbol{A}_k\}$ 是由 QR 算法产生的矩阵序列，其中 $\boldsymbol{A}_k=(a_{ij}^{(k)})$.若

1) $\boldsymbol{A}_1=\boldsymbol{A}$ 的特征值 $\lambda_i(i=1,2,\cdots,n)$ 满足 $|\lambda_1|>|\lambda_2|>\cdots>|\lambda_n|>0$;

2) $\boldsymbol{A}=\boldsymbol{P}^{-1}\boldsymbol{DP}$，其中 $\boldsymbol{D}=\mathbf{diag}(\lambda_1,\lambda_2,\cdots,\lambda_n)$，且 $\boldsymbol{P}$ 有三角分解 $\boldsymbol{P}=\boldsymbol{LU}$（$\boldsymbol{L}$ 是单位下三角矩阵，$\boldsymbol{U}$ 是上三角矩阵）.

则 $\lim\limits_{k\to\infty}a_{ij}^{(k)}=\begin{cases}0, & i>j\\\lambda_i, & i=j\end{cases}$，即 $\{\boldsymbol{A}_k\}$ 收敛到一个以 $\boldsymbol{A}$ 的特征值 $\lambda_i(i=1,2,\cdots,n)$ 为主对角线元素的上三角矩阵.

推论　若矩阵 $\boldsymbol{A}\in\mathbf{R}^{n\times n}$ 是对称矩阵，且满足定理 9.10 中的条件，则由 QR 算法产生的矩阵序列 $\{\boldsymbol{A}_k\}$ 收敛到对角矩阵 $\boldsymbol{D}=\mathbf{diag}(\lambda_1,\lambda_2,\cdots,\lambda_n)$.

9.5　雅可比方法及收敛性

对实对称矩阵 $\boldsymbol{A}=(a_{ij})_{n\times n}$，一定存在正交矩阵 $\boldsymbol{Q}$，使 $\boldsymbol{Q}^{-1}\boldsymbol{A}\boldsymbol{Q}=\boldsymbol{Q}^{\mathrm{T}}\boldsymbol{A}\boldsymbol{Q}=\boldsymbol{D}$，其中 $\boldsymbol{D}=\mathbf{diag}(\lambda_1,\lambda_2,\cdots,\lambda_n)$，$\lambda_j(j=1,2,\cdots,n)$ 就是矩阵 $\boldsymbol{A}$ 的特征值，而正交矩阵 $\boldsymbol{Q}$ 的第 j 列就是对应于 λ_j 的特征向量.于是求实对称矩阵 $\boldsymbol{A}$ 的特征值问题就转化为寻找正交矩阵 $\boldsymbol{Q}$，将 $\boldsymbol{A}$ 化为对角矩阵.

雅可比方法主要用于求实对称矩阵的全部特征值和特征向量，其基本思想是对矩阵作一系列正交相似变换，使其非对角线元素收敛到 0.

9.5.1　雅可比方法

定义 9.6　设 $\boldsymbol{A}=(a_{ij})_{n\times n}$ 是 n 阶实对称矩阵，称 n 阶矩阵

$$\boldsymbol{G}(i,j,\theta)=\begin{array}{c}\begin{array}{ccccccc} & & (i) & & (j) & & \end{array}\\ \left(\begin{array}{ccccccc} 1 & & & & & & \\ & \ddots & & & & & \\ & & \cos\theta & \cdots & \sin\theta & & \\ & & & 1 & & & \\ & & \vdots & \ddots & \vdots & & \\ & & & 1 & & & \\ & & -\sin\theta & \cdots & \cos\theta & & \\ & & & & & \ddots & \\ & & & & & & 1 \end{array}\right)\end{array}\begin{array}{c} \\ \\ \\ (i) \\ \\ \\ \\ (j) \\ \\ \\ \end{array}\tag{9-19}$$

为旋转矩阵(rotation matrix)，或吉文斯矩阵(Givens matrix)，简记为 $\boldsymbol{G}_{ij}$.对 $\boldsymbol{A}$ 进行的变换 $\boldsymbol{G}_{ij}\boldsymbol{A}\boldsymbol{G}_{ij}^{\mathrm{T}}$，称为吉文斯旋转变换(Givens rotation).

其中，吉文斯矩阵是在 n 阶单位矩阵 $\boldsymbol{I}$ 的第 i 行第 i 列、第 i 行第 j 列、第 j 行第 i 列、第 j 行第 j 列的交叉的位置上分别换上 $r_{ii}=\cos\theta$，$r_{ij}=\sin\theta$，$r_{ji}=-\sin\theta$，$r_{jj}=\cos\theta$ 形成的.

吉文斯矩阵是正交矩阵，变换(9-19)是正交相似变换.雅可比方法就是通过一系列吉文斯旋转变换，把 $\boldsymbol{A}$ 化为对角矩阵，从而求得特征值及相应的特征向量的方法.因此，雅可比方法也称为平面旋转法(plane rotation method).

下面具体介绍将 n 阶实对称矩阵化为对角矩阵的雅可比方法.

设 $\boldsymbol{A}=(a_{ij})_{n\times n}$ 是 n 阶实对称矩阵，记 $\boldsymbol{A}_1=(a_{ij}^{(1)})_{n\times n}=\boldsymbol{G}_{ij}\boldsymbol{A}\boldsymbol{G}_{ij}^{\mathrm{T}}$，因为

$$\boldsymbol{A}_1^{\mathrm{T}}=(\boldsymbol{G}_{ij}\boldsymbol{A}\boldsymbol{G}_{ij}^{\mathrm{T}})^{\mathrm{T}}=\boldsymbol{G}_{ij}\boldsymbol{A}\boldsymbol{G}_{ij}^{\mathrm{T}}=\boldsymbol{A}_1,$$

所以 $\boldsymbol{A}_1$ 仍是对称矩阵.通过直接计算可得

$$\begin{cases} a_{ii}^{(1)} = a_{ii}\cos^2\theta + a_{jj}\sin^2\theta + 2a_{ij}\cos\theta\sin\theta, \\ a_{jj}^{(1)} = a_{ii}\sin^2\theta + a_{jj}\cos^2\theta - 2a_{ij}\cos\theta\sin\theta, \\ a_{il}^{(1)} = a_{li}^{(1)} = a_{il}\cos\theta + a_{jl}\sin\theta, & l \neq i,j, \\ a_{jl}^{(1)} = a_{lj}^{(1)} = -a_{il}\sin\theta + a_{jl}\cos\theta, & l \neq i,j, \\ a_{lm}^{(1)} = a_{ml}^{(1)} = a_{ml}, & m,l \neq i,j, \\ a_{ij}^{(1)} = a_{ji}^{(1)} = \dfrac{1}{2}(a_{jj} - a_{ii})\sin 2\theta + a_{ij}(\cos^2\theta - \sin^2\theta). \end{cases} \tag{9-20}$$

不难看出,$\boldsymbol{A}$ 经过 $\boldsymbol{G}_{ij}$作用后,与 $\boldsymbol{A}$ 相比,只有 $\boldsymbol{A}_1$ 的第 i 行、第 i 列、第 j 行、第 j 列的元素发生了变化,而其他元素与 $\boldsymbol{A}$ 的相同.

特别地,若 $a_{ij} \neq 0$,由式(9-20)中 $(a_{jj}-a_{ii})\sin 2\theta + 2a_{ij}(\cos^2\theta - \sin^2\theta) = 0$,可知:若取 θ 满足关系式 $\cot 2\theta = \dfrac{a_{ii}-a_{jj}}{2a_{ij}} = \dfrac{1-\tan^2\theta}{2\tan\theta}$, $-\dfrac{\pi}{4} < \theta \leqslant \dfrac{\pi}{4}$,可使 $a_{ij}^{(1)} = a_{ji}^{(1)} = 0$,也就是说,用 $\boldsymbol{G}_{ij}$对 $\boldsymbol{A}$ 进行变换,可将 $\boldsymbol{A}$ 的 2 个非主对角线元素 a_{ij}和 a_{ji}化为零.

雅可比方法的一般过程是:记 $\boldsymbol{A}_0 = \boldsymbol{A}$,选择 $\boldsymbol{A}$ 的一对最大的非零非主对角线元素 a_{ij}和 a_{ji},使用吉文斯矩阵 $\boldsymbol{G}_{ij}$对 $\boldsymbol{A}$ 作正交相似变换得 $\boldsymbol{A}_1$,可使 $\boldsymbol{A}_1$ 的这对非零非主对角线元素 $a_{ij}^{(1)} = a_{ji}^{(1)} = 0$.

再选择 $\boldsymbol{A}_1$ 的一对最大的非零非主对角线元素作上述正交相似变换得 $\boldsymbol{A}_2$,可使 $\boldsymbol{A}_2$ 的这对非零非主对角线元素化为零.

如此不断地做下去,可产生一个矩阵序列 $\boldsymbol{A} = \boldsymbol{A}_0, \boldsymbol{A}_1, \cdots, \boldsymbol{A}_k, \cdots$. 虽然 $\boldsymbol{A}$ 至多只有 $n(n-1)/2$ 对非零非主对角线元素,但是不能期望通过 $n(n-1)/2$ 次变换使 $\boldsymbol{A}$ 对角化.因为每次变换能使一对非零非主对角线元素化为零,例如,a_{ij}和 a_{ji}化为零.但在下一次变换时,它们又可能由零变为非零.

不过可以证明,如此产生的矩阵序列 $\boldsymbol{A} = \boldsymbol{A}_0, \boldsymbol{A}_1, \cdots, \boldsymbol{A}_k, \cdots$将趋向于对角矩阵,即雅可比方法是收敛的,而这个对角矩阵的主对角线元素就是矩阵 $\boldsymbol{A}$ 的特征值.

用雅可比方法求矩阵 $\boldsymbol{A}$ 的特征值的步骤为:

1) 记 $\boldsymbol{A}_0 = \boldsymbol{A}$,在矩阵 $\boldsymbol{A}$ 中找出按模最大的非主对角线元素 a_{ij},取相应的吉文斯矩阵 $\boldsymbol{G}_{ij}$,记为 $\boldsymbol{G}_1 = \boldsymbol{G}_{ij}$.

2) 由条件 $(a_{jj}-a_{ii})\sin 2\theta + 2a_{ij}(\cos^2\theta - \sin^2\theta) = 0$,定出 $\sin\theta, \cos\theta$. 为避免使用三角函数,令

$$\begin{cases} d = \dfrac{a_{ii}-a_{jj}}{2a_{ij}}, \\ t = \tan\theta = \operatorname{sgn}(d)/(|d| + \sqrt{1+d^2}), \\ \cos\theta = (1+t^2)^{-1/2}, \\ \sin\theta = t\cos\theta. \end{cases}$$

3) 按式(9-20)计算 $\boldsymbol{A}_1 = \boldsymbol{G}_{ij}\boldsymbol{A}\boldsymbol{G}_{ij}^{\mathrm{T}} = \boldsymbol{G}_1\boldsymbol{A}\boldsymbol{G}_1^{\mathrm{T}}$ 的元素.

4) 以 A_1 代替 A_0,重复步骤 1) ~3),求出 $A_2=G_2A_1G_2^{\mathrm{T}}$;以此类推,得 $A_k=G_kA_{k-1}G_k^{\mathrm{T}}, k=1,2,3,\cdots$,令 $Q_0=I$,记 $Q_k=Q_{k-1}G_k^{\mathrm{T}}$,则 Q_k 是正交矩阵,且

$$A_k=Q_k^{\mathrm{T}}AQ_k,\quad k=1,2,3,\cdots. \tag{9-21}$$

若经过 N 步旋转变换,A_N 的所有非主对角线元素都小于允许误差 ε 时,停止计算.此时 A_N 的主对角线元素就是 A 的特征值的近似值,Q_N 的列元素就是 A 的对应于上述特征值的全部特征向量.

9.5.2 雅可比方法的收敛性

由矩阵理论知:

定理 9.11　设 $A=(a_{ij})_{n\times n}$,P 是正交矩阵,$B=(b_{ij})_{n\times n}=P^{\mathrm{T}}AP$,则 $\sum_{i=1}^{n}\sum_{j=1}^{n}b_{ij}^2=\sum_{i=1}^{n}\sum_{j=1}^{n}a_{ij}^2$.

定理 9.12(收敛性)　设 $\{A_k\}$ 是由雅可比方法产生的矩阵序列,其中 $A_k=Q_k^{\mathrm{T}}AQ_k$ 由式(9-21)定义,则 $\lim\limits_{x\to\infty}A_k=D=\mathbf{diag}(\lambda_1,\lambda_2,\cdots,\lambda_n)$,$\lim\limits_{x\to\infty}Q_k=Q$,其中 $\lambda_j(j=1,2,\cdots,n)$ 就是矩阵 A 的特征值,而正交矩阵 Q 的第 j 列就是对应于 λ_j 的特征向量.

例 9.6　利用雅可比方法求矩阵

$$A=\begin{pmatrix}2&1&1\\1&2&1\\1&1&2\end{pmatrix}$$

的全部特征值和特征向量.

解　记 $A=A_0=(a_{ij}^{(0)})_{3\times 3}$,因为 $a_{11}^{(0)}=a_{22}^{(0)}=2$ 是 A 中所有非主对角线元素中绝对值最大的元素,取相应的吉文斯矩阵 G_{12}.所以

$$d=(a_{11}^{(0)}-a_{22}^{(0)})/2a_{12}^{(0)}=0,$$

$$\theta=-\frac{\pi}{4},\quad \cos\theta=\frac{\sqrt{2}}{2},\quad \sin\theta=-\frac{\sqrt{2}}{2}$$

于是

$$G_{12}=\begin{pmatrix}\cos\theta&\sin\theta&0\\-\sin\theta&\cos\theta&0\\0&0&1\end{pmatrix}=\begin{pmatrix}\frac{\sqrt{2}}{2}&-\frac{\sqrt{2}}{2}&0\\\frac{\sqrt{2}}{2}&\frac{\sqrt{2}}{2}&0\\0&0&1\end{pmatrix}\xlongequal{记}G_1,$$

$$G_1A_0G_1^{\mathrm{T}}=\begin{pmatrix}3&0&\sqrt{2}\\0&1&0\\\sqrt{2}&0&2\end{pmatrix}\xlongequal{记}A_1=(a_{ij}^{(1)})_{3\times 3}.$$

用 A_1 代替 A_0,重复上述过程.因为 $a_{11}^{(1)}=3$,$a_{33}^{(1)}=2$,所以 $d=(a_{11}^{(1)}-a_{33}^{(1)})/2a_{23}^{(1)}=\frac{\sqrt{2}}{4}$;$t=\tan\theta=\mathrm{sgn}(d)/(|d|+\sqrt{1+d^2})=\frac{\sqrt{2}}{2}$,

$\cos\theta=(1+t^2)^{-1/2}=\frac{\sqrt{6}}{3}$，$\sin\theta=t\cos\theta=\frac{\sqrt{3}}{3}$，于是

$$G_{23}=\begin{pmatrix}1&0&0\\0&\cos\theta&\sin\theta\\0&-\sin\theta&\cos\theta\end{pmatrix}=\begin{pmatrix}1&0&0\\0&\frac{\sqrt{6}}{3}&\frac{\sqrt{3}}{3}\\0&-\frac{\sqrt{3}}{3}&\frac{\sqrt{6}}{3}\end{pmatrix}\xlongequal{\text{记}}G_2,$$

$$G_2A_1G_2^{\mathrm{T}}=\begin{pmatrix}4&0&0\\0&1&0\\0&0&1\end{pmatrix}\xlongequal{\text{记}}A_2=(a_{ij}^{(2)})_{3\times3}.$$

记 $Q=Q_1^{\mathrm{T}}Q_2^{\mathrm{T}}=\begin{pmatrix}\frac{\sqrt{3}}{3}&-\frac{\sqrt{2}}{2}&-\frac{\sqrt{6}}{6}\\\frac{\sqrt{3}}{3}&\frac{\sqrt{2}}{2}&-\frac{\sqrt{6}}{6}\\\frac{\sqrt{3}}{3}&0&-\frac{\sqrt{6}}{3}\end{pmatrix}$，此时 A 的特征值的近似值分别为 A_2 的对角元素：$\lambda_1=4,\lambda_2=1,\lambda_3=1$.相应的特征向量的近似值分别为

$$x_1=\left(\frac{\sqrt{3}}{3},\frac{\sqrt{3}}{3},\frac{\sqrt{3}}{3}\right)^{\mathrm{T}},$$

$$x_2=\left(-\frac{\sqrt{2}}{2},\frac{\sqrt{2}}{2},0\right)^{\mathrm{T}},$$

$$x_3=\left(-\frac{\sqrt{6}}{6},-\frac{\sqrt{6}}{6},-\frac{\sqrt{6}}{3}\right)^{\mathrm{T}}.$$

从例 9.6 可以看出，即使迭代的次数不是很多，迭代矩阵 A_k 的所有非对角元素的绝对值并不是很小时，用雅可比方法求得的结果精度都比较高，因此它是求实对称矩阵的全部特征值和特征向量的一个较好的方法.

9.5.3 改进的雅可比方法

由于每次旋转变换前选非零非主对角线元素的最大值很费时间，为此介绍两种改进方法.

第一种方法：把非主对角线元素按照行的次序 $a_{12},a_{13},\cdots,a_{1n},a_{23},a_{24},\cdots,a_{2n},\cdots,a_{n-1,n}$ 依次化为零，称为一次扫描.一次扫描后，前面已化为零的元素可能成为非零元素，需要再次扫描.这一方法称为循环雅可比方法，这种方法的缺点是：对一些已经足够小的元素也作化零处理，浪费了时间.

第二种方法：首先对实对称矩阵 $\boldsymbol{A}$ 计算 $v_0=\left(2\sum_{i=1}^{n-1}\sum_{j=i+1}^{n}a_{ij}^2\right)^{1/2}$，设置阈值 $v_1=v_0/n$，按 $a_{12},a_{13},\cdots,a_{1n},a_{23},a_{24},\cdots,a_{2n},\cdots,a_{n-1,n}$ 的顺序进行扫描.

若 $|a_{ij}|\geqslant v_1$，则选取旋转矩阵 $\boldsymbol{G}_{ij}$ 作旋转相似变换将 a_{ij} 和 a_{ji} 化为零；否则让 a_{ij} 过关，即不进行旋转相似变换将其化为零.

因为某些绝对值小于 v_1 的元素的绝对值可能在后面的旋转变换中增加，所以应进行多次扫描，直到 $\boldsymbol{A}_1$ 的所有非零非主对角线元素的绝对值都小于 v_1.

再设置阀值 $v_2=v_1/n$，重复上述过程，直到达到精度要求，即 $|v_k|<\varepsilon$ 为止（其中 $\varepsilon>0$ 是指定的精度），这种方法称为限值雅可比方法.

9.6　案例及 MATLAB 程序

例 9.7　在经济发展与环境污染的增长模型方面的应用.

随着时代的发展，经济发展得越来越迅速，但是也伴随着环境的污染.环境的治理已成为当今社会需要注意的一个关键的问题.试建立模型讨论环境与经济增长之间的关系.

解　在这方面矩阵的特征值与特征向量有着一定程度上的应用，可建立如下数学模型：

设 x_0,y_0 分别为某地区目前的环境污染水平与经济发展水平，x_1,y_1 分别为该地区一年后的环境污染水平和经济发展水平，且有如下关系：

$$\begin{cases}x_1=3x_0+\ y_0,\\ y_1=2x_0+2y_0.\end{cases}\tag{9-22}$$

令

$$\boldsymbol{\alpha}_0=\begin{pmatrix}x_0\\ y_0\end{pmatrix},\boldsymbol{\alpha}_1=\begin{pmatrix}x_1\\ y_1\end{pmatrix},\boldsymbol{A}=\begin{pmatrix}3&1\\ 2&2\end{pmatrix}$$

则式(9-22)的矩阵形式为 $\boldsymbol{\alpha}_1=\boldsymbol{A}\boldsymbol{\alpha}_0$.式(9-22)反映了该地区当前和一年后的环境污染水平和经济发展水平之间的关系.

一般地，若令 x_t,y_t 分别为该地区 t 年后的环境污染水平与经济发展水平，则经济发展与环境污染的增长模型为

$$\begin{cases}x_t=3x_{t-1}+\ y_{t-1},\\ y_t=2x_{t-1}+2y_{t-1}.\end{cases}\quad(t=1,2,\cdots,k)\tag{9-23}$$

令 $\boldsymbol{\alpha}_t=\begin{pmatrix}x_t\\ y_t\end{pmatrix}$，则式(9-23)的矩阵形式为 $\boldsymbol{\alpha}_t=\boldsymbol{A}\boldsymbol{\alpha}_{t-1},t=1,2,\cdots,k$.

由此，有

$$\begin{cases}\boldsymbol{\alpha}_1=\boldsymbol{A}\boldsymbol{\alpha}_0,\\ \boldsymbol{\alpha}_2=\boldsymbol{A}\boldsymbol{\alpha}_1=\boldsymbol{A}^2\boldsymbol{\alpha}_0,\\ \boldsymbol{\alpha}_3=\boldsymbol{A}\boldsymbol{\alpha}_2=\boldsymbol{A}^3\boldsymbol{\alpha}_0,\\ \qquad\vdots\\ \boldsymbol{\alpha}_t=\boldsymbol{A}\boldsymbol{\alpha}_{t-1}=\cdots=\boldsymbol{A}^t\boldsymbol{\alpha}_0.\end{cases} \tag{9-24}$$

由此可预测该地区 t 年后的环境污染水平和经济发展水平.下面进一步地讨论:由矩阵 $\boldsymbol{A}$ 的特征多项式

$$|\lambda\boldsymbol{E}-\boldsymbol{A}|=\begin{vmatrix}\lambda-3 & -1\\ -2 & \lambda-2\end{vmatrix}=(\lambda-4)(\lambda-1)$$

得 $\boldsymbol{A}$ 的特征值为 $\lambda_1=4,\lambda_2=1$.

对 $\lambda_1=4$,解方程$(4\boldsymbol{E}-\boldsymbol{A})\boldsymbol{X}=\boldsymbol{0}$ 得特征向量 $\boldsymbol{\eta}_1=\begin{pmatrix}1\\1\end{pmatrix}$.对 $\lambda_2=1$,解方程$(\boldsymbol{E}-\boldsymbol{A})\boldsymbol{x}=\boldsymbol{0}$ 得特征向量 $\boldsymbol{\eta}_2=\begin{pmatrix}1\\-2\end{pmatrix}$.显然,$\boldsymbol{\eta}_1,\boldsymbol{\eta}_2$ 线性无关.

下面分三种情况分析:

1)$\boldsymbol{\alpha}_0=\boldsymbol{\eta}_1=\begin{pmatrix}1\\1\end{pmatrix}$,则

$$\boldsymbol{\alpha}_t=\boldsymbol{A}^t\boldsymbol{\alpha}_0=\boldsymbol{A}^t\boldsymbol{\eta}_1=\lambda_1^t\boldsymbol{\eta}_1=4^t\begin{pmatrix}1\\1\end{pmatrix}.$$

即$\begin{pmatrix}x_t\\y_t\end{pmatrix}=4^t\begin{pmatrix}1\\1\end{pmatrix}$ 或 $x_t=y_t=4^t$.

此式表明:在当前的环境污染水平和经济发展水平的前提下,t 年后,当经济发展水平达到较高程度时,环境污染也保持着同步恶化趋势.

2)$\boldsymbol{\alpha}_0=\boldsymbol{\eta}_2=\begin{pmatrix}1\\-2\end{pmatrix}$.由于 $y_0=-2<0$,所以不讨论此种情况.

3)$\boldsymbol{\alpha}_0=\begin{pmatrix}1\\7\end{pmatrix}$.因为 $\boldsymbol{\alpha}_0$ 不是特征值,所以不能类似分析.但是 $\boldsymbol{\alpha}_0$ 可以由 $\boldsymbol{\eta}_1,\boldsymbol{\eta}_2$ 唯一线性表示为

$$\boldsymbol{\alpha}_0=3\boldsymbol{\eta}_1-2\boldsymbol{\eta}_2$$

由式(9-24)及特征值与特征向量的性质知,

$$\begin{aligned}\boldsymbol{\alpha}^t&=\boldsymbol{A}^t\boldsymbol{\alpha}_0=\boldsymbol{A}^t(3\boldsymbol{\eta}_1-2\boldsymbol{\eta}_2)=3\boldsymbol{A}^t\boldsymbol{\eta}_1-2\boldsymbol{A}^t\boldsymbol{\eta}_2\\&=3\lambda_1^t\boldsymbol{\eta}_1-2\lambda_2^t\boldsymbol{\eta}_2=3\cdot4^t\begin{pmatrix}1\\1\end{pmatrix}-2\cdot1^t\begin{pmatrix}1\\-2\end{pmatrix}=\begin{pmatrix}3\cdot4^t-2\\3\cdot4^t+4\end{pmatrix}\end{aligned}$$

则$\begin{pmatrix}x_t\\y_t\end{pmatrix}=\begin{pmatrix}3\cdot4^t-2\\3\cdot4^t+4\end{pmatrix}$,即 $x_t=3\cdot4^t-2,\quad y_t=3\cdot4^t+4$.

由此可预测该地区若干年后的环境污染水平和经济发展水平.

$\boldsymbol{\eta}_2$ 因无实际意义而在第二种情况中并未讨论,但在第三种情况的讨论中仍起到了重要作用.由经济发展与环境污染的增长模型

易见,特征值和特征向量理论在模型的分析和研究中获得了成功的应用.

程序 1　幂法求方阵的特征值.

```
%这个函数用于使用幂法求矩阵特征向量和特征值
%A—矩阵,v—初始向量,e—精度
function [t,p]=powermethod(A,e)
    v=ones(size(A,1),1);
    u=v./max(abs(v));%
    old=0;%记录上一次迭代得到的特征值
    while(1)
        v=A*u;
        u=v./max(abs(v));
        if(abs(max(v)-old)<e)
            break;
        end
        old=max(v);
    end
    p=u;
    t=max(v);
    disp(sprintf('最大特征值和特征向量为'))
    p
end
```

例 9.8　用幂法求方阵 $\boldsymbol{A}=\begin{pmatrix}3&4&1\\1&2&4\\2&2&6\end{pmatrix}$ 按模最大特征值及相应的特征向量,要求 $|m_k-m_{k-1}|<10^{-3}$.

解　在 MATLAB 命令窗口中输入:

```
    A=[3 4 1;1 2 4;2 2 6];e=10^-3;powermethod(A,e)
输出结果:
最大特征值和特征向量为
    0.661415    0.694505    1.0000
ans=
    8.711726
```

程序 2　豪斯霍尔德变换求线性方程组的解.

```
function householder
clc
disp('请注意,在输入等式右边向量 b 时,请输入列向量或者行
向量转置')
```

```
A=input('请输入系数矩阵A=:');
b=input('请输入向量b=:');
[m,n]=size(A);
C=zeros(m,n+1);
C(1:m,1:n)=A;
C(1:m,n+1)=b;
r=rank(A);
Hk=eye(m);
for j=1:r
fprintf('第%d次求得H',j);
    x=C(j:m,j);
    u=x-x;
  l=length(x);
s=max(abs(x));
x=x/s;
t=x(2:l)'*x(2:l);
u(1)=1;
u(2:l)=x(2:l);
if t==0
    p=0;
else
    a=sqrt(x(1)^2+t);
if x(1)<=0
    u(1)=x(1)-a;
else
    u(1)=-t/(x(1)+a);
end
p=2*u(1)^2/(t+u(1)^2);
u=u/u(1);
end
    I1=eye(m-j+1);
    H1=I1-p*u*u';
    H=eye(m);
    H(j:m,j:m)=H1
    Hk=H*Hk;
    C=H*C;
end
disp('最终利用Householder正交化方法分解的Q为')
Q=Hk(1:r,1:m)'
```

```
disp('最终利用 Householder 正交化方法分解的 U 为')
U=C(1:r,1:n)
disp('利用 Householder 正交化方法求解为')
x=U'*inv(U*U')*Q'*b
```

例 9.9　利用豪斯霍尔德正交化方法求解$\begin{pmatrix}2&1&4\\2&3&6\\4&3&7\\1&2&1\end{pmatrix}\boldsymbol{x}=\begin{pmatrix}2\\4\\6\\10\end{pmatrix}$的 MATLAB 程序.

解　运行后 MATLAB 窗口输入：

```
请注意,在输入等式右边向量 b 时,请输入列向量或者行向量转置
请输入系数矩阵 A=:[2 1 4;2 3 6;4 3 7;1 2 1]
请输入向量 b=:[2 4 6 10]'
 第 1 次求得 H
 H=
     0.400000000000000    0.400000000000000    0.800000000000000    0.200000000000000
     0.400000000000000    0.733333333333333   -0.533333333333333   -0.133333333333333
     0.800000000000000   -0.533333333333333   -0.066666666666666   -0.266666666666667
     0.200000000000000   -0.133333333333333   -0.266666666666667    0.933333333333333
 第 2 次求得 H
 H=
     1.000000000000000                    0                    0                    0
                     0    0.384371106798037   -0.803685041486804    0.454256762579498
                     0   -0.803685041486804   -0.049186698418569    0.593018568671366
                     0    0.454256762579498    0.593018568671366    0.664815591620532
 第 3 次求得 H
 H=
     1.000000000000000                    0                    0                    0
                     0    1.000000000000000                    0                    0
                     0                    0   -0.999253420089561   -0.038634213325964
                     0                    0   -0.038634213325964    0.999253420089561
 最终利用 Householder 正交化方法分解的 Q 为
 Q=
     0.400000000000000   -0.398348237954329    0.211553314005475
     0.400000000000000    0.649936598767589    0.644499631039934
     0.800000000000000   -0.272554057547699   -0.255831914611272
     0.200000000000000    0.587039508564274   -0.688778231645731
 最终利用 Householder 正交化方法分解的 U 为
 U=
     5.000000000000000    4.400000000000000    9.799999999999999
    -0.000000000000001    1.907878402833891    0.985387746518602
     0.000000000000000    0.000000000000000    2.233609408336872
```

```
利用 Householder 正交化方法求解为
x=
    2.709251101321581
    4.418502202643172
   -2.427312775330396
```

程序 3　雅可比方法求矩阵的特征值和特征向量.

```
%雅可比方法
%A 为方阵,Precision 为误差
function Jacobi(A,e)
V=eye(size(A));
B=abs(A-diag(diag(A)));
Sum=sum(sum(B < e ~=ones(size(A))));
while Sum~ =0
    [m i]=max(B);
    [m j]=max(m);
    G=eye(size(A));
    i=i(j);
    d=(A(i,i)-A(j,j))/(2 * A(i,j));
    t=sign(d)/(abs(d)+sqrt(1+d^2));
    cost=(1+t^2)^(-1/2);
    sint=t * cost;
    G(i,i)=cost;
    G(i,j)=sint;
    G(j,i)=-1 * sint;
    G(j,j)=cost;
    V=V * G';
    A=G * A * G';
    B=abs(A-diag(diag(A)));
    Sum=sum(sum(B<e~=ones(size(A))));
end
E=diag(A);
disp(sprintf('A 的所有特征值'))
Eig=E',
disp(sprintf('对应的特征向量'))
V,
end
```

例 9.10　利用雅可比方法求矩阵 $\boldsymbol{A}=\begin{pmatrix}1 & -2 & 0\\ -2 & -1 & 1\\ 0 & 1 & 3\end{pmatrix}$ 的全部特征

值和特征向量,要求迭代矩阵 $\boldsymbol{A}$ 的所有非对角元素的绝对值小于 $\varepsilon=0.1$.

解　在 MATLAB 命令窗口输入:

```
    A=[1-2 0;-2-1 1;0 1 3];Jacobi(A,0.1)
  回车,输出的结果是:
A 的所有特征值
Eig=
    1.9987    -2.3708     3.3721
对应的特征向量
V=
    0.8079     0.5193    -0.2788
   -0.4228     0.8402     0.3396
    0.4106    -0.1564     0.8983
```

习题 9

1. 用幂法求方阵

$$\boldsymbol{A}=\begin{pmatrix}1&2&3\\2&1&3\\3&3&5\end{pmatrix}$$

按模最大特征值及相应的特征向量,要求 $|m_k-m_{k-1}|<10^{-2}$.

2. 用反幂法求方阵

$$\boldsymbol{A}=\begin{pmatrix}3&-4&3\\-4&6&3\\3&3&1\end{pmatrix}$$

按模最小的特征值和特征向量.

3. 设矩阵

$$\boldsymbol{A}=\begin{pmatrix}2&-1&-1\\-1&2&-1\\-1&-1&2\end{pmatrix}$$

试用镜面反射变换(即豪斯霍尔德变换)将其转换成上海森伯格矩阵.

4. 用 QR 算法求矩阵

$$\boldsymbol{A}=\begin{pmatrix}4&-1&0\\-1&3&-1\\0&-1&2\end{pmatrix}$$

的所有特征值.

5. 利用雅可比方法求矩阵

$$A=\begin{pmatrix} 1 & -2 & 0 \\ -2 & -1 & 1 \\ 0 & 1 & 3 \end{pmatrix}$$

的全部特征值和特征向量，要求迭代矩阵 A_k 的所有非对角元素的绝对值小于 $\varepsilon=0.1$.

6. 程序设计：用反幂法求方阵 $A=\begin{pmatrix} 1 & 2 & 3 \\ 2 & 1 & 3 \\ 3 & 3 & 5 \end{pmatrix}$ 的按模最小特征值和相应的特征向量.

习题答案

习题 1

1. $\pi=3.14159265\cdots$

1）$e(x^*)\approx-0.0016$；$e_r(x^*)\approx-0.51\times10^{-3}$；有效数字为 3；

2）$e(x^*)\approx-0.00059\cdots$；$e_r(x^*)\approx-0.19\times10^{-3}$；有效数字为 3；

3）$e(x^*)\approx0.0013$；$e_r(x^*)\approx0.41\times10^{-3}$；有效数字为 3；

4）$e(x^*)\approx0.000000271$；$e_r(x^*)\approx0.863\times10^{-7}$；有效数字为 7.

2. $\varepsilon_r(x^n)=\dfrac{|\varepsilon(x^n)|}{|x^n|}=\dfrac{|nx^{n-1}\varepsilon(x)|}{|x^n|}=n\dfrac{|\varepsilon x|}{|x|}=n\alpha\%$.

3. 绝对误差限分别是

$$\varepsilon(x_1)=0.00005,\varepsilon(x_2)=0.00005,\varepsilon(x_3)=0.005,\varepsilon(x_4)=0.5$$

相对误差限分别是

$$\varepsilon_r(x_1)=\frac{\varepsilon(x_1)}{x_1}=\frac{0.00005}{0.0315}\approx0.16\%,\varepsilon_r(x_2)=\frac{\varepsilon(x_2)}{x_2}=\frac{0.00005}{0.3015}\approx0.02\%,$$

$$\varepsilon_r(x_3)=\frac{\varepsilon(x_3)}{x_3}=\frac{0.005}{31.50}\approx0.02\%,\varepsilon_r(x_4)=\frac{\varepsilon(x_4)}{x_4}=\frac{0.5}{5000}\approx0.01\%.$$

有效数字分别为 3 位、4 位、4 位、4 位.

4. $|a-a^*|\leqslant\dfrac{1}{2}\times10^{-3}$，$|b-b^*|\leqslant\dfrac{1}{2}\times10^{-2}$，而 $a+b=2.1811$，$a\times b=1.1766$

$$|(a+b)-(a^*+b^*)|\leqslant|a-a^*|+|b-b^*|\leqslant\frac{1}{2}\times10^{-3}+\frac{1}{2}\times10^{-2}\leqslant\frac{1}{2}\times10^{1-2}$$

故 $a+b$ 至少具有 2 位有效数字.

$$|(ab)-(a^*b^*)|\leqslant b|a-a^*|+a^*|b-b^*|\leqslant\frac{0.978}{2}\times10^{-3}+\frac{1.2031}{2}\times10^{-2}=0.0065\leqslant\frac{1}{2}\times10^{1-2}$$

故 $a\times b$ 至少具有 2 位有效数字.

5. 依题意 $f=(\sqrt{2}-1)^6\approx0.005051$，如果令 $\sqrt{2}=1.4$，则

$$f_1=(\sqrt{2}-1)^6\approx0.004096,f_2=\frac{1}{(\sqrt{2}+1)^6}\approx0.005233$$

$$f_3=(3-2\sqrt{2})^3\approx0.008,f_4=\frac{1}{(3+2\sqrt{2})^3}\approx0.005125,f_5=99-70\sqrt{2}\approx1$$

所以 f_4 的结果最好.

6. 依题意有 $\begin{cases}I_0=1-e^{-1},\\ I_n=1-nI_{n-1}(n=1,2,3,\cdots)\end{cases}$ 由递推公式 $I_n=1-nI_{n-1}$，解得 $I_{n-1}=\dfrac{1}{n}(1-I_n)$，这是逆向的递推公式.

7. 依题意有 $f(30)=-4.094622$，开平方时用 6 位函数表计算所得的误差为 $\varepsilon=\dfrac{1}{2}\times10^{-4}$，分

别计算可得$f_1(x)=\ln(x-\sqrt{x^2-1})$，$f_2(x)=-\ln(x+\sqrt{x^2+1})$，再由此得出

$$\varepsilon(f_1)=\left|\ln\left(1+\frac{\varepsilon}{x-\sqrt{x^2-1}}\right)\right|\approx\frac{\varepsilon}{x-\sqrt{x^2-1}}=(x+\sqrt{x^2-1})\varepsilon=60\times\frac{1}{2}\times10^{-4}=3\times10^{-3},$$

$$\varepsilon(f_2)=\left|\ln\left(1+\frac{\varepsilon}{x+\sqrt{x^2+1}}\right)\right|\approx\frac{\varepsilon}{x+\sqrt{x^2-1}}=\frac{1}{60}\times\frac{1}{2}\times10^{-4}=8.33\times10^{-7},$$

8. 略.

习题 2

1. 三个节点：$x_0=-1$，$x_1=1$，$x_2=2$.根据公式，得

$$l_0(x)=\frac{(x-x_1)(x-x_2)}{(x_0-x_1)(x_0-x_2)}=\frac{1}{6}(x^2-3x+2),l_1(x)=\frac{(x-x_0)(x-x_2)}{(x_1-x_0)(x_1-x_2)}=-\frac{1}{2}(x^2-x-2)$$

$$l_2(x)=\frac{(x-x_0)(x-x_1)}{(x_2-x_0)(x_2-x_1)}=\frac{1}{3}(x^2-1)$$

因此，$L_2(x)=2l_0(x)+l_1(x)+l_2(x)=\frac{1}{6}(x^2-3x+8)$.

2. 考虑辅助函数$F(x)=\sum_{j=0}^{n}x_j^k l_j(x)-x^k$，其中$0\leqslant k\leqslant n$，$x\in(-\infty,+\infty)$，$F(x)$是次数不超过$n$的多项式，在节点$x=x_i(0\leqslant i\leqslant n)$处，有

$$F(x_i)=\sum_{j=0}^{n}x_j^k l_j(x_i)-x_i^k=x_i^k l_i(x_i)-x_i^k=x_i^k-x_i^k=0,$$

这表明，$F(x)$有$n+1$个互异实根.故$F(x)\equiv0$，从而$\sum_{j=0}^{n}x_j^k l_j(x)\equiv x^k$对于任意的$(0\leqslant k\leqslant n)$均成立.

3. $\sin0.3367\approx0.3304$.误差的上界为

$$|r(0.3367)|\leqslant\frac{1}{6}|(0.3367-0.32)(0.3367-0.34)(0.3367-0.36)|\leqslant2.14\times10^{-7}$$

4. $N(x)=1+8x+3x(x-1)-\frac{11}{4}x(x-1)(x-2)$.

5. 满足$L_2(0)=1$，$L_2(1)=0$，$L_2(2)=1$的插值多项式为

$$L_2(x)=\frac{(x-1)(x-2)}{(-1)(-2)}\times1+\frac{x(x-2)}{1\times(-1)}\times0+\frac{(x-0)(x-1)}{2\times1}\times1=x^2-2x+1$$

设$P(x)=L_2(x)+Ax(x-1)(x-2)$，由$P'(1)=1$得$A=-1$，从而

$$P(x)=-x^3+4x^2-4x+1.$$

6. 略.

习题 3

1. 可算出$a_1^*=\frac{\sqrt{1}-\sqrt{1/4}}{1-1/4}=\frac{2}{3}$，$f'(x)=\frac{1}{2\sqrt{x}}$，故$\frac{1}{2\sqrt{x_2}}=\frac{2}{3}$.解得$x_2=\frac{9}{16}$，$f(x_2)=\sqrt{x}=0.75$，$a_0^*=\frac{1}{2}\left(\frac{1}{2}+\frac{3}{4}-\frac{2}{3}\left(\frac{1}{4}+\frac{9}{16}\right)\right)=\frac{17}{48}$，于是得$f(x)=\sqrt{x}$的最佳一次逼近多项式为$P_1(x)=\frac{2}{3}x+\frac{17}{48}$.

2. 设所求为 $\varphi(x)=a_0+a_1x$,法方程组为 $\begin{pmatrix}1 & \frac{1}{2}\\ \frac{1}{2} & \frac{1}{3}\end{pmatrix}\begin{pmatrix}a_0\\ a_1\end{pmatrix}=\begin{pmatrix}\frac{2}{\pi}\\ \frac{1}{\pi}\end{pmatrix}$,解得 $\varphi(x)=\frac{2}{\pi}$.

3. $\begin{pmatrix}2 & 2/3 & 2/5\\ 2/3 & 2/5 & 2/7\\ 2/5 & 2/7 & 2/9\end{pmatrix}\begin{pmatrix}a_0\\ a_1\\ a_2\end{pmatrix}=\begin{pmatrix}1\\ 1/2\\ 1/3\end{pmatrix}$,解得 $S^*(x)=0.1172+1.6406x^2-0.8203x^4$.

4. 拟合函数 $y=-1.2333+1.7389x^2$.

5. $\begin{cases}15x_1-9x_2=-7,\\ -9x_1+7x_2=-1,\end{cases}\Rightarrow\begin{cases}x_1=-\dfrac{29}{12},\\ x_2=-\dfrac{13}{4}.\end{cases}$

6. 略.

7. 略.

习题 4

1. $a=\frac{h}{3},b=\frac{4h}{3},c=\frac{h}{3}$,此求积公式的最高代数精度为 3.

2. $A=\frac{1}{2},B=\frac{3}{2},x_0=\frac{4}{3}$,该求积公式的代数精度为 2.

3. 代数精度为 1.由于求积节点个数为 2,代数精度达到 1 次,故它是插值型的求积公式.

4. 要求计算结果有四位有效数字,即要求误差不超过 $\frac{1}{2}\times10^{-4}$.又 $|f^{(k)}(x)|=e^{-x}\leqslant1,x\in[0,1]$,$|R(T_n)|=\frac{1}{12}h^2|f''(\xi)|\leqslant\frac{h^2}{12}=\frac{1}{2}\times10^{-4}$,即 $n\geqslant\frac{1}{6}\times10^4$,开方得 $n\geqslant40.8$.因此若用复化梯形公式,n 应等于 41 才能达到精度.

若用复化辛普森公式,$|R(S_n)|=\frac{1}{180}\left(\frac{h}{2}\right)^4|f^{(4)}(\xi)|\leqslant\frac{h^4}{180\times16}=\frac{1}{180\times16}\left(\frac{1}{n}\right)^4\leqslant\frac{1}{2}\times10^{-4}$,即得 $n\geqslant1.62$.故应取 $n=2$ 就可以达到所需要的精度.

5. $\int_1^2\frac{1}{x}dx=\frac{h}{2}[f(x_0)+2f(x_1)+2f(x_2)+2f(x_3)+f(x_0)]=0.6970$.

因 $\int_1^2\frac{1}{x}dx=\ln2$,则误差大约为 $|\ln2-0.6970|\leqslant0.0039$.

6. 计算结果如下:

k	T_2^k	S_2^{k-1}	C_2^{k-2}	R_2^{k-2}
0	0.9207355			
1	0.9397933	0.9461459		
2	0.9445135	0.9460869	0.9460830	
3	0.9456909	0.9460833	0.9460831	0.9460831

故所求结果为:$\int_0^1\frac{\sin x}{x}dx\approx0.9460831$.

7. 依题意有 $h=0.1$,两点公式可以有两种计算方法:
取 $x_0=2.6, x_1=2.7$,则有

$$f'(2.7)\approx\frac{1}{0.1}[f(2.7)-f(2.6)]=14.160;$$

取 $x_0=2.7, x_1=2.8$,则有

$$f'(2.7)\approx\frac{1}{0.1}[f(2.8)-f(2.7)]=15.6490;$$

两点公式只能求一阶导数.

下面使用三点公式,取 $x_0=2.6, x_1=2.7, x_2=2.8$,则有

$$f''(2.7)\approx\frac{1}{0.1}[f(2.8)-2f(2.7)+f(2.6)]=14.8990.$$

8. 略.

9. 略.

习题 5

1. 1) $x_{k+1}=1+\frac{1}{x_k^2}$具有局部收敛性;

2) $x_{k+1}=(1+x_k^2)^{\frac{1}{3}}$具有收敛性;

3) $x_{k+1}=\frac{1}{(x_k-1)^{\frac{1}{2}}}$不具有收敛性.

用迭代公式 $x_{k+1}=1+\frac{1}{x_k^2}$列表计算如下:

k	x_k
0	1.5
1	1.444
2	1.480
3	1.457
4	1.471
5	1.462
6	1.468
7	1.464
8	1.467
9	1.465
10	1.466
11	1.465

由上表可得方程的近似根为 $x^*\approx1.465$.

2. 1）迭代公式 $x_{k+1}=\varphi_1(x_k)=\dfrac{1}{4}(\sin x_k+\cos x_k)$ 收敛，可以用其来求解方程.

2）当 $x\in[1,2]$ 时，$|\varphi_2'(x)|=|-2^x\ln 2|>1$，故不能用迭代公式 $x_{k+1}=4-2^{x_k}$ 来求解方程. 可将方程变形为 $2^x=4-x$，$x=\dfrac{\ln(4-x)}{\ln 2}$，令 $\varphi_3(x)=\dfrac{\ln(4-x)}{\ln 2}$，此时迭代公式 $x_{k+1}=\dfrac{\ln(4-x_k)}{\ln 2}$ 收敛，可以用其来求解方程.

3. 迭代函数 $\varphi(x)=x-\lambda f(x)$，$\varphi'(x)=1-\lambda f'(x)$，由已知 $0<f'(x)\leqslant M<\dfrac{2}{\lambda}$，有 $0<\lambda f'(x)<2$，所以 $|\varphi'(x)|<1$，即迭代过程收敛.

4. 1）$f(x)=0$ 的牛顿公式为 $x_{n+1}=\dfrac{5x_n}{6}+\dfrac{a}{6x_n^2}$.

2）$\varphi'(\sqrt[3]{a})=\dfrac{1}{2}\neq 0$，故此迭代公式是线性收敛的.

5. 牛顿公式 $x_{k+1}=x_k-\dfrac{x_k^3+2x_k^2+10x_k-20}{3x_k^2+4x_k+10}$. 取 $x_0=1$ 时，$|x_4-x_3|=|1.36880811-1.36880819|=8\times10^{-8}<10^{-6}$；根为 $x^*\approx 1.36880811$.

6. 略.

7. 略.

习题 6

1. $x_1=1,x_2=-1,x_3=2$.

2. $$\overline{A}=\begin{pmatrix}1&2&1&3\\3&4&0&3\\2&10&4&10\end{pmatrix}\xrightarrow{r_1\leftrightarrow r_2}\begin{pmatrix}3&4&0&3\\1&2&1&3\\2&10&4&10\end{pmatrix}\xrightarrow[r_3-\frac{2}{3}r_1]{r_2-\frac{1}{3}r_1}\begin{pmatrix}3&4&0&3\\0&\frac{2}{3}&1&2\\0&\frac{22}{3}&4&8\end{pmatrix}\xrightarrow{r_2\leftrightarrow r_3}$$

$$\begin{pmatrix}3&4&0&3\\0&\frac{22}{3}&4&8\\0&\frac{2}{3}&1&2\end{pmatrix}\xrightarrow{r_3-\frac{1}{11}r_2}\begin{pmatrix}3&4&0&3\\0&\frac{22}{3}&4&8\\0&0&\frac{7}{11}&\frac{14}{11}\end{pmatrix}$$

回代得 $x_1=1,x_2=0,x_3=2$.

3. $$\boldsymbol{A}=\begin{pmatrix}1&&\\2&1&\\3&-5&1\end{pmatrix}\begin{pmatrix}1&2&3\\&1&-4\\&&-24\end{pmatrix}.$$

令 $\boldsymbol{Ly}=\boldsymbol{b}$ 得 $\boldsymbol{y}=(14,-10,-72)^{\mathrm{T}}$，$\boldsymbol{Ux}=\boldsymbol{y}$ 得 $\boldsymbol{x}=(1,2,3)^{\mathrm{T}}$.

4. 1）$\boldsymbol{A}=\begin{pmatrix}7&10\\5&7\end{pmatrix}$，$\boldsymbol{A}^{-1}=\begin{pmatrix}-7&10\\5&-7\end{pmatrix}$，$\|\boldsymbol{A}\|_\infty=\max\{17,12\}=17$，$\|\boldsymbol{A}^{-1}\|_\infty=\max\{17,12\}=17$，$\mathrm{cond}\,(\boldsymbol{A})_\infty=\|\boldsymbol{A}^{-1}\|_\infty\|\boldsymbol{A}\|_\infty=17\times17=289$.

2）由解向量的精度的估计式：$\dfrac{\|\delta \boldsymbol{X}\|_\infty}{\|\boldsymbol{X}\|_\infty}\leqslant \mathrm{cond}\,(\boldsymbol{A})_\infty\dfrac{\|\delta \boldsymbol{b}\|_\infty}{\|\boldsymbol{b}\|_\infty}=289\times\dfrac{0.01}{1}=2.89$.

5. 设

$$\begin{pmatrix}1&1&2\\1&2&0\\2&0&11\end{pmatrix}=\begin{pmatrix}l_{11}&0&0\\l_{21}&l_{22}&0\\l_{31}&l_{32}&l_{33}\end{pmatrix}\begin{pmatrix}l_{11}&l_{21}&l_{31}\\0&l_{22}&l_{32}\\0&0&l_{33}\end{pmatrix}.$$

右端矩阵相乘并比较等式两端.由第一列有 $1=l_{11}^2, 1=l_{11}l_{21}, 2=l_{11}l_{31}$，可得 $l_{11}=1, l_{21}=1, l_{31}=2$.比较第二列有 $2=l_{21}^2+l_{22}^2, 0=l_{31}l_{21}+l_{32}l_{22}$，求得 $l_{22}=(2-l_{21}^2)^{\frac{1}{2}}=1, l_{32}=(0-l_{31}l_{21})/l_{22}=-2$.由第三列得 $11=l_{31}^2+l_{32}^2+l_{33}^2$，故 $l_{33}=(11-l_{31}^2-l_{32}^2)^{\frac{1}{2}}=\sqrt{3}$，于是有

$$\boldsymbol{L}=\begin{pmatrix}1&0&0\\1&1&0\\2&-2&\sqrt{3}\end{pmatrix}$$

由 $\boldsymbol{Ly}=\boldsymbol{b}$ 解得 $y_1=5, y_2=3, y_3=\sqrt{3}$，由 $\boldsymbol{L}^{\mathrm{T}}\boldsymbol{x}=\boldsymbol{y}$ 解得 $x_1=-2, x_2=5, x_3=1$.

6. $\boldsymbol{x}=\left(\frac{10}{9},\frac{7}{9},\frac{23}{9}\right)^{\mathrm{T}}$.

7. 令 $$\boldsymbol{A}=\begin{pmatrix}b_1&c_1&&\\a_2&b_2&c_2&\\&a_3&b_3&c_3\\&&a_4&b_4\end{pmatrix}=\begin{pmatrix}\alpha_1&&&\\\gamma_2&\alpha_2&&\\&\gamma_3&\alpha_3&\\&&\gamma_4&\alpha_4\end{pmatrix}\begin{pmatrix}1&\beta_1&&\\&1&\beta_2&\\&&1&\beta_3\\&&&1\end{pmatrix}$$

由 $$\begin{cases}\alpha_1=b_1, \beta_1=\dfrac{c_1}{\alpha_1},\\ \gamma_i=a_i, \alpha_i=b_i-\gamma_i\beta_{i-1}, i=2,3,4,\\ \beta_i=\dfrac{c_i}{\alpha_i}=, i=2,3,\end{cases}$$ 得 $$\begin{cases}\alpha_1=1, \beta_1=0,\\ \gamma_2=1, \alpha_2=2-1\times0=2, \beta_2=\dfrac{1}{2},\\ \gamma_3=2, \alpha_3=5-2\times\dfrac{1}{2}=4, \beta_3=\dfrac{1}{2},\\ \gamma_4=1, \alpha_4=2-1\times\dfrac{1}{2}=\dfrac{3}{2}.\end{cases}$$

由 $$\begin{cases}y_1=\dfrac{f_1}{b_1},\\ y_i=\dfrac{f_i-a_iy_{i-1}}{b_i-a_i\beta_{i-1}}, i=2,3,4\end{cases}$$ 得 $y_1=1, y_2=\frac{3}{2}, y_3=\frac{7}{5}, y_4=-\frac{14}{3}$.

由 $$\begin{cases}x_4=y_4,\\ x_i=y_i-\beta_ix_{i+1}, i=3,2,1,\end{cases}$$ 得 $x_4=2, x_3=-1, x_2=1, x_1=0$,

方程组的解为 $\begin{pmatrix}0\\1\\-1\\2\end{pmatrix}$.

8. 证明:1) $\|x\|_\infty=\max\limits_{1\leqslant i\leqslant n}|x_i|\leqslant\sum\limits_{i=1}^n|x_i|=\|x\|_1\leqslant n\max\limits_{1\leqslant i\leqslant n}|x_i|=n\|x\|_\infty$;

2) $\|x\|_\infty^2=(\max\limits_{1\leqslant i\leqslant n}|x_i|)^2\leqslant\sum\limits_{i=1}^n x_i^2\leqslant n(\max\limits_{1\leqslant i\leqslant n}|x_i|)^2=n\|x\|_\infty^2$;

3) $\|x\|_2^2=\sum_{i=1}^{n}x_i^2\leqslant\left(\sum_{i=1}^{n}|x_i|\right)^2=\sum_{i=1}^{n}\sum_{j=1}^{n}|x_i||x_j|\leqslant n\sum_{i=1}^{n}x_i^2=n\|x\|_2^2$.

其中$\sum_{i=1}^{n}\sum_{j=1}^{n}|x_ix_j|\leqslant n\sum_{i=1}^{n}x_i^2$是由下式得到的：

$$\begin{aligned}\sum_{i=1}^{n}\sum_{j=1}^{n}|x_i-x_j|^2&=\sum_{i=1}^{n}\sum_{j=1}^{n}(x_i^2-2|x_ix_j|+x_j^2)=\sum_{i=1}^{n}\sum_{j=1}^{n}(x_i^2+x_j^2)-2\sum_{i=1}^{n}\sum_{j=1}^{n}|x_ix_j|\\&=\sum_{i=1}^{n}\sum_{j=1}^{n}x_i^2+\sum_{i=1}^{n}\sum_{j=1}^{n}x_j^2-2\sum_{i=1}^{n}\sum_{j=1}^{n}|x_ix_j|=2n\sum_{i=1}^{n}x_i^2-2\sum_{i=1}^{n}\sum_{j=1}^{n}|x_ix_j|\geqslant 0.\end{aligned}$$

9. $\|\boldsymbol{A}\|_\infty=\max_{1\leqslant i\leqslant n}\sum_{j=1}^{n}|a_{ij}|=5$, $\|\boldsymbol{A}\|_1=\max_{1\leqslant j\leqslant n}\sum_{i=1}^{n}|a_{ij}|=4$, $\|\boldsymbol{A}\|_2=3.6180340$.

10. $\mathrm{cond}(\boldsymbol{A})_2=\|\boldsymbol{A}\|_2\times\|\boldsymbol{A}^{-1}\|_2=\dfrac{198.00505035}{0.00505035}=39206$, $\mathrm{cond}(\boldsymbol{A})_\infty=\|\boldsymbol{A}\|_\infty\times\|\boldsymbol{A}^{-1}\|_\infty=199\times199=39601$.

11. 略.

12. 略.

13. 略.

习题 7

1. $\boldsymbol{x}^*\approx(0.2251,0.3058,-0.4941)^{\mathrm{T}}$.

2. 1）雅可比迭代矩阵的谱半径$\rho(\boldsymbol{B}_{\mathrm{J}})=\dfrac{1}{2}$;

2）高斯-赛德尔迭代矩阵的谱半径$\rho(\boldsymbol{B}_{\text{G-S}})=\dfrac{1}{4}$;

3）两种方法的谱半径均小于 1,所以两种方法均收敛.

事实上,对于方程组$\boldsymbol{Ax}=\boldsymbol{b}$,矩阵$\boldsymbol{A}$为严格对角占优矩阵,则雅可比迭代法和高斯-赛德尔迭代法均收敛.

3. 迭代公式可写成

$$\boldsymbol{x}^{(k+1)}=(\boldsymbol{E}+\alpha\boldsymbol{A})\boldsymbol{x}^{(k)}-\alpha\boldsymbol{b}$$

迭代矩阵为$\boldsymbol{B}=\boldsymbol{E}+\alpha\boldsymbol{A}$.易求出$\boldsymbol{A}$的特征值为 1 和 4,故有$\boldsymbol{B}$的特征值为$1+\alpha$和$1+4\alpha$,所以$\rho(\boldsymbol{B})=\max\{|1+\alpha|,|1+4\alpha|\}$.要使迭代收敛,由定理有

$$\rho(\boldsymbol{B})<1\Leftrightarrow\begin{cases}|1+\alpha|<1,\\|1+4\alpha|<1,\end{cases}\Leftrightarrow-\frac{1}{2}<\alpha<0,$$

所以$\alpha\in\left(-\dfrac{1}{2},0\right)$使迭代收敛.

4. $\boldsymbol{B}_{\mathrm{J}}=\begin{pmatrix}a_{11}&0\\0&a_{22}\end{pmatrix}^{-1}\begin{pmatrix}0&-a_{12}\\-a_{21}&0\end{pmatrix}=\begin{pmatrix}0&-\dfrac{a_{12}}{a_{11}}\\-\dfrac{a_{21}}{a_{22}}&0\end{pmatrix}$, $\det(\lambda\boldsymbol{E}-\boldsymbol{B}_{\mathrm{J}})=\lambda^2-\dfrac{a_{12}a_{21}}{a_{11}a_{22}}$,故$\lambda(\boldsymbol{B}_{\mathrm{J}})=\pm\sqrt{\dfrac{a_{12}a_{21}}{a_{11}a_{22}}}$,得$\rho(\boldsymbol{B}_{\mathrm{J}})=\sqrt{\left|\dfrac{a_{12}a_{21}}{a_{11}a_{22}}\right|}$.

又 $\boldsymbol{B}_{\text{G-S}}=\begin{pmatrix}a_{11} & 0\\ a_{21} & a_{22}\end{pmatrix}^{-1}\begin{pmatrix}0 & -a_{12}\\ 0 & 0\end{pmatrix}=\begin{pmatrix}0 & -\dfrac{a_{12}}{a_{11}}\\ 0 & \dfrac{a_{12}a_{21}}{a_{11}a_{22}}\end{pmatrix}$，$\det(\lambda\boldsymbol{E}-\boldsymbol{B}_{\text{G-S}})=\lambda\left(\lambda-\dfrac{a_{12}a_{21}}{a_{11}a_{22}}\right)$，$\lambda_{1,2}(\boldsymbol{B}_{\text{G-S}})=0$，$\dfrac{a_{12}a_{21}}{a_{11}a_{22}}$，得 $\rho(\boldsymbol{B}_{\text{G-S}})=\left|\dfrac{a_{12}a_{21}}{a_{11}a_{22}}\right|$.

注意到 $\rho(\boldsymbol{B}_{\text{J}})=\sqrt{\left|\dfrac{a_{12}a_{21}}{a_{11}a_{22}}\right|}<1\Leftrightarrow\left|\dfrac{a_{12}a_{21}}{a_{11}a_{22}}\right|=\rho(\boldsymbol{B}_{\text{G-S}})<1$，由定理知雅可比迭代法和高斯-赛德尔迭代法同时收敛或不收敛.

5. 取 $\boldsymbol{x}^{(0)}=0$，则有

$$\begin{cases}x_1^{(k+1)}=x_1^{(k)}+\dfrac{\omega}{4}(1-4x_1^{(k)}+x_2^{(k)}),\\ x_2^{(k+1)}=x_2^{(k)}+\dfrac{\omega}{4}(4+x_1^{(k+1)}-4x_2^{(k)}+x_3^{(k)}),\\ x_3^{(k+1)}=x_3^{(k)}+\dfrac{\omega}{4}(-3+x_2^{(k+1)}-4x_3^{(k)}),\end{cases}$$

因此取 $\omega=1.03$ 时，迭代 5 次达到 $\boldsymbol{x}^{(5)}=(0.5000043,1.0000001,-0.4999995)^{\text{T}}$；取 $\omega=1$ 时，迭代 6 次达到 $\boldsymbol{x}^{(6)}=(0.5000038,1.0000002,-0.4999995)^{\text{T}}$；取 $\omega=1.1$ 时，迭代 6 次达到 $\boldsymbol{x}^{(6)}=(0.5000035,0.9999989,-0.5000003)^{\text{T}}$.

6. 迭代矩阵为 n 个特征值分别为 $1-\omega\lambda_1,1-\omega\lambda_2,\cdots,1-\omega\lambda_n(0<\lambda_i\leqslant\beta,i=1,2,\cdots,n)$，当 $0<\omega<\dfrac{2}{\beta}$ 时，有 $-1<1-\omega\lambda_i<1(i=1,2,\cdots,n)$，而 $\rho(\boldsymbol{B})<1$，迭代法收敛.

7. 略.

8. 略.

9. 略.

习题 8

1. $x_1=0.2,y_1=0.8573$；$x_2=0.4,y_2=0.7648$；$x_3=0.6,y_3=0.6984$；$x_4=0.8,y_4=0.6477$；$x_5=1$，$y_5=0.6071$.

2. $y(1.2)\approx y_1=2.30769$；$y(1.4)\approx y_2=2.47337$；$y(1.6)\approx y_3=2.56258$；$y(1.8)\approx y_4=2.61062$；$y(2.0)\approx y_5=2.63649$.

3.
$$y(0.25)\approx y_1=y_0+0.125(\mathrm{e}^{-0}+\mathrm{e}^{-0.25^2})\approx0.242427.$$
$$y(0.50)\approx y_2=y_1+0.125(\mathrm{e}^{-0.25^2}+\mathrm{e}^{-0.50^2})\approx0.457203.$$
$$y(0.75)\approx y_3=y_2+0.125(\mathrm{e}^{-0.50^2}+\mathrm{e}^{-0.75^2})\approx0.625776.$$
$$y(1.00)\approx y_4=y_3+0.125(\mathrm{e}^{-0.75^2}+\mathrm{e}^{-1.00^2})\approx0.742984.$$

4. 四阶龙格-库塔经典公式为

$$y_{n+1}=y_n+\frac{h}{6}(k_1+2k_2+2k_3+k_4),$$
$$k_1=f(x_n,y_n),$$

$$k_2=f\left(x_n+\frac{1}{2}h,y_n+\frac{1}{2}hk_1\right),$$

$$k_3=f\left(x_n+\frac{1}{2}h,y_n+\frac{1}{2}hk_2\right),$$

$$k_4=f(x_n+h,y_n+hk_3),$$

数值解为 1.2428,1.5836,2.0442,2.6510,3.4365.

5. $-\frac{5h^3}{8}y'''(x_n)$是局部截断误差的主项.

6. 略.

7. 略.

习题 9

1. 按模最大特征值为 8.3589,相应的特征向量为(0.559817,0.559817,1).

2. 按模最小特征值-3.59945,相应的特征向量(-0.861610,-0.671542,1).

3. $\boldsymbol{Q}=\begin{pmatrix}2.0000 & 1.4142 & 0\\ 1.4142 & 1.0000 & 0\\ 0 & 0 & 3.0000\end{pmatrix}$.

4. $\boldsymbol{A}$ 的所有特征值为 1.2679,4.7320,3.0000.

5. $\boldsymbol{A}$ 的所有特征值为 1.998721,-2.370788,3.37208,对应的特征向量为

$$\boldsymbol{x}_1\approx(0.807851,-0.422828,0.410602)^{\mathrm{T}}$$

$$\boldsymbol{x}_2\approx(0.519258,0.840178,-0.156434)^{\mathrm{T}}$$

$$\boldsymbol{x}_3\approx(-0.278834,0.339584,0.898295)^{\mathrm{T}}$$

6. 略.

参考文献

[1] 陈丽娟.计算方法[M].北京:北京理工大学出版社,2020.

[2] 欧阳杰,聂玉峰,车刚明,等.数值分析[M].北京:高等教育出版社,2015.

[3] 陆亮.数值分析典型应用案例及理论分析:上册[M].上海:上海科学技术出版社,2021.

[4] 陆亮.数值分析典型应用案例及理论分析:下册[M].上海:上海科学技术出版社,2021.

[5] 冯象初,王卫卫,任春丽,等.应用数值分析[M].西安:西安电子科技大学出版社,2020.

[6] 孙志忠,袁慰平,闻震初.数值分析[M].4版.南京:东南大学出版社,2022.

[7] 同济大学计算数学教研室.线代数值计算[M].2版.北京:人民邮电出版社,2018.

[8] 张平文,李铁军.数值分析[M].北京:北京大学出版社,2018.

[9] 王明辉,张静源,韩银环.工科数值分析[M].北京:电子工业出版社,2022.

[10] 吴喜洋,汤伶俐,李超华,等.递推法求分形物体的转动惯量[J].物理通报,2016,35(9):34-39.

[11] 克莱因.古今数学思想:四[M].上海:上海科学技术出版社,2002.